山西省高等教育“1331工程”提质增效建设计划
服务转型经济产业创新学科集群建设项目系列成果

超高维稀疏网络模型及其组合风险管理研究

李爱忠 ◎ 著

Research on Ultra High Dimensional Sparse Network Model and Its

PORTFOLIO RISK MANAGEMENT

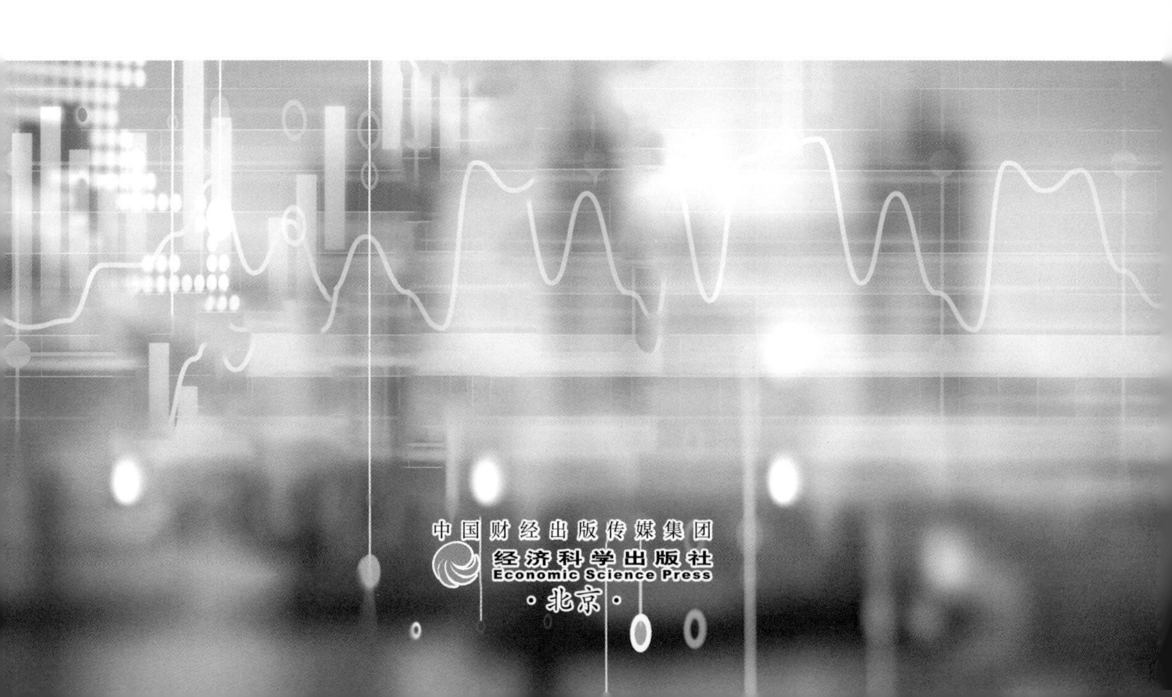

中国财经出版传媒集团
经济科学出版社
Economic Science Press
·北京·

图书在版编目（CIP）数据

超高维稀疏网络模型及其组合风险管理研究 / 李爱忠著. --北京：经济科学出版社，2024. 5. --ISBN 978-7-5218-5975-1

Ⅰ. TP393. 021

中国国家版本馆 CIP 数据核字第 2024V47N58 号

责任编辑：常家凤
责任校对：刘　娅
责任印制：邱　天

超高维稀疏网络模型及其组合风险管理研究
CHAOGAOWEI XISHU WANGLUO MOXING JIQI
ZUHE FENGXIAN GUANLI YANJIU
李爱忠　著
经济科学出版社出版、发行　新华书店经销
社址：北京市海淀区阜成路甲 28 号　邮编：100142
总编部电话：010-88191217　发行部电话：010-88191522
网址：www. esp. com. cn
电子邮箱：esp@ esp. com. cn
天猫网店：经济科学出版社旗舰店
网址：http：//jjkxcbs. tmall. com
固安华明印业有限公司印装
710×1000　16 开　17 印张　300000 字
2024 年 5 月第 1 版　2024 年 5 月第 1 次印刷
ISBN 978-7-5218-5975-1　定价：108. 00 元
（图书出现印装问题，本社负责调换。电话：010-88191545）

总　　序

山西省作为国家资源型经济转型综合配套改革示范区，正处于经济转型和高质量发展关键时期。山西省高等教育“1331 工程”是山西省高等教育振兴计划工程。实施以来，有力地推动了山西高校“双一流”建设，为山西省经济社会发展提供了可靠的高素质人才和高水平科研支撑。本成果是山西省高等教育“1331 工程”提质增效建设计划服务转型经济产业创新学科集群建设项目系列成果。

山西财经大学转型经济学科群立足于山西省资源型经济转型发展实际，突破单一学科在学科建设、人才培养、智库平台建设等方面无法与资源型经济转型相适应的弊端，构建交叉融合的学科群体系，坚持以习近平新时代中国特色社会主义思想为指导，牢牢把握习近平总书记关于“三新一高”的重大战略部署要求，深入贯彻落实习近平总书记考察调研山西重要指示精神，努力实现“转型发展蹚新路”“高质量发展取得新突破”目标，为全方位推动高质量发展和经济转型提供重要的人力和智力支持。

转型经济学科群提质增效建设项目围绕全方位推进高质量发展主题，着重聚焦煤炭产业转型发展、现代产业合理布局和产学创研用一体化人才培育，通过智库建设、平台搭建、校企合作、团队建设、人才培养、实验室建设、数据库和实践基地建设等，提升转型经济学科群服务经济转型能力，促进山西省传统产业数字化、智能化、绿色化、高端化、平台化、服务化，促进现代产业合理布局集群发展，推进山西省产业经济转型和高质量发展，聚焦经济转型发展需求，以资源型经济转型发展中重大经济和社会问题为出发点开展基础理论和应用对策研究，力图破解经济转型发展中的重大难题。

山西省高等教育“1331 工程”提质增效建设计划服务转型经济产业创新学科集群建设项目系列成果深入研究了资源收益配置、生产要素流动、污染防控的成本效益、金融市场发展、乡村振兴、宏观政策调控等经济转型中面临的重大经济和社会问题。我们希望通过此系列成果的出版，为山西省经济转型的顺利实施作出积极贡献，奋力谱写全面建设社会主义现代化国家山西篇章！

编委会

2023 年 6 月

前　言

大数据时代越来越多的数据呈现出维数过高、结构非线性、数据量过大、高增长率等特点，对传统数据挖掘和统计分析提出了严峻的考验，如何发现高维数据分布的内在几何结构，进而挖掘出高维数据内部规律及本征信息，有效结合可视化技术在低维空间来研究超高维数据的内部特性是迫在眉睫的重要任务。尤其对于金融市场这样非完全有效的复杂动力系统，在不确定的环境下，如何在有限时域内最优配置资源，是金融理论研究的核心问题之一。超高维数据在金融领域更是遭遇维数灾难问题，维数膨胀给高维数据的模式识别和规则发现带来极大挑战。

本书以促进统计学、信息科学和金融经济学等多学科的融合与交叉发展为理念，以大数据时代超高维稀疏网络模型及其应用为目标，坚持学术研究和现实应用两个导向，站在资源配置和投资组合优化的角度对金融市场全面风险管理问题进行实证研究，为实现高水平网络风险管理和防范金融系统性风险提出理论依据和可操作的技术思路。同时，在经济结构面临调整和转型、宏观审慎监管背景下，将超高维数据网络的风险传染和溢出纳入全面风险管理的框架，通过机器学习等人工智能技术快速海量地进行分析、拟合、预测，利用历史数据和经济规律及内在逻辑预测未来金融市场变化，以人工智能的方式进行投资组合调整，通过对成功交易决策的不断训练，从其经验中学习并作出更准确的交易，构建和设计有效的量化投资策略，探讨人工智能在金融投资领域应用的新思路。将人工智能技术引入投资组合决策分析，不仅丰富了投资组合选择的理论研究，而且增强了决策的科学性，有助于将理论研究逐步推向实践，促进以现代投资组合方法为背景的量化投资理论来指导实践，推动互联网、大数据、人工智能和现代金融深度融合，提高直接融资比重，实现社会各种资源的有效配置，发挥证券和资本市场在社会经济发展中的功能，提高资产组合收益水平，增强风险规避和防范能力，守住不发生系统性金融风险的底线。对健全货币政策和宏观审慎政策双支柱调控框架，促进多层次资本市场健康发展，引领世界人工智能发展新潮流，服务经济社会发展，具有重要的理论意义和现实意义。

本书内容新颖，研究方法独特，详细研究了高维稀疏网络模型的理论、方法及其在金融风险管理中的应用。书中大部分内容来自笔者主持和完成的国家社会科学基金项目（19BTJ026）的研究成果，具有重要的理论价值和应用价值。

本书得到山西省高等教育“1331 工程”提质增效建设计划服务转型经济产业创新学科集群建设项目的资助，在此表示衷心感谢。

李爱忠

2024 年 5 月

目　　录

第一章　绪　　论

第一节　研究背景与意义

一、研究的背景

大数据时代高维数据分布呈现维数大于样本量、结构复杂、非线性增长等特点，如何挖掘和发现高维数据背后蕴含的深刻机理和客观规律，如何利用现有低维空间技术分析超高维数据的内部规律是具有重要意义的任务。维数灾难问题屡见不鲜，维数膨胀给经典统计分析和模式识别带来严重挑战。因此，研究超高维数据网络模型、非线性压缩估计、高维矩阵回归以及高效的降维和聚类技术，结合统计学、运筹学和网络科学及人工智能相关理论，提出有效的基于流形学习和机器学习的数据分析方法，为互联网环境下呈指数增长的超高维数据提供强有力的分析手段和技术支撑势在必行。同时，在经济结构面临调整、转型，以及宏观审慎监管背景下，将超高维数据网络的风险传染和溢出纳入全面风险管理的框架，深入研究金融市场风险的波动集聚效应、网络传播效应以及非线性叠加效应，对规避和防范金融风险具有重要意义。

本书研究如何构建基于行为投资组合理论的非效用最大化的资产组合配置模型问题。传统的效用函数不能准确地描述投资者的价值取向，投资者不再将资产组合看成一个整体，而是投资于具有金字塔形层状结构的资产组合，每一层都对应着投资者特定的投资目的和风险，一些资金被投资于最底层以规避风险，一些资金则被投资于更高层来争取更大的收益，同时忽略了协方差对投资组合的影响；投资者的非绝对理性和金融经济知识的相对匮乏迫切要求构建模糊价值型的动态组合模型来解决实际投资问题，如何能在不必具体知道市场参数及有关统计信息或深奥的数量经济学原理甚至不需要详细描述连续时间条件下价格变动的随机过程的情况下，通过跟踪不同组合之间证券权重的情况便可准确达到最优恒定组合，得出比较符合实际情况和可操作性强的投资组合策略，这是研究投资组合理论的重要方向，也是本书研究的关键问题，它是后续投资理论研究的基础问题。

二、研究的意义

超高维数据网络模型及其金融风险管理问题的研究涉及统计学、信息科学、金融学、经济学等学科的融合与交叉，尤其在大数据背景下，带非凸约束的高维矩阵回归、超高维数据的降维及其非线性压缩估计等问题的优化研究是基础性和创新性的前沿课题。与超高维网络模型有关的数据类型复杂且含有多样性、内生性、维数高、假相关、误差非正态等多种大数据特征，这些特征给统计学相关问题的研究带来了新的挑战与机遇，需要新的思想、理论和算法。本书提出的基于图网络优化、组合稀疏优化以及非线性叠加风险最小化的三位一体的风险管理方案，为全面风险管理和现代投资组合理论提供了一个新的视角，扩展了现代投资组合的选择模型；基于关系型拉普拉斯特征映射的非线性压缩方法、低秩分块核范数稳健矩阵回归方法和基于稀疏学习的综合集成降维技术对已有方法做了有益补充，促进了统计学、运筹学以及最优化多领域的跨学科交融，有利于统计优化的快速发展，具有十分重要的学术意义和应用价值。

如何在不损失完备信息的情形下，对高维数据进行降维是解决维度灾难问题的有效方法，降维可以直接消除噪声而保留有用的关键信息，从而达到易于利用降维后的低维数据结构简化算法并节约算法运行的成本，保护模型的最终输出不受无关数据的影响。在现有文献中，基于特征选择的降维和基于维度变换的降维是多种高维数据降维的基本方法，其中，基于维度变化的降维方法又可以分为线性降维和非线性降维，本书主要对线性和非线性降维策略进行分析和研究，总结了每种方法的主要思想、研究现状，以便为大数据时代的高维数据分析打下基础。

当今社会对数据处理能力的要求不断提高，尤其是泛互联和大数据技术的飞速提升，较大的相关关系和较长的冗余度以及数据维度增长比数据本身信息量增长快得多等问题通常存在于高维数据中，越是高维的数据就越容易出现冗余过大的现象，如连续图像序列往往比一幅照片等图像更容易携带冗余信息，对数据压缩等问题带来极大困扰。高维数据的降维可以通过有效地使用其冗余性和稀疏性实现。降维方法主要有两种：特征变换法和特征选择法。特征变换法是指将原始数据通过某特定的变换从输入空间映射至另一个新空间。特征变换可以提高模型的广泛使用程度以及降低维数灾难的影响，其原理是消去与原始数据集具有的相关关系并删除多余的数据。特征变换法重点在于两种方法：非线性降维方法和线性降维方法。特征选择法则是指从指定的特征中筛选出所需的特征，启发式、随机方法等是常用的特征提取算法。

本书分类介绍了部分传统的降维技术，并对这些方法的主要思想进行了总结。由于数据体量越来越大以及维度越来越高，在分析和处理高维数据时会有很大的困难，因而对处理技术、运算处理器以及存储空间的要求也随之提高。现实生活中，人们需要处理、获取、存储的数据随着高端新型科学技术的快速发展而呈指数级增长。人们很难直接在这更新速度极快、数量极其庞大的数据中直接观察到其中蕴含的规律和价值。在人脸识别、机器学习等众多研究范围中，较高的数据维度造成了前所未有的挑战。众多学者一直重点研究在直接处理高维数据很困难的情况下，如何才能发现高维数据中的有用价值，获取其中的有效信息。目前的一个非常实用且可行的方法是，通常情况下，在把高维数据降维至合理大小维数的同时，对原始信息尽可能多地保留，最后生成降维后的数据。许多学者正着眼于通过这种策略衍生出新的数据降维方法。数据采集随着社会的逐渐发展、科技的逐渐进步而变得更加方便，但这却导致了一些问题，数据的复杂性逐渐增高，数据库逐渐增大，现实中人们收集到的往往都是维数直达几千或几万只高不低而且很难分析的维度较大的数据，而不再是易处理的简单低维数据，如生物医学、文本挖掘以及金融数据等。尽管这些数据中包含更加丰富的、详细的信息，但是我们却很难从中得到蕴含在数据内部的信息或者解析出具有现实性的信号，一般将其称为“维度灾难”。在人们得到数据的途径日益增多、数据样本越来越复杂的同时，业界十分急切地需要处理和分析数据的技术，尤其是针对高维数据方面的技术。在计算机研究领域中，高维数据一直备受关注。如今，数据挖掘被广泛地使用在不同的行业范围中，由于高维数据规模大、维度高、复杂性高的特点，人们对高维数据的处理通常是低效的，因而自然而然地发展出了数据发掘的技术。如何提取数据的重点信号、促进对高维数据处理的能力、对数据的内部构成进行解析是一个热门且有难度的学术问题。

高维数据是指具有大量变量的数据，通常大于观测值的数量，也就是说数据所包含的样本数量远远小于属性的数量。高维数据的参数估计量随着维度上升需要的样本数据远大于初始时的样本数据，但在大多数情况下，“小”样本数据才是常态，因此，稀疏性是高维空间中的一个明显特征。数据维度是属于高维度还是低维度并不能直接确定，因为这与待求解的问题息息相关，同时也与各个属性之间的相关关系紧密联系，因而还没有一个确定的标准来划分，具有大量属性的数据被称为高维数据，样本数量一般来说小于属性的数量。高维数据的参数估计在维数不断上升的同时，对样本数据提出的要求也就更多。第一，在统计领域方面，随机变量特征参数的数量将会受到收集到的样本的影响，同时，估计的准确性也会受到样本数量的直接影响。第二，维数的增加会使得空间的体积急剧增加，这就导致了样本在高维空间的相对稀疏性，从而导致正常的参数估计无法执行。大家通常说的高维，在数据挖掘中是指自变量或者回归变量的个数大于样本的个数。假定变量个数为 q，样本变量数为 m，所谓的高维数据就是 $q>m$ 甚至于 $q\gg m$，初始算法是否会在维数升高时较为敏感是判断数据是否属于高维的重点准则，例如，初始算法在维数上升后有效性极低或者彻底无效。常见的高维数据包括脸谱特征数据、贸易交易数据、电影观看记录等。

高维数据具有以下特征。第一，稀疏性。由于维数的升高，样本数据点却保持数量不变，相对就会显得空间更加空旷，就是说高维数据的“空空间”现象就会出现，这就是分析高维数据的主要难点所在。第二，“维度灾难”。高维数据由于其数据的体量不断加大、维度逐渐上升，通常对其做研究并不容易，这就对数据集整理技术、存储空间等提出了更加严格的要求，高维度的数据给动态规划等诸多研究领域都带来了巨大的挑战。第三，“思维挑战”。人们通常只能接收到来自低于四维空间的数据信息，也即高维的数据信息通常不会被人类接收到。所以需要强大的逻辑思考能力和极其丰富的想象力才能研究高维度数据，蕴含在高维数据内部的规律和数据特点不可能被人类很容易地观察到并直接用图形或表格将其展现出来。因此，以传统的思维方式理解高维数据是非常困难的，需要新的创造性方法来重新审视大数据问题。

传统数据分析方法分析高维数据时主要存在以下问题。第一，系统的可伸缩性在样本数量小于或者只是刚刚超过维数时将相对较弱。软件可伸缩性衡量的是系统的运算能力，当数据量增加时，软件系统保持数据服务质量的能力就越强，就意味着可伸缩性越大。第二，在上述“空空间”问题中，采样点在高维空间中通常非常稀疏，这就导致了全体高维空间出现了“空”的现象。第三，“不适定”。典型的统计估计模型对于高维复杂数据并不能给出特别精确的估计。第四，“算法失效”。在许多情景下，随着维数的增加，算法的计算成本将随之增加。第五，其他领域的数据科学家和专家对数据的认知也受到人类感知局限性的束缚。对原始高维数据直接进行分析、处理以及应用等会由于高维数据存在的上述特性而存在极大的困难，在这种背景下，直接使用原始高维数据就显得极其不合适了。近年来，学者们热衷于研究对高维数据的处理分析方法，提前对数据进行降维的操作能够有助于对高维数据做进一步分析和研究。对高维数据进行直接操作会遇到许多挑战，分析高维数据时出现的诸如“维数灾难”等难题在低维空间中是不会出现的，高维空间体积随着数据维度的增加会以指数级的速度增大的问题，系统的扩展能力在样本数目小于数据维度或只是刚刚超过的情况下会变得非常弱。对于高维数据，样本点在高维空间中会由于小样本的原因而显得非常不密集，因而使得高维空间出现很“空”的现象，

"算法失效"等情况时常发生，基于欧氏距离度量的算法由于最近邻和最远邻几乎无差别而失效，降低维度可以很好地突破以上所说的困难。高维数据中所包含的信息比低维数据完善得多，不过同时也产生了"空空间""维数灾难"等加工数据的问题。我们可以从多方面来理解降维，但他们都有着一个相似之处，高维数据中隐藏的低维空间结构可以从高维数据中通过特别的算法被寻找到，也就等价于把高维空间中的样本点转换到低维空间中，坐标的映射和变动与之有非常大的关系。从信息学方面观察，它就是数据压缩和编码；从统计学方面观察，它与回归、平滑技术和多元密度估计之间存在着紧密的关系；从模式识别方面观察，它可以看作特征提取。数据的原始表示常常包含大量冗余，这使得高维数据实现降维是可行的；对于那些变量之间的相关关系很强的变量来说，原始高维数据可以通过其他新的低维数据来表示。降维主要有以下两个方面的目的：第一是使机器学习模型更加简单，增加运行速度并降低必要的信息储存成本；第二是删除冗余信息，方便对低维数据的分析。对高维数据的降维可以减少数据存储成本、减少分析所用的时间、简化算法的运算成本，尽量消除相关性的影响、去除噪声以及冗余，从而获取数据的核心特征。对数据降维的同时能加强机器学习模型的功能和减弱多重共线性，克服前面所提到的高维数据的困难，降低数据维数、提升算法的运算能力是降维的重要意义，数据在三维以下时则更容易实现数据的可视化。另外，数据的非线性特征是降低高维数据的维数过程中数据所必须具有的条件，这为处理数据增加了很大的难度，例如，非线性特征导致线性模型失效。因此，非线性特征数据的降维是当前研究的热点之一。

第二节　相关文献研究综述

一、高维数据降维模型

研究高维数据降维的关键在于如何将高维数据在低维空间中表示出来，

并且探索其内在结构和价值。分析整个数据，提取数据特征在规模和复杂度逐渐增加的数据中的重要性日益增高，降维数据技术的发展持续向前，并有了突破性的收获。线性判别分析（LDA）、独立成分分析（ICA）、主成分分析（PCA）等方法是主要应用于传统降维中的一些简单线性方法。优化并发展原有方法是最近几年降维技术发展的主要方向，如新的矩阵分解方法——非负矩阵分解（NMF）的主要思想是利用矩阵的低秩，将非负值的矩阵进行非负分解。非线性异构数据伴随着数据的维度升高而不断涌现，相继而生的是许多非线性算法，核方法和流形降维方法是为了应对数据的爆炸式增长而研究出的新方法。核方法被提出之后很快在数据处理领域掀起了研究的热潮，其中由 PCA 非线性衍生而出的核主成分分析（KPCA）不但能够处理非线性数据，还仍然具有 PCA 原本的优势。流形降维方法是将高维流形的数据转换至低维流形中，并仍然保留了一些特征。随近邻嵌入（stochastic neighborhood embedding，SNE）是一种流形学习方法，该方法可以更好地进行可视化展示，应用颇为广泛。PCA 作为线性降维方法的一种，为了实现降维的目的，要基于原始变量的相关性，提取出主成分。该方法主要有以下几个步骤。第一，数据标准化。原始数据量在主成分分析算法中将作为该算法的主要考虑因素。标准化数据的操作可将数据进行标准化处理，计算变量间的相关系数并组成矩阵，以避免由于权重随着变量方差的增大而增大的缺陷。第二，计算相关系数矩阵。将数据进行标准化处理，得出变量间的相关系数，并组成矩阵。第三，计算主成分贡献率。主成分贡献率是解释总方差与总方差的主成分之比。无参数限制，具有无线性误差，且算法简单是 PCA 的主要优势，但有些缺点也是不可避免的，例如，在高维数据空间中，主成分分析算法在高维数据之间的关系不再是简单的线性关系时很难找到隐藏在其中的本质特征；原始数据集需满足高斯分布，数据在 PCA 算法中才能正常执行，所以当数据不符合高斯分布的情形时所获得的实验结果是不够准确甚至错误的。目前，尚未有统一的方法能够使 PCA 算法确定主成分的数量。主成分分析的根本目的在于找到一组隐含变量替换原有变量，这组隐含变量是从显式变量中以利用线性映射的方式提取方差最大信息而得到的，该方法是无监督统计分析中的主要方法。多元线性相关所带来的信息干扰以及不同量纲特征值的不利影响问题都可以通过这种降维方式来解决，便于将数据以更直接的方式展示出来。PCA 通常被出色地应用在小样本数量的高维空间中的数据分析中，主成分回归分析相比于近些年涌现出的许多成熟的数据降维分类算法适用的范围更广，而且做出了大量完善和衍生的算法以适应不同的研究范围。基因测序技术和各种生物信息学技术随着时代的发展正在对世界产生着重大的影响，尤其是在被生物技术主导的 21 世纪。随着数据的体量越来越大，分析时的复杂性越来越高。现在已经有了各种各样成熟的基因表达谱数据获取和加工技术，在基因图谱降维的应用中，假设收集了 500 名个体的健康现状信息，关于他们是否患有结肠癌以及样本的 3 万个基因数据，假设检测出这两种数据之间某些规律的确存在，那么就有必要在社会上进行广泛的基因检测，并以此为依据来判断个人的健康情况。之后就可以通过使用主成分回归分析来解析出贡献率大的那些主成分（基于数量可能比较少），而无须对其他无关的基因数据进行分析，这不但极大提高了判断的精准程度，而且极大提高了计算的效率，减少了计算成本。还有些文献中改进了 PCA，在对图像进行处理的过程中，提出了完善分段主成分分析方法（MPCA），其能够较好地将形状模型展现出来。不过这些方法的提升和完善主要是运用在数据自身上的，而不是将分类标签与其相组合，所以某些数据中即使包含了许多内容，但分类结果却并不能说明问题，且能够影响分类结果的关键信号很难从减少维数后的模型中显示出来，这是在实际应用中难免会出现的问题。要想在某种程度上继续挖掘数据的内部结构及规律并在该领域实现较为理想的预测分类效果，就需要找到一种更加有效的方法来去除不相关的烦琐信息，精确地抓住关键信息。线性判别分析也称为 FDA 判别分析，是一种有监督的降维方法。通过最大化 Fisher 原则，找到最优投影方向，使投影后的数据的类内距离尽可能小且类间距离尽可能大，最终达到提取出主成分和减少数据维数的目标。Fisher 线性判别准则在 19 世纪 70 年代被广泛承认是最优秀的提取特征的方法。以该准则为基础的方法有以下三种。第一种是经典线性判别法；第二种是特征提取方法，该方法使用了一种判断向量集，该向量集最好符合正交条件；第三种是特地用来解决统计不相关性问题的办法。这几种线性判别分析方法是通过大规模的样本数据来构建的，当样本数据的规模非常大时，必须要在特定的条件下使类内散布矩阵是一个非奇异矩阵。但是，实际上经常有某些特别的情况出现，如在人脸识别行业中的这一类问题，虽然含有大量的样本问题，但是它的类内散布矩阵是奇异矩阵，与条件相反。在现实中，单幅静止的人像图片的维数非常大，要找到确保待识别照片的类内散布矩阵不可逆性的充足数据样本来改进算法是非常困难的。目前为止，学者们发现可以通过以下两种方法来解决问题。第一种方法是从模式样本的角度，先把表示数据样本特征的向量维数利用降维的方式调小，以便把奇异性去除。从降维的角度来看，有两类方法：一类是直接针对样本数据本身，使用降维的方式使类内散布矩阵具有可逆性；另一类是通过 K-L 变换来使样本数据降维。这两种方法都能够将奇异性消除掉，不过由于某种程度上的判别信息丢失，会导致计算得到的特征不能保证都是最好的。第二种方法是从算法自身入手，学者们都通过对以往的算法进行优化来解决该问题，若是只从算法的角度来看，这些算法都存在相同的缺点。用机器算法在高维度数据空间中求解的挑战性极大，需要花费极大的计算量。换句话说，如今的机器学习水平基本不可能实现对高维度初始数据集计算的最优解。例如，一种针对专利文本进行问题分析的 LDA 与关联规则挖掘（Apriori）相结合的算法，先通过 Apriori 对主题词和关键词之间的关联性进行挖掘，然后利用 LDA 模型进一步降低专利文本的维数。LDA 是典型的降低监督学习模型维数的方法之一，其主要思想可以简单概括为：在相对较低的维度上投影样本中的数据，尽可能使同类数据的投影相靠近，不同类数据的投影相远离。由于在处理原始数据时 PCA 算法未能对数据本身原有的标签（即类别）有所涉及，该算法只是在方差相对较大的方向上对原始数据进行映射，因此，这也是其被称为无监督的机器学习算法的原因。与之相反，LDA 算法的有监督的机器学习算法的特色极其鲜明，这是由于 LDA 算法在原始数据的处理过程中充分考虑了数据本身的类别信息，学界广泛认为两种算法显著的不同点之一就在于此。多维尺度分析（MDS）又译作多维标度分析，是多元统计分析方法的一个新分支，是从因子分析和主成分分析方法中自然而然衍生出来的，该项统计分析方法被信息科学所公认，是在降维和信息可视化问题上应用的有关技术，可以通过可视化的方式展示案例间的共同之处。该算法的基本原理可以概括为：利用一些非线性变化的方法，把高位空间中的几何图形转化成仍然能够极大限度地保持原图形集合关系的低维空间图形，这些点可以在二维、三维或多维的欧几里得空间中存在。表示事物之间接近性的观察数据一般可用 MDS 来处理，这种接近性或主观角度的相似性，或是实际情况中的距离，主要是为了发现是哪些潜在维度决定了多个事物之间的距离，从而事物与事物的相似性可用较少的变量来解释。MDS 的输出表达的是各元素之间的关系，并以图谱的形式输出结果，在空间中，相互之间距离越小的元素就越相似。根据图谱，估计数据集的维数或验证先验假设都可以利用观察图谱的形式来实现。二维空间是多维尺度分析常用的确定位置的方式，其侧重点在于对知识单元之间相对关系的说明，将指定的基础知识和内容相结合来说明边界界定和词类关联。多维尺度分析有两种：一个是度量 MDS，另一个是非度量 MDS。度量 MDS 可保证在数据维度降低后原数据点与低维数据点之间的相对距离能够相同，最大可能地确保数据对象间的高度相似性，其降维过程中可灵活选择使用距离函数。与 MDS 保持数据对象间的相对距离不同，保证原始数据和降维后数据间顺序关系的一致性是非度量 MDS 的主要目的。向量或矩阵运算在 MDS 算法中的运算占据大多数。常用的 MDS 算法包括以经典 MDS 为基础的 LMDS 和 SC-MDS 算法以及经典 MDS 本身。MDS 计算的化整为零可以通过 LMDS 依赖于标点集和 SC-MDS 依赖于重叠对象集来实现，随机选择是其普遍选取的做法，所以产生的误差通常也是随机的。但是，针对如何选择标点集和重叠对象集的问题，自 SC-MDS 和 LMDS 算法被提出以来，仍没有研究工作进行过深入的研究分析。现实生活中，多数数据都是非线性的，非线性的数据占据大部分，线性降维的效果并不理想。因此，应该对非线性降维进行深入的研究。采用神经网络或对线性降维技术进行非线性的扩展等方法来进行优化降维，是非线性降维技术的常用手段，非线性降维的典型技术如下。

核主成分分析在非线性方面完善了 PCA，算法的主要原理如下：设给定高维数据观测集 X：$X = x_1, x_2, \cdots, x_N, x_i \in R^D$，经过非线性映射函数 $x \to \Phi(x) \in F$（F 表示为特征空间），将每个数据点 x 映射到一个高维的特征空间。对原始数据空间中存在的任意两个数据点x_i、x_j，在特征空间 F 中的距离用内积 $\Phi(x_i)\Phi(x_j)$ 表示，定义核函数 $k(x_i, x_j) = \Phi(x_i)\Phi(x_j)$。则在特征空间 F 上映射数据的协方差矩阵为：

$$C = \frac{1}{N\sum_{i=1}^{N} \Phi_i \Phi_j^T},\ \Phi_i = \Phi(x_i) \tag{1.1}$$

求 C 的特征值 λ(λ≥0) 和特征向量 v：

$$Cv = \lambda v \tag{1.2}$$

有$\Phi_k C_v = \lambda \Phi_k v$，k=1，2，…，N。因为特征向量 v 是在$\Phi_i$生成的特殊空间中，所以 $v = \sum_i \alpha_i \Phi_i$，将其代入式（1.1）中，具体如下：

$$\lambda \sum_{i=1}^{N} \alpha_i(\Phi_k \Phi_i) = \frac{1}{N}\sum_{i=i}^{N} \alpha_i \left(\Phi_k \sum_{j=1}^{N} \Phi_j\right)(\Phi_j \Phi_i) \tag{1.3}$$

即 $K\alpha = \bar{\lambda}\alpha$，其中，$K_{i,j} = \Phi_i \Phi_j$为核矩阵，$\bar{\lambda} = N\lambda$。解出特征值和特征向量。因此，用公式具体表示为：

$$\widetilde{K_{ij}} = K_{ij} - \frac{1}{N}\sum_{l=1}^{N} K_{il} - \frac{1}{N}\sum_{l=1}^{N} K_{ji} - \frac{1}{N^2}\sum_{l,m=1}^{N} K_{lm} \tag{1.4}$$

进一步，为了表示投影到协方差矩阵的特征向量v_i上的低维数据，用式（1.5）来具体表示投影结果（用 Y 来表示低维数据）：

$$Y = \left\{\sum_j \alpha_1 \Phi(x_j)\Phi(x),\ \sum_j \alpha_2 \Phi(x_j)\Phi(x),\ \cdots,\ \sum_j \alpha_d \Phi(x_j)\Phi(x)\right\} \tag{1.5}$$

在样本去噪、人脸识别特征提取等领域中，KPCA 凭借其特征保留完整、特征提取效率高等特性而被广泛应用。但该算法目前还没有办法确定如何选择核函数，KPCA 在参数或核函数不合适的情况下降维效果就会很差。已经有诸多以核函数为基础的非线性降维算法被学者们研究出来了，而关于核函数选择评判标准，目前还没有文献对此进行主要研究。比较常见的核函数有：多层感知机核函数、高斯核函数、多项式核函数以及线性核函数等。赵卫峰（2016）借鉴了部分当前的信息研究办法，采用支持向量机（SVM）进行分类识别，利用 KPCA 算法进行特征提取。混合气体识别的精度受到传感器阵列对气体的非线性响应而降低，针对这一问题，张铭（2016）提出以多类相关矢量机 M-RVM 和 KPCA 为基础的混合气体定性识别方法。线性不可分割的数据可以由 KPCA 通过内核函数映射到高维特征空间，从而提取样本数据的特征。稀疏 M-RVM 模型具有较少的参数设置和较高的分类准确率的特点，气体类别可以通过气体识别概率的形式输出。何颖（2015）使用经典的双层聚类处理框架对数据流进行聚类，采用分布式方法部署聚类算法，来满足高效处理的需求。运用分布式 KPCA 方式进行数据流的降维预处理，可以充分应对处理高维数据流时由聚类算法造成的低效率问题。

此外，流形算法受到了学者们的极大关注，流形学习算法相比于其他众多非线性降维算法在处理相应信息时更加便利。例如，局部线性嵌入（LLE）算法，其本质是通过局部邻域点的线性组合成初始数据集中的样本点，以便得到重构误差，最后得到重构权值，在内在低维空间中，对应的样本点在再次构建低维流形时维持重构权值不变，这样降维的目的就可以通过这种方法来实现了；拉普拉斯特征映射（LE）算法，其以图谱知识为基础，本质是高维空间中的数据点和降维后空间中的数据点结构上应该具有相似性，这样就不会破坏蕴含在初始数据中的信息。之后又有新流形学习算法不断被提出，如局部切空间排列（LTSA）和 Hessian 特征映射（HE）等。

LLE 是一种非线性降维模式，它突破了传统的方式，与不少新生的流形学习和降维技术关系密切。LLE 的核心内容是为了实现降维，由许多能够很好地将初始数据集的特征描述出来的相邻局部线性块连在一起构成数据集。与关注样本方差的 PCA、LDA 等传统方法相比，LLE 的重点在于降维过程中能够保留样本低维空间中的线性特征，由于样本的局部特征在降维时被 LLE 保持的这一特点，在高维数据可视化、图像识别等领域广泛使用 LLE。LLE 算法的主要优点如下。首先，稀疏矩阵特征分解使得该算法更加简化，容易实现。其次，若低维流形是局部线性的，那么该算法可在各种维度上对其学习。该算法只能学习不闭合的流形，且需要稠密均匀的样本集，算法的最近邻样本数的敏感性很高，降维结果很容易受到最近邻数的影响。传统的流形学习算法属于无监督型学习算法，先验信息的“浪费”是由于其训练集样本的先验信息未被充分使用。此外，还有监督型局部线性嵌入的算法，该算法额外增加了所有数据的种类信号。鉴于需要花费极大的成本代价才能得到全体数据种类信息，弥补了必须要全部先验信息的缺点，只需结合局部的先验信息就可进行学习，更好地得到降维之后的结构。研究者们在 LLE 提出后更加深入地认识了降维。例如，拉普拉斯特征映射的原理是连接相邻近的邻居点得出邻居图，再为邻居图的各个边赋权值，将原始数据用邻居图中的坐标表示出来，根据坐标平方距离最小准则求得最优解。

全局流形学习算法中有一种著名算法——等距映射（ISOMAP），其运用的思想是微分几何中的测地线思想，目的是希望流形上的测地线距离在高维观测数据向低维空间映射之后可以继续保持，即希望数据点之间的相对远近关系能够在数据投影到低维空间之后保持不变。ISOMAP 对测地线距离的计算方法如下。构造样本集的邻域图，将欧式距离当作接近点的测地线距离，用两点之间的最短路径来近似非近邻点之间的测地线距离。ISOMAP是经典的 MDS 的改进算法，其认为数据的内在结构不能由 MDS 使用欧氏距离计算高维空间中两点之间的距离准确地表达，而用测地距离来计算更为恰当。我们可以通过现实生活中的例子来理解这一思想。例如，在对地球上两地之间的距离进行测量时，通常不会测量穿过地面的直线距离，而是对两地在地球表面的距离进行测量。既然如此，测地线距离到底该怎么求得呢？根据欧式空间与流形在局部上同胚的特点，可以找出欧氏距离下所有点的近邻点，据近邻点之间的链接构造出近邻连接图，于是只要求得两点之间的测地线距离，实际上就可以得到两点的最优距离。因为 ISOMAP 算法运用的是测地线距离，所以可以从高维流形中找出非线性低维嵌入空间。但该算法还存在如下缺点。第一，低维嵌入结果会因为数据点分布不均匀或密度较小的影响而变差。第二，大规模的数据量和高维度的样本会造成过大的计算量。第三，低维嵌入空间对高维流形结构反映的正确性会受到噪声多少的影响，噪声越多，测地距离计算误差越大，正确性越低。

输入数据的性质决定了选择什么降维方法，不同的数据要选择不同的方法进行降维。一般情况下，临近（或类似）数据点之间的小规模关系通过观测就可以充分捕获，而距离之间的长期相互作用使用观测就不再适用了。另外，由于数据的局部结构或整体可以通过降维的方法来还原，所以还要重点考虑数据的分辨率和性质。通常情况下，要对数据的整体结构进行保留，就要运用多重对应分析、主成分分析、主坐标分析等线性方法；而要对数据局部的相互作用关系进行表达时，就应运用非度量多维尺度分析在内的邻近嵌入技术、扩散映射、等度量映射、核主成分分析等非线性方法。如果在带有类别标签观测值的环境下，使用监督降维技术可以将观测值归类到与其最匹配的已知类别中去。监督降维技术包括偏最小二乘法、线性判别分析、近邻成分分析和神经网络分类器。而非监督降维方法适用于观测值所属的类别未知的情况下。其中，适当地预处理数据是极其有必要的，在应用降维技术之前，应对连续型和计数型输入数据进行预处理。数据的预处理方式有很多，如数据中心化，连续数据在主成分分析中的必要处理步骤是用变量的观测值减去该变量观测值的平均值。还可以通过缩放的方式处理数据，用一个缩放因子乘以变量的每一个测量值，使得缩放后的变量的方差为1。缩放处理对于那些不同单位异构或包含具有高度可变范围的数据集是十分有效的，因为缩放可以保证每一个变量产生的贡献都是等价的，如环境因素数据、患者临床数据等。例如，在高通量测定中，方差标准化在所有变量的单位都相同时不适合进行，无信号特征的膨胀以及强信号特征的收缩会由此而产生。数据的变换方法要根据降维方法、输入数据的类型、具体的应用来选择。举个例子，如果在使用 PCA 时所用数据的变化具有可乘性，如对数据百分比增加或减少的测量，就要对该数据进行对数变换。在对基因组测序数据进行数据降维操作时，有以下两点要求。第一点，不同的序列样本具有不同的库（也称为测序深度），这是一个人为地区分观测值的参数。为了得到可比较的观测值，需要将样本标准化，具体做法是使样本中的每个观测值去除以其所对应的因子，该因子可以由某种特殊的方法估计得到。第二点，为了避免数据分析时出现均值、方差的正相关趋势，即高均值意味着高方差，使用方差稳定变换对数据进行调节可以使其避免倾向于较多的特征。反双曲函数正弦变换或者类似的方法可以对那些服从负二项分布的计数数据进行有效调节，如序列计数，样本标准化和方差稳定化相结合的办法可以有效处理高通量数据。在许多情况下，可用的测量是定性的或分类的，而不是数值型的，所以要对含有分类变量的输入数据做正确的处理。对应的数据变量不是数值数量，而是表示类别，如调查应答评级、样本测序运行、表型、队列成员等。分析列联表中类别的共现频率使用对应分析（CA）可对两个分类变量的水平（不同的值）之间的关系进行分析。多重对应分析（MCA）可以在有两个以上的分类变量时分析变量类别之间的联系以及观测点之间的关系。对应分析的泛化便是多重对应分析，多重对应分析的本质就是在一个将分类变量独热编码的指示矩阵中使用对应分析。在分类变量数量少的情况下，可以用主成分分析法对数据进行处理，分类变量每个水平的平均值可以通过投影为补充点（不加权）。而当分类变量数量较多时，则可以使用多因子分析法（MFA）。该方法使用 MFA 处理分类变量，使用 PCA 处理数值变量，最后将变量组加权合并得到结果。“最佳量化”的思想是处理分类或混合数据的又一有效方法，利用 PCA 对变量进行转换。由于目标是最大化方差，因而传统 PCA 不能作用在分类变量上，只能对数值型变量实行降维。对于定序（有序）或定类（无序）分类变量，若想进行 PCA 降维，要么进行适当的变量变换后再执行 PCA，要么将方差替换成由基于各类别的频数计算出的卡方距离。对于变量变换又有以下两种方式：一种是将分类变量虚拟化编码为二分类特征；另一种是使用最佳缩放分类主成分分析法（CATPCA）。最佳缩放法是指类别量化初始的分类变量，进而向新变量的方差最大化转换。最佳缩放可以使分类主成分分析向最优化问题转化，经过交替变换成分、量化成分得分和成分加载，通过不断迭代的方式使主成分和量化后的数据具有最小平方差。最佳缩放的一个突出优势是变量之间的线性关系无须预先进行假定，通常情况下，分类主成分分析法处理变量之间非线性关系的能力非常重要，尽管输入数据都是数值型数据。因此，缩放法为标准 PCA 只能解释方差的低比例且变量之间存在非线性关系的情况提供了可能的补救措施。在统计分析或机器学习任务如聚类之前的数据预处理步骤中，降维时新维度数量的选择尤为重要，这一步决定了所需要的信息能否在降维后的数据中得到。由于可视化时一次只能显示两个或三个轴，因而即使进行数据可视化是主要目标，但还是要为保留的新维度数量进行合适的选择。例如，如果前两个或三个主成分对方差的解释不足时，就应该保留更多的成分，这时需要对成分的多种组合进行可视化。在某些情况下，高阶成分会将有用的信息捕获，这种情况就需要使用高阶成分来对其模式进行显示，数据本身在很大程度上决定了要保留的最佳维度数。正确的输出维度数在了解数据之前是无法直接确定的，最大的维度数量是数据集中记录数（行数）和变量数（列数）的最小值。例如，主成分分析或多维度分析这种以特征分解为基础的降维方法，对维度的选择要依据特征值的分布情况来进行。在实践中，碎石图是人们在做决定时最为依赖的工具。碎石图能够将输出结果中的每个特征的值直观展示或者等价地展示出来，凭借对特征值直方图的观察，找出所有特征值中比较大的显著特征。马尔琴科—巴斯德分布在形式上近似地模拟了大量随机矩阵的奇异值分布。因此，对于包含了大量特征数量和记录数量的数据集来说，使用的规则是只对拟合的马尔琴科—巴斯德分布支持之外的特征值进行保留。但这仅适用于样本和特征的数量至少在数千个的数据集的情况。根据优化方法，保留多少维度是充分的需要通过特征值来确定。使用非优化方法进行降维，通常预先指定成分的数量，当使用这些方法降维时，通过迭代的方法不断增加维度的数量，并评估每次迭代中增加的维度是否能够使损失函数显著减小，以此确定最终要保留的成分数量。

深度神经网络（deep neural network，DNN）是指将一层隐藏层的神经网络包含在模型的输入与输出之间，由于隐藏层具有分层次抽象的能力，相比于浅层的神经网络，深度神经网络具有更强的复杂非线性系统建模能力。在一个典型的 ANN 中，包含一层输入层，一层输出层，以及两者之间的若干隐藏层。每层都代表了一系列神经元，在层与层之间可进行学习到的特征的传递。神经网络的基本计算单元是神经元，从前一层的神经元接受，被赋予不同权重的传递，通过激活函数再传递向下一层神经元。从 20 世纪到现在，人工智能逐渐在人们的生活中变得越来越重要，在生产制造领域更是有着举足轻重的地位，具有广阔的发展空间和应用前景。学者们广泛关注着人工智能中这一具有代表性的算法——神经网络。近年来，在语音识别、图像识别、自然语言处理等方面，神经网络靠着具有快速的计算和较为准确的结果的特点取得了优异的成果。如今将各种算法和神经网络进行搭配使用是人工智能算法研究中一种十分主流的方法，人工神经网络自 20 世纪 80 年代后就成了人工智能研究的热门方向。人类大脑的神经突触连接结构是其效仿的对象，对较为复杂的数学问题进行求解时，可通过使用计算机根据人脑的神经机制进行数学建模。深度神经网络是一种具有更加复杂机制的神经网络，它通过将多个神经网络作为自己的子网络，构建多个隐含层，每个隐含层都可以对上层网络的输出进行线性变换，使得其不但拥有解决具有更多输入特征的复杂问题的能力，还能进行更好的表达。相比于普通的神经网络，深度神经网络可以用更加简洁紧凑的方式来对比普通网络大得多的函数集合进行表达，这是其一大突出优势。深度学习的三个阶段主要是控制论、联结学习、深度学习论，其发展过程中主要是名称更替、应用空间变广、计算规模扩大和计算精度变高等几个重要发展过程。深度学习近年来作为人工智能的研究焦点取得了许多卓越成就，目前英伟达、谷歌等对深度学习领域的研发投入了很多，分别构建了自己的深度学习工具，并且对广大研究者们开放了部分使用权限，使得人们拥有了更加强大的研究空间和计算能力，可以更加方便地进行研究。

综上所述，深度学习在人工智能的发展历程中，得到了学者们的广泛认可和重点关注，并逐渐成为智能算法领域的研究热点，数据集以及训练方法的不断提升和硬件设施技术的不断进步，必定会使深度学习在未来拥有更好的发展空间，取得更加优秀的研究成果。神经网络具有十分强大的计算能力和十分广泛的应用场景，其极高的容错性和优良的自我学习能力适用于很多领域。

神经网络的功能主要有以下几点。

（1）联想式存储：神经网络的存储方式不同于传统的硬件及软件式存储。传统的数据存储方式是通过地址调用等来进行的，而神经网络存储数据的方式是在类似人脑神经元的记忆节点中存储数据的，数据的获取也是模仿人脑联想的方式来进行，通过训练不断地对连接神经元的权重进行更新，在自然语言处理和图像识别等需要使用到内容关系的应用方面，具有较强的优势。

（2）联想式记忆：在受到外来数据的激励之后，神经网络会用联想记忆的方式记忆数据，然后采用分布式和并行化的方式进行存储，随着不断地存储和记忆，会逐渐提升神经网络的适应性，从而提升自我学习能力。为了实现联想式记忆，可以在神经网络不断学习的过程中把输入的数据和外界刺激进行联系。

（3）非线性逻辑操作。由于神经网络的基本单位是神经元，其自身的结构会随着神经元的链接而变得更加复杂，神经网络的复杂度和性能可以借此得以提高。激励函数和权重将神经元连接起来，对物大脑的结构进行模拟，从而使得记忆的效果与人脑类似，所以对于深度非线性记忆通常计算模式无法达到，而神经网络可以完成非线性逻辑操作。

随着技术的不断进步，现有硬件设施的性能飞速发展，神经网络的计算性能也随之不断提高，可以在许多领域中更好地展现它本就突出的效果。神经网络都凭借着其突出的自我学习能力和突出的计算能力在模式识别、自然语言处理、图像处理、工业生产以及医疗等方面有着很好的应用场景。韩云飞（2018）等以压缩深度神经网络为目的，设计了能够对网络结构进行减少、参数并用的压缩神经网络方法。汤芳（2017）等构建了稀疏自编码深度神经网络，在滚动轴承的故障诊断中取得了很好的成绩。学者们的研究使得深度神经网络在金融经济方面的应用成了可能。

二、投资组合模型

马科维茨（Markowitz，1952）的均值—方差模型标志着证券组合理论的诞生，在风险的定量描述和证券组合选择理论方面扎实地迈进了一步，投资组合理论中证券好坏的评价采用预期收益率和收益率方差两项指标。投资者的理性行为应在一定风险条件下寻求最大期望收益或在一定期望收益条件下使风险最小。后来一些研究者拓展了风险测度的方法，对风险的度量法不断进行改进，相继发明了收益率的平均绝对偏差、差异系数以及半方差、模糊数和收益率倒数损失等作为风险的测度，同时对收益率的度量也做了改进即最大化期望收益率、最大化几何平均收益率、最大化单位风险收益、安全第一准则等。证券组合选择理论取得了丰硕的成果，具有历史性的意义。

马科维茨假设市场是完全市场，建立了投资组合的有效前沿，奠定了现代投资组合理论的基础。然而，在现实条件下市场并不是完备的，在实际市场交易中，交易成本是一个无法回避的问题，没有交易成本的投资将导致证券市场的剧烈波动，市场的无序会对投资者的决策行为产生直接的影响。显然，用经典投资组合理论来指导现实投资是不完全合理的，之后研究人员经过一系列改进，加入了一些现实市场中的不完备的摩擦因素，使模型更加具有实用性。如果市场不是非常有效或存在摩擦，就会导致交易成本的存在和投资行为的改变。关于市场摩擦的投资组合问题，有学者做了进一步研究，在非完备的市场环境下，分析了投资者的交易行为、证券流动性与市场摩擦以及交易成本的问题，发现在接近区间的边界时作最小交易是合理的（Davis and Norman，1990）；普斯卡（Puska，1995）也研究了摩擦市场下带有固定交易成本的最优组合管理问题，尽管其模型中采用模拟交易成本而非真实的交易成本，但是其方法在解决实际的资产组合配置问题时具有很强的指导作用。由于各种不确定性因素都会对金融市场产生影响，资产的收益率通常不可能被准确地预估，历史数据并不总是能精确地反映未来证券市场的发展状况，基于均值—方差分析的投资组合理论在描述资产收益未来特征的不确定性方面受到严峻挑战，证券市场的变幻莫测经常会改变投资者的信念和对未来市场的主观预期。基于此，众多研究者通过随机理论和模糊集理论来解决投资组合的优化问题。一些学者分析了模糊数的可能性方差和协方差，在资产收益不确定性的情况下，通过一系列数学手段的处理将投资组合优化问题的求解转化为一个带模糊决策的线性规划问题，得到最优投资组合显示为带状分布的有效前沿（Nie，2003）。不难看出，模糊集理论是处理非线性和非随机不确定性的有力工具，且在描述人的认知、行为与知识的模糊性和不确定性方面具有显著的优势，甚至成为金融经济学特别是行为金融学研究的潜在有效方法。此外，以经济指标为基准的跟踪策略和以信息论中的熵为风险度量的方法以及不对称信息、流动性限制和交易成本等因素也被引入静态资产组合模型中，这些不但丰富了投资组合选择的理论研究，还有助于将理论研究逐步推向实践。

投资组合研究主要围绕市场的不确定性建立合理的风险收益均衡模型并提出有效解决问题的算法，随着现代数学理论和新算法的不断出现，投资组合的理论、模型和方法得到前所未有的发展，例如，著名的期权定价公式，用几何布朗运动来描述资产价格的运动状态，进一步加快了金融市场资本资产定价理论的发展。在连续时间下用多随机因素模型描述资产价格动态过程，依靠随机控制方法分析投资者在不确定环境下如何连续地做出最优资产组合决策使其终身总期望效用最大，给出了最优动态资产组合选择的条件，形成了分析和解决该类问题的基本框架，揭开了连续时间金融的新序幕。毋庸置疑，连续时间的投资组合模型相比于相应的离散交易模型得到的方程，具有在实际工作环境方面的可操作性，通常能够提供更多显著刻画资产价格运动的特征，产生更符合逻辑的经验假设和更准确的理论解，在形式上更简单，理论上也更优美。随着证券市场和投资基金的资产规模的迅猛扩张，连续时间的投资组合优化方法已越来越受到高度的重视，在国际金融市场中扮演着越来越重要的角色。

在非线性均值方差时变连续时间模型方面，主要代表性的模型是抛物线类扩散模型。里德伯格（Rydberg，1999）拓展了已有的研究成果，基于 BS 模型的假设，考察了资产价格变化和信息不对称的影响及资产价格的对数近似服从不相关的非独立增量过程，利用扩散系数捕捉不含确定趋势的价格对数的波动部分，构造了基于抛物线分布函数形式的非线性连续时间的投资组合模型。资产价格的运动状态不仅存在一个扩散过程，受外界重大事件或突如其来信息的影响，往往会发生价格突变甚至产生多次跳跃行为。坦科夫等（Tankov et al.，2004）将突变和跳跃行为引入抛物线扩散模型得到抛物线跳跃扩散模型。其计算和推导比较复杂，这里不再赘述。

三、国内外研究现状及动态

在处理数据方面，首先要做的工作是对数据的预处理，而降维方法有助于对高维度数据更好地分析、应用与处理。降维方法的工作原理是将复杂烦琐的高维度数据在低维度上映射，这个映射过程就是线性或者非线性的变换过程，最后在低维度上用坐标表示出来，需要注意的是，降维过程需要保持数据稳定，也就是不可以改变数据的内在结构。最常见的是 PCA，该方法是在线性降维算法中最具有代表性的方法之一，此外还有 LDA；而非线性的降维算法和线性降维算法相比起来就有更多典型的方法，如 KPCA、MDS、LLE 等。

为了降低数据的维度，PCA 方法就是找到相关联的指标，在不同的权重下分别进行不同的线性组合，得到主成分，而那些原来的指标就是变量。为了尽可能多地保留原有数据的信息，可以通过选择符合实际的较少个数的主成分来进行操作分析。而 LDA 方法的原理是依据投影点的分散与聚集程度来划分同类和异类，先将原有的数据投影到一个较低的维度方向，判断投影点的分散情况，如果投影点较为分散，即为异类数据，而如果投影点较为聚集，即为同类数据，接下来就可以将新的数据投影到与刚才同一维度的方向，通过判断投影点的分散聚集情况来分类。与前两种方法相比，MDS 方法在降维上更具有创造力，其原理是直接自行构建一个新的低维空间，保证在构建的低维空间中新的数据点之间的距离与原来存在于高维空间中的数据点之间的距离是相似的。

弗里德曼等（Friedman et al.，1974）提出了投影寻踪（PP）的方法，原理就是将一些高维度上的数据通过组合来投影到低维度空间，寻找最佳的投影方向使之可以有效反映原有在高维度下的数据的特征或者结构。但是，在线性降维方面，早期的降低维度的方法具有一定的局限性，只有数据在高维度空间中满足所要求的基本假设，即全局线性，才可以有效达到降维的目的，但是事实上位于高维空间的数据大部分都是非线性的，无法满足全局线性假设。PCA 是我们最常见也是应用广泛的降维方法，该方法在不断地完善，其中最具代表性的非线性降维方法是 KPCA，该方法可以在最大限度内将特征信息进行提取。LDA 也在不断地发展着，该方法的基本原理就是准确理解数据点类间距离与数据点类内间距，将数据点类间距离进行最大化处理并且将数据点类内间距最小化处理，得到的结果是与数据类别相关的信息，并且该信息是可用于分类的有监督的信息，这里还要注意区别于无监督的方法。作为非监督的方法，LLE 方法的显著优势是能够学得任何维数的高维度流形，但是与此同时，LLE 方法的缺陷在于选择近邻时有些数据集的不适用，由于对数据的近邻进行选择时主要依靠的方法是通过欧氏距离来计算，而有些数据集由于分布不均匀，导致信息存在缺失，而且映射的效果也不如意。为了有效解决多个流形之间不相交的问题，非线性降维（WLLE）算法基于权重的概念，通过引入 cam 分布来进行处理，而样本数据的近邻样本点要求必须是由相同类别的样本点组成，Supervised LLE（SLLE）方法则对于近邻样本点的要求能够先对不相同的类之间计算出的距离进行预先判断，那些有明显流形学习结构的高维度数据集非常适合用 SLLE 方法，其通过和较为简单的数据集结合而生成非常好的结果。与

LLE 相类似的方法是 LE，两者之间的差别就是 LE 方法利用热核函数或恒等权重来构造权值，也就是权值为 1 时是两个点相邻的状态，权值为 0 时是两个点不相邻的状态。另外，有一些学者提出了局部保持投影方法（LPP），利用二次降维处理，在这个过程中可能会出现数据不稳定或者计算量过大的问题，这就需要通过先寻找最具有判别性的特征，然后将这些特征进行提取，这样就可以体现数据信息的完整性，有效存储局部的信息，并且对于新加入的观测数据能够有效地处理。同时连续保持投影方法（PPP）也被提出，这种降低维度的方法不仅有延续主体内部连贯性及主体可分性的优势，而且在与 PCA 方法和 LDA 方法对比时，可以保证最多的原始信息的投影，也就是在保证连续可变性的基础上还可以保留类的可分离性。也有学者对早期的 PCA 方法进行改进，提出了无噪主成分分析方法（NFPCA）。该方法的提出是源于分子数据的高维度性以及噪声数据的存在，噪声数据往往是由生物噪声、技术上的误差以及机器的错误而导致，这些噪声数据的特征之间具有高度的相关性，这样造成的结果就是特征的数量大大超过了样本的数量，只有少量的样本数据是可以用的。而无噪 PCA 的方法就是通过在主成分提取的步骤中增添惩罚项平滑噪声来实现，实验后再和 PCA 方法做比较，从而得以验证无噪 PCA 方法对数据的降维效度。特征子集优劣的评判标准是看其是否可以最大化交互信息（MI），可以表述为 MI(X, Y)，其中 X 为数据的特征向量，Y 为数据的类标号。而“对称不确定性”（SU）的概念是从 MI 延伸出来的，其原理是将特征间的熵值和特征与类标号之间的熵值规则化。罗伊（Roy，2015）提出了三个不同的概念，原则也是使不同类别之间的距离最大化并且使类别内部的距离最小化，这和 LDA 方法和 MMC 方法的原理相同，该方法通过在分布式平台上训练数据来实现对高维度数据的有效降维。为了实现更高程度的聚类效果，一些学者提出了改进版的 KSOM 方法，该方法的原理是在选择初始化类中心点时引入改进的 K-means 算法，这种方法的最大优势是可以有效适用于任何聚类，具体的步骤如下。先用改进版的 KSOM 方法来实现降维操作，接着选择有效的初始化中心。当数据样本不够时，模型无法在非参数的条件下对函数的多个系数进行估计的步骤，因而对于具有多个协变量的多变量响应变化系数模型中关于特征选择的研究非常重要，因此，学者们提出了一个框架，称为“惩罚最小二乘框架”，该框架包含了以下三部分重要内容。首先，对于未知函数数量的估计问题，可以通过减少使用主分量来解决；其次，可以借助多项式样条来近似未知函数；最后，对于相关协变量的选择问题，可以利用稀疏诱导惩罚来解决。通过该方法，若模型中只有相关变量存在时，可以将有关联度的协变量有效地识别出来，而且当对应的系数函数在收敛速率方面达到同样速率时，也可以有效估计。

关于降维分析的研究，国内学者也作出了很大的贡献。张振跃等（2004）引入 LTSA 方法，要想得到局部切空间坐标来表征高维度数据的几何特性，需要对每一块局部邻域进行局部的 PCA 来降低维度，并且对于局部领域的选择也有要求，需要保证这些领域处于同一平面且具有某种线性联系。刘超等（2012）着重研究了 PCA 的优劣势以及应用上的情况，PCA 方法在实际应用中不仅可以对特征提取和选择上的数据作预处理，而且可以将高维度数据表示为图形，而且在这个过程中还可以研究特征之间的关系。PCA 方法的第一主成分可以用于其他方法的初始值，如自组织映射方法、主曲线方法、投影追踪回归方法等。PCA 方法中对于主成分的选择及保留问题值得细究，除了第一主成分，其他主成分通常无法有效解释，这就引出了一种对高维度数据降维的另一种思路，稀疏主成分分析方法（SPCA）通过对数据的内在结构进行分析，在套索技术的运用下可以达到更高效率的降低维度的功效。刘立月等（2012）提出了正则化约束的概念，并且设立了以稀疏惩罚的特征为基础的提取模型，该模型不仅可以适用于高维数据分类的降维，而且可以广泛应用在回归分析中，这是为了解决传统特征抽取方法中高维数据在降维约减过程中缺乏对数据的解释的问题。郝晓军等（2014）对比了 MDS 方法和 PCA 方法，指出在保留原高维数据间的结构关系方面，MDS 的效果更好。在 LLE 方法的基础上，计算邻近时可以使用欧氏距离，但是这会带来流形重构扭曲现象。针对该现象，邹艳（2012）通过改进距离而提出了新的 LLE 方法，新方法不再使用欧氏距离，而是借助改变测地距离来找样本数据点的 K 近邻。而经过实验可以看出，改进后的新 LLE 方法在最佳准确率方面的确比旧 LLE 方法提升了。但是改进后的新 LLE 方法仍然存在缺陷，依旧无法对很多流形方法进行操作，因此又拓展出了 HLLE 方法、SLLE 方法及 WLLE 方法。基于 WLLE 方法，李燕燕（2012）

引入了一种局部线性嵌入方法——DWLLE，该方法依托于密度刻画，并且结合了样本流形的结构，通过 cam 分布来找样本数据点的近邻。为了表明 DWLLE 方法的有效性，在对数据点进行重建时，可以通过引入密度信息调整权值矩阵来分类识别验证手写体字符。该学者提出的正则化处理是有前提的，一定要保证在同一个邻域内的用以表示数据样本点的坐标不变。进而其又提出了优化的局部线性嵌入方法（OLLE），该方法在图像检索实验时与 LSTA 方法和 LLE 方法的对比中达到了明显更高的水平，说明 OLLE 方法可以有效降低 LLE 方法对噪声的敏感性。陈晓明（2013）在序列前向选择类特征选择算法的基础上，指出了进一步改进的分布式方法，在这个过程中使用了逻辑回归模型，通过迭代算法（New Ton Raphson）来使样本可能性最大，具体步骤包括：首先是要在新特征值的基础上，求该逻辑回归模型的参数值；其次是要优化求解，借助 New Ton Raphson 来改善，直到参数收敛；最后是要对特征选择进行处理，借助 MapReduce 分布式计算框架的方式。曾琦等（2014）发现，在构造矩阵方面，SVD 分解方法构造的矩阵非常稠密，而 CUR 分解方法构造的矩阵较为稀疏。不过 CUR 分解方法有一个非常大的弊端，如果出现异常数据将会对结果造成很大影响，这是由于该分解方法主要利用高维度数据矩阵中任何正交的两个向量。景明利（2014）引入了压缩感知理论（CS），这是为了应对数据的稀疏问题而对高维度数据降维的一种新的理论，因而该理论的依据原则就是对数据的最佳稀疏表示。CS 理论的主要目的是使压缩数据的操作更加容易上手，从而得以有效缓解高维采样带来的压力。然而该理论存在对于 PCA 方法和 LDA 方法的稀疏扩展没有考虑到局部几何结构的问题，因而有学者提出了 USSL 框架。赖志辉等（2016）引入了稀疏子空间学习框架（SLE），该框架的原理是通过引入稀疏性，把 LLE 的操作延伸至稀疏样本上。其中，对于计算最佳稀疏子空间的方法可以借助迭代弹性网回归方法和奇异值分解方法（SVD）。将 SLE 框架方法作为基准，为了表明该方法能够作为一种通用的方法，把 kernel ONPP 应用于数据，突显了该方法比其他稀疏子空间的方法更具有提取并分类特征的优势。

关于非线性降低维度，流形学习算法最为突出，该算法可以更好地分析并处理那些具有非线性结构的、较为复杂的、高维度的数据，因而吸引了学者们的广泛关注。学者们提出了两种非线性流形学习的方法，分别是LLE和ISOMAP，LLE的具体操作中为了将重构误差最小化来得到重构权值，能够通过位于局部邻域的数据样本点来将得到的高维度数据点用线性方式表示，这样使得在重构低维流形时，所对应的低维空间中的样本点可以达到重构权值相同的目的。ISOMAP在计算数据点间距时，为了尽可能多地存储原来高维空间上样本点之间的结构信息，采取测地距离来代替欧氏距离，为了得到高维度数据对应的低维度嵌入，将计算出来的测地距离矩阵作为MDS方法来键入。贝尔金等（Belkin et al.，2003）提出了LE方法，该方法以LLE方法的局部线性概念为原理，基于图谱知识，指出为了在降维后仍然可以使原来数据的内在结构继续保留，高维度空间中距离不远的样本点会在降低维度后的空间中相互靠近。然而，作为无监督学习算法的传统流形学习方法无法充分利用训练集样本中的先验信息，这无疑是对先验信息资源的一种浪费，由此，一种新的算法应运而生，即监督型局部线性嵌入算法（SLLE），利用在构造邻域时添加所有样本的类别信息来避免对于先验信息资源的浪费，但是对于"得到所有数据的类别信息"这个操作在实际应用中很难实现，需要耗费太多的人力物力财力，这就不符合成本效益原则。因此，一些学者不再选择全部数据的先验信息，而是选取了部分数据的先验信息，通过这种半监督降维算法，也同样可以很好地得到高维度数据的内在低维度结构，半监督降维的方法越来越受到学者们的推崇。黄鸿等（2008）在半监督流形学习方法（SSML）的应用下引入了一种人脸识别操作，该方法旨在提高人脸识别能力，主要原则是利用原有人脸数据样本的非线性结构信息及部分样本的标签信息融洽在一起，重新调整数据点对间距，对此间距采取线性近邻重构操作，以此可以达到获取低维度结构特征的目的。沈杰等（2014）在人脸识别的研究上，借助半监督局部线性嵌入方法（SSLLE），提出了人脸图像识别方法，其本质是基于LLE算法来重构距离矩阵的一种方法，借助于有效的部分样本标签信息，为了将高维度数据进行低维度表示，利用重构的距离矩阵来进行局部线性嵌入操作，可以在ORL和Yale人脸数据库上实验，从而得以验证该方法对于人脸识别的性能提升程度。对于聚类方面的问题，早期算法只适用于低维度数据。赵艳厂等（2002）拓展出了一种可以普遍适用于聚类的模型，其基本原理是将复杂的整体结构看作是由很多简单的小流程结构组成的，这样就可以把每一个重点都转化为一个小流程，也就是将高维数据聚类的过程分解为很多个低维度甚至是一维度的聚类过程。这种思想很值得学习，为了简化问题，将高维度数据看作由多个一维簇组成，从而可以解决传统算法在聚类方面不能应用于高维度数据的问题。郑宣耀（2005）指出，应该综合思量数据对象的间距及其属性分布，而不是将过多的关注投入数据间具有相似性的单个元素。朱凤梅等（2008）提出了解决高维度聚类的降维操作问题的方案，即在半监督降维算法的基础上，首先对数据进行半监督降维操作，其次才是对这些低维度数据聚类。需要注意的是，聚类的过程也需要在半监督情况下进行。

通过分析国内外的方法可以看到，学者们取得了丰富的研究成果，但同时也存在一些问题。首先，在数据的特征维度数方面，如果维数达到上百万、上千万维时，就会出现运行时间过长并且大量占据内存的问题，现有的 PCA 算法无法满足对于内存和运行时间上的应用要求。关于缓解现有算法对于内存不足的问题，陈伏兵等（2007）提出了解决方案，虽然该方案仍然无法解决将 PCA 方法用在高维度数据降维时内存占据较大以及计算非常复杂的问题，但是可以在一定程度上对降维时的小样本问题及内存容量问题有所缓解。因此，在高维数据降维方面对主成分分析方法的研究，有助于探索缩短运行时间以及降低内存占用的方式。其次，针对投影的降维方法缺乏合理有效的解释，如 PCA、LDA、SPP、ONPP 等方法的投影往往都是非零的，因而只能学习紧凑投影。而 USSL 映射也存在着问题，由于计算时是独立的，导致映射的正交性及计算的完整性无法保证，再加上对于近似的算法使用了两次，这就造成了结果的误差值较大的缺陷。而且当前学术界的研究都集中于对高维度数据降维操作算法的完善发展，无法从该算法中跳脱出来，这就造成了很大的局限性。应该尝试着将其与云平台 Hadoop、Spark 等结合或者与并行计算相结合，也可以对其分布规则及处理机制进行研究，一定要考虑到效率的问题，将各种方式有效地结合在一起。

近年来，神经网络在越来越多的领域被大规模广泛应用。神经网络的最小单位是简单的神经元，并且可以由神经元形成复杂的网络，这就是一个神经网络。对于神经网络，训练数据、网络参数都会对网络的最终结果产生影响。但是，没有一种初始化方法可以普遍适用，因而人们在这一领域做了很多研究工作。当前的初始化方法主要包括随机值和非随机值。随机值的计算相对简单，可以自行设置值范围。在许多情况下，人们会随机选择一个相对较小的数字来初始化参数。非随机值方法考虑了数据的特征和网络结构。有一些基于遗传和免疫的方法。尽管该方法在提高学习速度方面具有很大的优势，但是它具有很高的针对性，并且计算相对复杂。在神经网络中，学习是其基本特征，通过不断更新网络的权重和阈值来完成神经网络的学习。根据网络结构和所选择的算法，学习过程可以分为监督学习和无监督学习两类。其中，监督学习是指在学习过程中是有监督的，也就是对于训练样本所包含的类别信息都是已知的。由于数据对象具有类标签，因而将减少训练样本的歧义。在监督学习中，首先使用具有已知输出信息的样本进行学习（通常称为训练样本），然后发送一些样本以包含输入信息和输出信息。在学习和训练过程中，需要将实际与所期望的网络输出进行比较，并根据定义的目标函数和所选算法更新网络的权重和阈值，尽可能地缩短实际与所期望的网络输出之间的差距。在无监督学习过程中使用的数据不是标准的，必须学习以获取这些数据中的结构内容。在无监督学习中，我们不了解样本数据的类信息，因而会有很大的歧义。根据一次在网络中输入的数据量，将其训练方法分为两种：渐进式和批处理。渐进式训练意味着神经网络为输入的每个样本调整权重和阈值，而批处理训练意味着一次将所有输入样本用作输入，对于一次多个输入，仅对权重阈和值调整一次。这两种方法不仅可以在动态网络中使用，而且可以在静态网络中使用。在同一个神经网络中，如果数据输入网络的方式不同，则最终结果将不同。在实际的训练和学习过程中，选择哪种方法取决于所涉及的具体问题。人工神经网络在分析信息方面的主要优势如下。第一，并行性。网络中的大量节点都相互连接，当网络接收信息时，可以快速传输到其他节点并通过这些连接进行处理。在信息传输过程中，一方面进行计算，另一方面数据存储完成，并且输入和输出之间的映射与节点之间的权重一起保存。第二，非线性映射。神经网络的非线性在实际应用中非常重要。第三，人脑具有很强的适应环境并通过获得的学习来扩展其他功能的自我适应和自我组织能力。人工神经网络源通过模拟人类的高级行为，具有诸如更新权重的强化学习能力。第四，健壮性和容错能力。当网络中的某些节点损坏或与其他节点的连接断开时，它使用节点之间的互连权重来存储信息，这将影响整个系统以便降低这种影响，不会使整个系统感到不适。

自编码器（Autoencorde）算法是使用自适应多层网络将高维数据降维后，通过多个隐藏层将低维数据重建为原始维数据的一种无监督的深度学习算法。Autoencorde 数据重构算法使用对称的网络结构，旨在达到神经网络的精密训练并使输出和原始数据之间的损失误差降到最低。在 Autoencorde 算法中，神经网络的结构，即神经网络的层数和在每一层中选择的节点数，将极大地影响算法的效果。为了获得更理想的神经网络结构，人们进行了很多实验。在模式识别的所有内容中，对于聚类的分析是很重要的。早期的聚类算法在低维数据中将具有令人满意的结果，但是随着时代的发展进步，信息量在井喷式扩张，信息化程度越来越复杂，相应的数据量也在飞速增长，我们需要使用更多的内容来描述和表示数据，这增加了对应数据的难度，早期的聚类方法将对这些数据不再有效。因此，为了有效地处理高维数据，人们不得不寻找有效的算法。在现有算法中，有些基于子空间，有些基于降维。本书发现，神经网络的良好结构可以获取低维数据，首先，就降维本身而言，如选择现有算法 Autoencorde 作为降维算法，由于难以直接确定层数和每层中的节点数，有必要通过实验找到良好的结构。此外，对于聚类，我们希望使用具有更好结构的神经网络来降低维数，并获得维数较少的数据。在现有的高维数据聚类算法中，它们的核心思想可能有所不同，但从根本上讲，必须首先处理高维数据以使其在较小的空间内能够实现降维的目的。

当前，国内外学者对于高维度数据降维操作的研究已经作出了很多的贡献，为我们提出了很多新的算法，但是随着信息化以及数据化的要求越来越严苛，对于降维算法的要求也在不断提高，因此，需要对降维的算法进行不断的完善与发展，具体可以作出以下努力。

（1）将特征选择及变换的过程紧密结合。在后续的研究中，可以针对其他的应用或者数据类型，结合特征选择和变换两个过程，从而使降维的效果更加准确。

（2）分布式处理高维度数据的降维问题。在当前信息化、数字化极速发展的时代，对于速度的要求是作业效率的保障。现在企业中对大数据进行处理的平台大多都已经由速度更快的 Spark 代替了 Hadoop，因此，对于高维度数据的降维操作可以有效借助 Spark 处理平台，并且在分析中探讨分布式处理的重要现实意义。

（3）移动设备在高维度数据方面的应用。移动设备在当前数字信息化的时代有着广泛的应用领域，不仅可以使用户享受到智能化与个性化的贴切服务，而且其发展出了很多传感功能，伴随着移动设备越来越普及的趋势，用户在获取信息时极具便利性。因此，针对应用数据的挑战研究，可以从如下方式入手：在对情境感知特征进一步学习的过程中，研究这些特征的自主认识并提取功能；对于移动设备在分布式机制方面的使用方式研究，对于大规模样本中存在的异构数据在清洗的有效性与预处理方面的研究等，都具有很高的研究价值。

（4）提高降维效率。在神经网络方法中，网络的结构对降维结果有很大的影响；而且对于要将数据降到多少维也没有一个特别精确的方法。

（5）找到有效的方法测量高维数据的相似性。如今，距离通常用于测量相似性，但是对于多维数据，距离并不是一种好的方法，没有一种测量方法可以应用于所有数据。

综上所述，国内外对相关问题的研究主要包括高维数据的降维和金融风险的网络溢出效应两个方面。对高维数据降维的研究主要集中在线性模型和非线性模型两个方面。PP、PCA、LDA 等方法是已有线性降维的主要代表，通过求解线性模型的特征向量并不能深入挖掘高维空间非线性数据的拓扑结构，直接导致线性方法对于非线性数据结构的适应性不足。针对高维数据的非线性特性，贝尔金（Belkin，2002）通过拉普拉斯嵌入方法描述高维空间的数据结构；多诺霍（Donoho，2002）提出海森矩阵的局部线性嵌入策略对拉普拉斯方法进行修正；唐科威（2015）通过非监督学习研究曲线的流形问题；李勇等（2016）提出等距嵌入非线性流形学习的局部线性光滑方法。类似的还有 MDS 等方法，在图像识别、生物数据分类领域应用比较广泛。虽然针对实际具体问题取得了一定的应用效果，但现有降维方法还不能充分利用数据集的先验信息，根据数据的内在性、重要性以及兴趣适应性等关键内容选取合适的数据结构，可以使得高维数据处理方法更加易于理解、更有应用价值和更具实际意义及富有针对性。高维数据类型复杂且含有多样性、假相关、内生性等特征，目前并没有形成统一完整的处理框架及有效的度量体系，还缺乏多源异构数据的集成降维，将线性、非线性降维方法统一起来，寻找既具有线性降维优良性又具有非线性降维特征的新的降维方式。

近些年来，有大量关于投资组合优化的研究文献，国内已经在这一领域开展了许多有意义的尝试，投资组合优化模型的研究有了相当的进展，取得了一系列丰富的研究成果。我国在研究动态资产配置或投资组合方面取得了许多可喜的成果，朱书尚（2004）建立了基于不同情景环境递推的线性规划方法解决投资组合问题；刘金山、李楚林和胡适耕（2003）通过设定特定的资产价格遵循随机波动的扩散过程，获得了最优风险资产需求的解析表达式和资产组合最优选择的封闭解；李仲飞和汪寿阳（2004）研究了不确定性环境下和非完备摩擦市场中，当金融资产和自然状态个数为有限个以及摩擦局限于成比例的交易费时的最优消费—投资组合选择问题，给出了原始市场无套利性刻画的最优投资组合策略的充分条件和必要条件及其应用背景；彭大衡（2004）经过推导得出投资的计划期与投资者持有的风险资产比例正相关的结论；陆宝群和周雯（2004）构建了基于弹性是投资组合的决策变量的随机过程框架下的最优投资组合问题，并提出了求解最优投资组合问题的分阶段方法；钱晓松（2005）分析了在卖空限制的条件下无风险债券和一种风险股票构成并具有成比例的交易费且含跳扩散的最优投资消费问题，得到了该问题的值函数和相应 HJB 方程的黏性解；朱微亮（2007）分析了在经济环境变化下，基于突发事件和参数不确定性的动态资产组合选择的问题，得到了效用函数模型下的最优组合的投资策略和资产组合配置的具体比例。

学术界对于金融网络风险的研究一直在不断推进，莱特纳（Leitner，2005）率先利用网络整体拓扑结构重点分析银行流动性风险的传导蔓延效应；也有学者通过构建金融网络模型，分析网络中各个组成部分的不稳定或失败蔓延如何影响整个系统，显示系统风险贡献和金融网络结构的动态演化；宫晓琳和汴江等（2010）从资金流动方向分析系统性风险对宏观经济的影响，构建了尾部风险网络以分析金融机构的整体系统性风险；刘京军等（2016）利用网络结构研究传染的基金资金流量及其业绩影响；类似研究还有很多，这些研究大多从金融系统风险的网络效应与市场流动性效应的视角研究风险传染和金融机构绩效等问题，对金融网络风险的非线性叠加效应和跨市场传导机制研究，视角有限，实证薄弱，中国学者偏重于定性的规范判断，西方理论界则强调规律认知及方法选择。缺乏通过超高维复杂网络模型定量研究全面风险管理的问题，对大数据环境下资源配置、市场效率及风险管理的系统化综合研究十分有限。

第三节 研究内容与结构安排

一、主要研究内容

研究内容一：超高维数据压缩及网络稀疏优化。

（1）基于更新熵网络的关系型拉普拉斯超高维非线性压缩模型（RLE）。在梳理经典线性和非线性降维技术的基础上，通过流形学习的局部嵌入方法，增加基于有向图的更新熵网络的数据结构标识和图网络的稀疏表示结构，并采用关系型数据结构代替原超高维流形域上的近邻表示，对基于无向图的 LE 改进，建立有向图稀疏网络的关系型拉普拉斯非线性压缩映射模型（RLE）。RLE 基于有向图的关系型数据结构除了潜含数据节点的近邻表示外，更由于其内在的动力学结构，通过有效挖掘有向节点的关联性并正确评估其重要性，深刻揭示网络数据结构的本质。网络节点的有向链接关系表明其节点被链接的次数越多，则该节点重要性影响程度越高；越重要的节点链接向该节点且被越大的权重节点链接，其重要性也越高。本书利用更新熵的随机变量构建带权有向图，从社会复杂网络角度刻画数据节点的重要性和相依结构，并在高低维压缩映射过程中有效地保留原局部流形的拓扑结构，从而实现高效、准确、合理的超高维数据降维的目标。

为此，需要用图论相关知识和稀疏优化方法分别对以下层面子问题进行研究。其一，更新熵有向图及其稀疏优化。其二，构建局部流形的最优拓扑结构及超高维压缩映射。先采用测地线距离定义高维空间中任意目标点之间相似性的非对称性概率，由此可以得到其高斯信息熵 H(x)；然后通过不同数据节点之间熵的净溢出值定义更新熵为$T_{J\to I}=\max(q,\ e^{-\theta t}(H_J-H_I))$，其中，$H_I$为 I 数据点的信息熵，θ 表示其衰减系数，q 表示阈值，$T_{J\to I}$表示不同数据节点之间不确定性关系的有向传递。更新熵既有方向又有大小，可构建基于更新熵的有向图网络，借此生成熵不确定关系的邻接矩阵，沿着网络有向流动的顺序可递归表征节点处熵的累积效应，再利用马尔科夫链模型即可得到网络收敛时对应邻接矩阵的最大特征值及其特征向量，从而得到网络节点熵不确定关系的重要程度排序值。由于越重要的点和越有意义的点在降维过程中均应该被完好地保留下来，因此，可以将重要程度的排序值归一化并作为数据点的权重对局部流形域内节点进行低维嵌入，即通过构建更新熵网络的有向图和 PageRank 算法修正原拉普拉斯矩阵，计算图拉普拉斯算子的广义特征向量，求得低维嵌入；同时，通过图网络的稀疏优化方法获得最优的拓扑结构和超高维压缩映射。其三，综合集成降维方法。对多种降维策略和压缩方法进行综合集成，通过机器学习进行数据重构，旨在获得合意的降维效果。

（2）基于谱聚类分析的网络稀疏优化。根据图权矩阵及其扰动理论进行谱聚类分析，深入研究权矩阵的谱和特征向量等性质，以便获得权矩阵的谱与聚类的类数以及权矩阵的特征向量与聚类之间的关系。由此可对高维数据的分块压缩做好准备，同时也引入 K 均值聚类、密度聚类等方法进行多聚类中心优化，使得内部聚类本身尽可能紧凑，而不同聚类主体之间尽可能地分开，以实现网络内部聚类和稀疏分散的平衡统一。

（3）构建双重群组、低秩分块的多因子核范数矩阵回归模型。超高维数据一般不能直接用于回归分析，因此，可先对超高维数据进行非线性压缩处理，再对降维后的数据结合实际应用背景做合意的回归分析。本书重点对经过谱聚类优化的高维网络数据在低秩情况下实施分块矩阵回归并对多因子进行稀疏优化。该模型旨在为高维多因子压缩、金融资产组合及其风险管理的实际应用打下坚实基础。有效市场条件下，上述目标函数通过特征提取和核范数、分组矩阵回归的方式最小化资产组合与市场有效指数的总离差，并在保持最优跟踪误差条件下，通过多目标回归的资产配置方式力求最大化投资组合的风险收益性能，以便获得风险收益动态均衡的投资回报。

研究内容二：多源异构的多目标、多因子非线性资产定价体系。

（1）多因子资产定价体系。本书使用大数据分析方法对投资群体行为进行研究，提出能够刻画用户风险偏好以及对经济预期的情态指标，形成大数据行为预期因子、舆情监控因子、资产内在价值等因子，采用目标层、准则层和指标层递进的原则，拟建立中国特色的多因子资产定价指标体系，包括大数据挖掘因子在内的29个一级指标、行为金融影响在内的64个二级指标以及市场博弈在内的118个三级指标。

（2）资产价格的非线性动力学机制研究。包括成交量推动的价格动力学模型和周期几何布朗运动的资产定价模型。本书拟引入成交量动力学模型和周期几何布朗运动，更准确地刻画资产价格满足的随机过程，拟将其设为随时间增长的周期性波动函数，进一步揭示其非线性的复杂演化过程。

（3）基于多源异构的对抗生成网络的动态多因子资产定价。将经济逻辑驱动的多因子资产定价与成交量驱动的动力学周期几何布朗模型相结合，由集成预测和市场博弈生成资产定价网络和真伪判别网络，通过两个子网络的竞争性优化策略不断对抗性学习，从而逼近资产价格的真实分布概型。

研究内容三：资产组合优化及金融市场风险管理。本书采用三位一体的全面风险管理方案，构建不确定环境下金融网络风险的组合优化及风险管理策略并归纳出资产定价的新思路，为政府监管机构提供决策依据，具体如下。

（1）多目标稳健矩阵回归的投资组合优化。市场越有效，资源配置效率越高。将有效市场组合设为跟踪锚，运用多目标矩阵回归的方式将均值方差意义下的资产配置模型转化为回归方程，求解最优锚定情形下的自适应回归系数即可达到投资组合优化和提高组合风险回报的目的。

（2）组合资产的内聚类外稀疏优化。合意的配置策略宜从系统聚类思想出发，以便实现较好的内聚类和外稀疏的均衡，且总体上保持稀疏均匀。

（3）金融风险的识别、防范及管理。本书通过复杂网络和图论相关知识描述多资产之间盘根错节的相互影响关系及其非线性特性。拟构建基于无向图的最小生成树网络风险模型和基于有向图的最大流—最小风险的网络模型深入研究不确定性环境下非线性叠加的风险管理方案。最小生成树表示无向图中最强的连接，蕴含着金融风险在网络中最坏情形下最可能的传染路径；最大流—最小风险的网络模型则从有向图理论出发，充分利用有向图网络的动力学行为特性，通过网络最大流算法以及马尔科夫链模型得到风险在网络间传播、扩散、非线性叠加的重要路径；然后将其看作组合风险最小化的参考依据，从而实现有效防范和控制风险的目的。

二、结构安排

本书围绕三个研究对象：第一，超高维数据压缩及网络稀疏优化；第二，多源异构的多目标、多因子非线性资产定价体系；第三，资产组合优化及金融市场风险管理。总体框架设计为：构建超高维数据网络模型；理论研究不确定环境下金融网络风险的非线性叠加效应；实证检验资产配置绩效和全面风险管理水平。总体框架如图 1.1 所示。

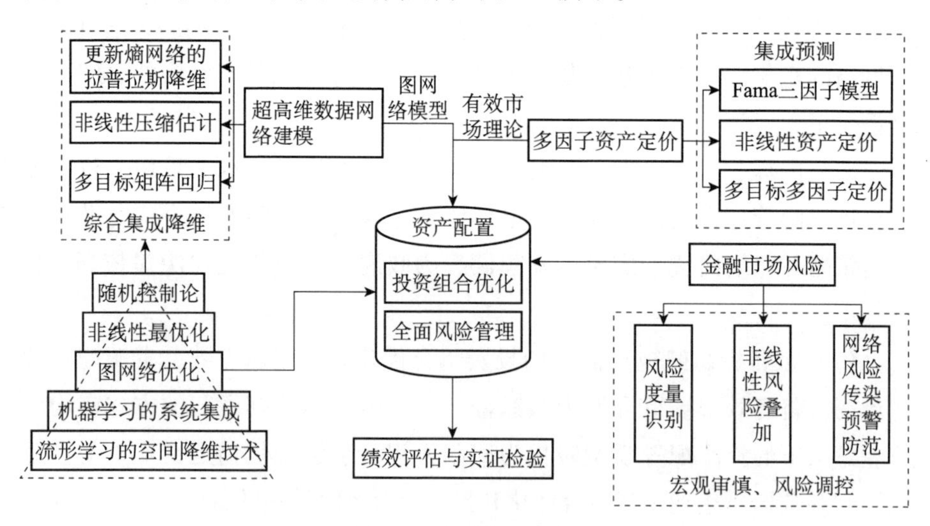

图 1.1　本书研究框架

第四节 研究思路与方法

一、研究思路

以超高维数据的结构特征为视角，以稳健关系型局部流形拓扑结构不变为降维准则，同时高效整合线性降维和非线性降维的优点，构造基于机器学习的综合集成降维模型；根据统计学、运筹学及网络科学相关理论构造图网络优化模型，深度发掘图网络内在的动力学特性，创建大数据环境下的超高维数据网络模型；站在资源配置的角度，以非线性资产定价为纽带，通过投资组合优化理论和资产选择模型研究金融市场的全面风险管理问题；在宏观审慎和微观监管背景下，以防范金融风险的政策效应为根据，实证检验超高维稀疏网络模型在金融市场的有效性。为提高全面风险管理水平、维护宏观金融稳定、促进和谐金融、绿色金融发展提供理论支撑和政策思路。思路及技术路线如图 1.2 所示。

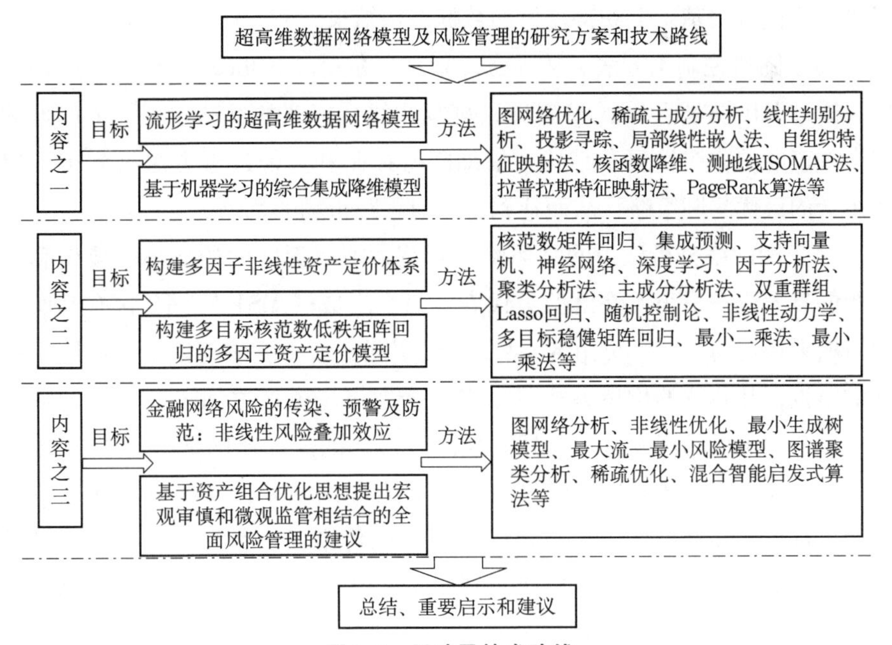

图 1.2 思路及技术路线

二、具体研究方法

（1）关系型流形学习的拉普拉斯特征映射降维方法（RLE）。该方法本质上是对经典拉普拉斯降维法的改进，LE 方法中基于无向图的近邻数据结构的刻画在高低维映射过程中并不能合意地表征原局部流形的拓扑结构，RLE 基于有向图的关系型数据结构不仅内蕴数据的近邻表示，而且能够从社会复杂网络角度刻画毗邻数据节点的重要地位及其相依关系，从而在高维向低维的映射过程中更能保留非常有意义的、具有重要亲疏关系的、对维持原流形结构起重要作用的节点，以便达到类内聚集、类外特征分明的降维目的，其实现通过构建更新熵网络的有向图和 PageRank 算法修正原拉普拉斯矩阵，并通过图网络的稀疏优化方法获得最优的拓扑结构和超高维压缩映射。

（2）综合集成降维法。依据稀疏分类的方式，将经典的线性降维及非线性压缩方法综合集成在一起，并通过机器学习的方式对原超高维数据进行重构，以便获得理想的降维效果。该集成降维措施试图在吸取诸多经典降维方法优点的基础上获得良好的数据重构结果。

（3）随机控制论方法。从动态规划和贝尔曼（Bellman）最优性原理出发，通过 HJB 方程和最优控制理论刻画非线性资产的运动过程，更好地捕捉金融市场的非线性复杂结构，借助随机控制和数值逼近方法得到市场有效组合的最优复制策略，从而达到自适应跟踪市场的目的。

（4）图网络分析法。网络风险的管理主要以无向图的最小生成树和有向图的最大流—最小风险模型为代表。最小生成树 MST 是一个含有其所有顶点的无环连通子图，可由 Kruskal 算法实现，最小生成树表示无向图中最强的连接，其独特的构造方式可以揭示金融市场资产之间风险传染的物理结构，金融危机的爆发常常导致其风险以最快的速度在网络中沿着 MST 路线扩散；最大流—最小风险模型则从带权有向图出发，寻找风险在网络传播的可行流，并将最坏情形下风险最恶劣的传染标识为最大流，可通过最小化最大流的方式最大限度降低网络风险的影响。网络风险传播均具有非线性叠加性特性，其风险管理的意义在于切断传染路线、隔离风险源，即通过重构风险网络的物理结构，最小化非线性叠加风险，最大限度减少金融网络受到的外部冲击。

(5) 混合智能启发式的非线性优化算法。本书涉及网络稀疏优化和多目标矩阵回归以及超高维数据的维数约减问题，其本质属于 NP 难问题，目标及约束条件常含有 0－1 的整数与不确定型的随机微分方程的限制，通过混合神经网络的遗传算法、粒子群算法及嵌入罚函数的混合梯度遗传算法求解相应的非线性优化问题。

(6) 机器学习、统计学和人工智能集成预测方法。通过专家系统、文本挖掘、支持向量机、神经网络和时间序列进行交叉研究，并将其组合形成多源多维多数据类型的启发式深度学习集成算法以便增强决策的科学性。

第五节 主要特色和创新点

本书以促进统计学、信息科学和金融经济学等多学科的融合与交叉发展为理念，以大数据时代超高维稀疏网络模型及其应用为目标，坚持学术研究和现实应用两个导向，站在资源配置和投资组合优化的角度对金融市场全面风险管理问题进行实证研究，为实现高水平网络风险管理和防范金融系统性风险提出理论依据和可操作的技术思路。首先，超高维稀疏网络优化下多目标稳健矩阵回归的稀疏分散组合具有集中配置资源、有效分散风险、最大限度规避网络风险和消除资产间的多重共线性和稳定获取超额收益的能力，鲁棒性更强，优越性更明显。其次，基于有效市场理论的动态自适应多目标稀疏分散回归的资产配置策略对解决金融市场全面风险管理问题有积极意义。该方法能够动态捕捉市场主要运行趋势，将均值方差的资产组合优化问题转化为大规模多目标回归问题，通过投资组合的稀疏分散可获得大规模资产组合的最优配置和风险防控策略。最后，引入进化金融、市场进化博弈理论，通过研究投资策略的博弈状态和相互作用及其渐近行为等金融规律，建立能够充分反映市场预期行为的资产定价及随机动态的投资组合模型，使资本资产定价工作又向前迈进了一步。本书的主要特色和创新点如下。

一、主要特色

（1）紧扣互联网+和大数据下宏观审慎、防范金融系统性风险的主题，是符合时代特色的研究。

（2）大数据环境下基于人工智能的非线性集成预测和综合集成的降维技术，属于开拓性的研究。

（3）超高维稀疏网络优化及非线性压缩估计、带非凸约束的高维矩阵回归问题的优化理论和算法研究均为该领域的前沿，属于高水准的研究。

二、主要创新点

（1）首创基于机器学习和流形学习综合集成的降维技术，将线性降维和非线性降维集成到统一框架，综合吸取各种降维技术的优点，该集成技术将弥补现有方法片面性、单一性、适用狭隘等不足。

（2）首次采用关系型有向图的动力学机制评估超高维数据的流形拓扑结构。对高维数据结构的稳健低维嵌入、局部关系投影不变等关键环节做了改善和创新，为解决超高维数据网络的优化问题提出新办法和新思路。

（3）首次通过集成预测和对抗生成网络研究非线性资产定价机制。通过对抗生成网络和图论分析方法及随机最优控制论对金融资产进行非线性定价，更深刻地揭示金融市场复杂系统的本质，弥补现有研究的不足。

第二章　高维数据降维理论、方法与模型

近年来，随着计算机技术和算法的不断提升，数据的收集、处理和存放等方面的技术飞速发展，大多数行业逐渐创立了自己的数据存放查询系统。这些数据库中存储了海量内容，在实际运转中如何高效运用这些信息成为考虑的重点。对于如此之多的数据而言，如果没有与之相对应的有效分析方法，容易导致海量数据无法被有效处理的情况。尽管随着数据库出现而产生的在线分析与处理技术有汇合、概化与聚集等功能，可以从不同的角度对数据进行查看，并支持多维分析与决策，但是其不能进一步深入分析，也不能挖掘大量数据背后的知识。特别在计算机可视化、大数据机器学习方法、现实数据处理等许多现代科学问题的研究中，高维数据大量存在，这些数据会给我们处理实际应用问题造成很大的困难。降维不但可以增加计算的速度，简化数据，而且能增强数据的可理解性，提高算法的精度。因此，从应用和理论两方面来看，数据降维都十分重要。近年来，数据降维取得了一定的突破，但仍有许多问题亟待解决。

高维数据中有非常多人们想要继续探求的知识，这些知识并不是显而易见的，经常是无法得知的，并且是在某种程度上较实用的信息。其在很多方面都有实用性，包括政治、经济、资源、环境、安全、科学方向的研究。在大部分实践应用中，我们常常会遇到一些对象，它们有相当多的属性，在一些情况下可能多到一般方法无法处理的地步。如果能够用高维数据空间中的点或是向量来表示想要探求的问题，在这种情况下，平常所遇到的大部分信息都可以用高维数据空间中的数据来特别说明，即客观世界中的对象。举例来说，在日常生活中的零售产业数据集、获取合意数据

信息时的搜索数据集、在电子商业后台运行的大数据集、统计研究中的时间序列数据集、科学研究中的重要数据集等都算是高维数据，这些都是普通的高维数据。数据的维数不断变大，在做统计计算时，往往会产生因数据过多、不知道如何选取适合的参数估计模型，而导致参数估计结果十分不准确的情况，这样的结果发生在当今社会各个领域，是亟须解决的“维度灾难”问题，维度灾难带来了算法计算的复杂度与困难度。如果想要研究的样本量不多且维数较高，如数据比维数不能高一个级别，那么系统扩展的能力就会很弱。维度灾难在以下三个方面存在非常突出的问题。第一，数据不断增长导致了空间中的数据点分布变得稀疏。第二，数据的增加使空间的参数优化特别难处理；数据维度变高使得数据索引组织的效果很不好，数据在一些方面有着较大的重复性，这样在探索检查数据的时候，会有许多不必要的过程，就会产生在搜索数据时效率不高等问题。第三，在处理较高维数据时，计算机的性能就显得很重要，目前计算机性能还无法完全满足大家对数据处理的需求。除此之外，高维数据还面临着以下问题。“空洞空间”问题：当样本量较少时，空间中的这些样本点分布就会较为散开，显得高维空间不紧凑。“不完全适用”的情形：一直以来所使用的统计学方法无法在高维空间发挥作用。“算法不可用”：相当一部分计算机模拟算法伴随高维数据的处理而产生额外的计算。高维数据产生的“空空间”会造成欧几里得距离方法不起作用，因为样本点的近邻和远邻数据差不多。这一结果会使处理高维数据的时候出现较大的难题，而且维数不断地增加会让模式识别出现很大问题。有一个可用的工作来解决以上问题，就是高维数据的降维。降维的主要思想是运用现有的线性方法或者非线性方法，结合映射的运用，将初始的数据从高维投射到低维中去，在这种处理之后数据的内部结构依然是完好和可以被接受的，通过降维可以发现高维数据原本的规律性和关联性。

实际来说，在具有一些一般规律性的情形中，高维且不容易区分的数据反而可以用一些容易理解的变量去表达，这适用于很多观察到的现象。举例来说，在智能语音领域，有相当一部分较难处理的过程，如语音的识别和建模，同时我们也可以用较简单的变量去实现这个过程。在很多情形下，先针对现有数据维数通过降维确定一个能够接受的数据维数，同时尽可能多地保留初始的信息，之后在所掌握的现有系统中进行数据的降维处理。高维度的数据在处理起来一般都不会太容易，这时候需要添加一个预处理步骤，就是通常所说的降维。由于初始的数据会存在大量的重叠，一部分变量的变动比测量所带来的噪声误差还小，这些变量之间相关性不会太大；有部分数据变量与其他数据变量存在较为密切的关联，通常可见的是变量的线性模拟或者是一些函数具备相互关系。我们可以对这些多余的信息加以处理以便得到想要的结果，包括以下几个方面：第一，将数据存储空间变小；第二，将初始数据中的误差加以处理之后剔除；第三，将突出的共同点整合处理；第四，对初始数据结合映射的方法，使得数据更容易理解。从降低、消除维度过高情况的后果出发，研究者们开发出不少方法来应对这些问题。本书对高维的数据降维作了进一步的分析和研究，以期对经济金融领域中复杂数据的研究进行深入的剖析和探究。

第一节　高维数据降维的关键技术及方法

高维数据降维方法的主要目的是把高维数据映射到低维数据空间，让数据表示得更为紧凑，这样的思想方法能够让非常复杂的高维数据有较好的处理方式。数据降维的处理有多种方法，一直以来所使用的方法是利用较低维线性分布容易处理和理解的特性，给高维数据具备低维特征的说明，PCA 和 LDA 是当前较为常用的方法。经过学者们很多年的归纳和完善，其已经成为较为完好的理论体系，并且具备一定的实际应用基础。由于实际数据并不一定都是线性关系，可能存在非线性的情况，在这种情况下，目前的流形学习方法逐渐被学者们接受并采用，假定高维的数据可以通过一定处理散布到低维的非线性流形中，并且可以保证数据的不变性以及在低维空间中的适用性，即非线性降维的流形学习方法。比较重要的一些方法有：基于谱分析的非线性降维方法、KPCA、LE、LLE、LTSA、HE、Laplacian 特征映射、局部线性协调（LLC）、ISOMAP 等，非线性方法出现之后也逐渐开发了基于概率参数模型的方法。

线性算法是最开始出现的降维算法，使用较多的有 PCA 和 LDA，这两个算法中存在线性的变换矩阵，创建了高维数据和低维数据之间的关系。虽然MDS在数据处理过程中没有出现变换矩阵，但其本质上是线性的，并且可以证明当MDS中的距离是欧氏距离时，MDS与PCA等价。PCA是一种经典的方法，它为给定的高维观测提供了一系列最佳线性近似，是降维最流行的技术之一，然而其有效性受到其全局线性的限制。与PCA密切相关的MDS也有同样的缺点。因子分析和ICA也假设欠流形是一个线性子空间，然而，它们在识别和建模子空间方面不同于PCA。由PCA建模的子空间捕捉数据中的最大可变性，可以看作是对数据的协方差结构进行建模，而因子分析则对相关结构进行建模。ICA从因子分析解决方案开始，并搜索导致独立组件的旋转，所有这些经典降维方法的主要缺点是它们只描述数据中的线性子空间（流形）。

在处理一些线性数据的时候，线性的降维方法有很好的效果，然而当面对较多、较难处理的非线性数据时，这些方法就很难达到预期的效果。很多非线性的流形学习算法接二连三地被开发出来并实际应用于处理高维非线性数据降维的困难问题，这在很大程度上增强了处理数据的方法。近年来，数据降维方法发展得特别快，不仅产生了大量全新降维方法，如LE、LTSA、SNE、最大方差分析（MVU）等，而且开发了许多新的研究方向，大数据环境下，高维数据的降维策略已经被大规模地使用在经济社会的多方面和多领域。

第一方面是核降维算法。核方法的运用相对较为普遍并且适用大多数情况，它通过一些非线性关系的映射方法把最初的数据加以优化处理，并在一个比较容易接受的情况下分析处理所研究的问题。核方法一开始用于不同的分类处理，后来也被引入数据降维中。早先的核降维算法是KPCA，之后很多降维方法都产生了相应的核算法，包括核fisher判别分析、核局部线性嵌入（KLLE）、核等度量嵌入等。核化后的降维算法往往能处理分布更为复杂的数据，在这些情况下，高维数据位于或靠近非线性流形（而不是线性子空间），因此，PCA不能正确地对数据的变异性进行建模。为解决非线性降维问题而设计的算法之一是KPCA。在KPCA中，通过一些非线性映射，可以在与输入空间相关的高维特征空间中有效地计算出原有分量。KPCA通过在非线性映射产生的空间中执行PCA，找到与输入空间非线性相关的主成分，希望在该空间中，低维潜在结构更容易发现。不幸的是，KPCA 并不能继承 PCA 的所有强度，更具体地说，在 KPCA 中，训练和测试数据点的重建并不是一种微不足道的实践。算法表明，数据可以在特征空间中重建，然而，找到相应的模式是困难的，有时甚至是不可能的。因此，核方法也存在一定的缺陷。

第二方面是非线性算法的线性化。非线性算法的线性化通过引入一个变换矩阵，选择合适的非线性算法，使得低维数据能够由高维数据经过同胚映射变换得到。非线性算法的线性化有两方面的意义：第一，线性化后的算法是一种新的非线性算法，通常意义下会获得比原始的非线性算法更好的效果；第二，线性化的算法有利于分析和研究新样本的低维性质，具有重要的理论意义和实际应用价值。如 LPP 算法，可以认为是 LE 的线性化流形学习算法，如果要求变换矩阵是正交矩阵，还可以发现另一种 LE 的线性化算法——正交局部保留投影（OLPP）。因此，我们可以在低维流形中对数据进行核分析处理，从而发现高维流形中原来的一些有规律的东西。有不少学者一直致力于这方面的研究，并作出了巨大的贡献，一些相当重要的非线性降维方法后来被广泛应用，如 ISOMAP 和 LLE。

第三方面是样本外问题。样本外问题是指由新样本如何尽可能简单准确地得到低维坐标的问题，这一问题是对于非线性算法而言的，同时在实际应用中经常出现。解决样本外问题的方法有多种，立足于神经网络的研究不会很少见，其研究的一般方法和思想可以归纳如下。通过构建一个神经网络结构，在高维数据与低维数据之间建立连接，把高维数据作为输入，低维数据作为输出，然后通过大量的神经网络训练以找到最优的非线性映射关系，从而逼近合理的神经网络结构，将新样本输入到训练好的神经网络中，输出就是低维的数据结构。核函数降维主要通过某种特别的投影关系来进行，如果想要从字面或者直接能够看出其运行过程是比较难的，而且就目前来说，并没有一个完善的框架来支撑核函数中核的选择，因此，流形学习往往会导致所谓的样本外问题。为了避免这些重要的问题，后来又有学者提出来邻域保持嵌入和局部保持投影，这两种算法分别是根据 LLE 算法和 LE 算法的线性拓展结构发展而来的。

第四方面是监督与半监督学习。降维算法根据数据是否有标签划分，可以分为监督、半监督、无监督三种情况，监督降维方法对应于当所有的数据都有标签时的降维方法，半监督学习对应于当部分数据有标签时，当所有的数据都没有标签时，称为无监督算法。LLE 算法就是典型的监督算法，其降维过程是在计算两个点之间的距离时，类内方差最小，即同一类型的点距离更近，类间距离越多越好，不同类别的点距离更远，由此可以发现，在经过处理之后相似点之间的距离比较近，而不相似的点就会远一些。监督 LE 算法则是在 LE 算法的对应函数中加入数据的标签信息来实现 LE 的监督化，目前来讲，这种问题依旧是研究热点。传统的流形学习方法是一种无监督型学习算法，它往往会遗漏重要的先验信息，从而产生信息掌握不准确的问题。由于存在这种缺点，研究者们花费大量时间去克服它，如监督型局部嵌入，这个方法添加了样本的分类信息而较好地处理了这个问题。

第五方面是多流形混合方法。单流形学习方法严重制约了高维数据降维效果和它们的应用范围，它们适应的数据环境为其所能够处理的数据都必须分布在单个流形上，如 LLE 等流形学习方法都是单流形学习算法，现实应用中许多数据，大多分布在多个流形中。普通的流形学习算法面对这一类数据常常无法胜任，因此，发展多流形学习方法是必然途径，也是极为重要的研究方向，并且现有相关研究较少，其研究任务仍然任重道远。自流形学习思想问世后，数据降维算法得到了迅速的开展。截至目前，已经成为一个算法众多、内容丰富、应用广泛的领域。可以想象，它将在理论知识、应用实践上取得更大的完善。

高维数据的降维措施面临很多不同的困难问题，典型分为以下三类：第一，降维效果的测度和评价指标缺乏科学的依据；第二，数据量巨大，难以找到合适的计算方法；第三，数据中存在噪声或数据分布难以满足实际应用。当数据量不均匀且较小时，降维效果不理想。高维数据的内在特征和数据结构非常复杂，如何选择算法解决适用于所有数据集的高维数据降维是一个非常困难的问题，通过进行大量实验来选择合适的算法通常需要非常昂贵的代价和宝贵的资源。降维可以帮助对高维数据的分析、处理、应用，降维的目的是在维持数据内部布局不变的前提下，对复杂的高维数据进行线性或非线性变换，以获得对应的低维坐标表示。依照数据结构，数据降维分为线性和非线性。较常用的线性降维算法有 PCA、LDA 和 MDS 等。PCA 的核心思想是将原始指标线性组合成独立的综合指标（主成分），接着依照实际需要或一定的原则选择较少的主成分，以减少原始数据的信息损失。为了达到降维的效果，LDA 算法的核心理念是尽可能地将初始数据集映射于低维方向，而 MDS 算法的核心理念是通过合意的空间映射方法，使低维空间中数据点之间的距离与原高维空间中数据点之间的相似度尽量统一。如 PP 算法，该算法利用一定的组合将高维空间投影于低维子空间上，并将某种投影指标最小化，从而找到空间的内部结构或初始高度。

在实际应用中，大多数高维数据的结构不是全局线性的，而是非线性的。传统的线性降维方法结果不理想。针对线性降维算法不能有效降低非线性复杂高维数据维度的局限，有学者提出了一种核方法，该方法是通过核函数表示高维空间中数据的内积形式，将原有的高维数据通过同胚映射投影到对应的流形空间，从而使映射后的空间数据具有流形结构不变特性且投影具有线性可再现性，然后使用投影、旋转变换等线性降维算法有效减少数据的维数。非线性算法包括 ISOMAP、LLE、LE、LTSA、SNE 和 MVU。LLE 算法的主要原理是使用测地线距离来计算数据点之间的距离，以 MDS 方法为起点，通过同胚映射使低维嵌入可以保留原始高维空间中数据点附近的结构信息。LLE 算法的基本思想是利用局部邻域中的点，线性表示采集的高维数据点，以最大限度减少重构误差，获得重构权重。在重建低维流形时，与数据点中相对应的内部低维空间保持相同的重建权重，从而将高维观测空间中的数据采样点映射到低维流形中的数据点，进而达到降维的目的。将传统欧式距离方法替换为测地线方法来进行数据的处理就是 ISOMAP 的一般理论，得到的距离矩阵作为 MDS 算法的输入得到高维数据对应的低维嵌入，其所要达到的期望是将高维空间数据点之间的近邻结构信息保留到低维中。LLE 算法的一般理论结构是将所要研究的对象用局部邻域的数据点去构造，得到一个较低维的新构造权重值，那么在低维空间中就可以利用映射关系来达到预期的目标。考虑到 LLE 算法的局部线性思维，一些学者依据映射知识建立 LE 算法。基本思想是降维后的数据点（在连接图中）是低维空间的闭合点，因而降维后的数据可以维持原始内部结构。此后，学者们提出了更多的学习算法，如 LTSA 和 HE。

数据降低维度的本质就是通过流形学习的方法将数据从高维空间同胚映射到低维流形空间。降维的策略是寻找特定的映射函数 f：x→y，将原始数据空间的表达式，采用矢量表达式通过同胚映射函数将 y 中数据点映射后得到其中低维流形空间的向量表示。为达到降维目的，y 的维度小于 x 的维度（通常也能增加维度）。f 可以是显性或隐性、线性或非线性的。目前，大部分降维算法适用于矢量数据，其中一些可以处理高阶张量表示的数据。使用降维数据的原因如下。第一，在原始的高维空间中，存在冗余信息、噪声信息，这将导致错误并降低图像识别等实际应用中的准确性；通过减少维度，我们希望减少由冗余信息引起的错误并提高识别的准确性。第二，我们希望通过降维算法找到数据的内部结构特征。在数据预处理中，PCA 和其他算法已成为许多预先处理的一部分。实际上，如果不对某些算法进行预处理，就很难获得良好的结果。数据降维，直观优势是降低维度，减少冗余数据，易于计算和可视化，其更深层的意义在于有效信息的提取和合成，摒弃无用的信息。

一、线性降维模型及方法

（一）PCA 算法

PCA 降维策略是根据欧式子空间的同胚性质，经由一定的线性投影变换操作，将高维流形空间的数据映射到低维空间，期望投影后的正交子空间在对应维数上的数据方差最大，从而减少数据维数，保留更多原始数据的特征点。一般而言，如果将所有点映射在一起，则差不多所有信息（如果点之间的距离，即映射后的方差尽可能大）将丢失，并且数据点将被分离以保留更多信息。结果表明，PCA 算法是一种可以减少原始数据丢失的线性方法（实际上，它与原始数据最接近，但 PCA 并未尝试探索其内部结构）。

设 n 维向量 w 是目标子空间中的坐标轴（称为映射向量），数据映射后的最大方差为：

$$\max_{w} \frac{1}{m-1}\sum_{i=1}^{m}\left(w^{T}(x_i-\bar{x})\right)^2 \tag{2.1}$$

其中，m 是数据实例的数目，x_i 是数据实例 i 的向量表示，$\bar{x}$是一切数据的平均向量。将 W 定义为一个矩阵，通过线性代数变换，将其所有映射向量作为列向量，由此可以得到如下优化目标函数：

$$\min_{W} tr(W^T A W),\ s.t.\ W^T W = I \tag{2.2}$$

其中，tr 示意矩阵的迹，A 是数据协方差矩阵，$A = \frac{1}{m-1}\sum_{i=1}^{m}(x_i - \bar{x})(x_i - \bar{x})^T$。PCA 的降维策略为 $Y = W'X$，由原来的 X 维通过矩阵运算降为 k 维，其使用数据协方差矩阵的前 k 个最大特征值，求得最优的 W，对应的特征向量化作列向量，由此将这些特征向量构成一组正交基，剔除它们之间的关联性后，能够最大限度地保存数据中的信息。PCA 旨在在降维后最大限度地保留数据的内部信息，而且用测量投影方向上的数据变化来测量方向的重要性。这样的投影对数据的区分没有很大的影响，但是可能使数据点混合在一起而难以区分，这也是 PCA 的最大问题。

（二）LDA 算法

LDA 算法的基本思路是最大化样本类之间的距离，并最小化样本类之内的距离。然后，将高维数据的特征样本以最佳的可分离性投影到判别向量空间中，以达到特征提取的目的，线性判别分析（也称为 Fisher 线性判别分析）是一种监督的线性降维算法。与 PCA 不同，LDA 的目的是使降维后的数据点易于区分。LDA 是一种监督学习的降维技术，其中每一数据集样本均具有不同的 PCA 类输出；PCA 是一种无监督的降维技术，无须推敲样本类别的输出。LDA 算法的核心为投影后使得类内方差的变化最小，而类间差异最大，数据以低维投影后，有差异类别数据的类别核心之间的间隔尽可能大，所有类内和类间的数据结构特性在投影后应尽量满足上述原则。LDA 原理和过程：一个给定的数据集 $\{(x_i, y_i)\}_{i=1}^{m}$，第 i 类样本集合 X_i，第 i 类样本均值向量 u_i，第 i 类样本协方差矩阵 $\sum_i$，两类样本的核心在直线上的投影：$w^T u_0$ 和 $w^T u_1$。协方差两类样本：$w^T \sum_0 w$ 和 $w^T \sum_1 w$，同一样本点的投影尽量接近→$w^T \sum_0 w + w^T \sum_1 w$，一个异构的样本投影→$\|w^T u_0 - w^T u_1\|_2^2$ 点尽量大，这样使之最大化：

$$J = \frac{\|w^T u_0 - w^T u_1\|_2^2}{w^T \sum_0 w + w^T \sum_1 w} = \frac{w^T(u_0 - u_1)(u_0 - u_1)^T w}{w^T\left(\sum_0 + \sum_1\right)w}$$

类内散度矩阵：

$$\begin{aligned} S_w &= \sum_0 + \sum_1 \\ &= \sum_{x \in X_n}(x - \mu_0)(x - \mu_0)^T + \sum_{x \in X_1}(x - \mu_1)(x - \mu_1)^T \end{aligned}$$

类间散度矩阵：

$$S_b = (\mu_0 - \mu_1)\ (\mu_0 - \mu_1)^T$$

LDA 的思想——最大化广义瑞利商：

$$J = \frac{w^T S_b w}{w^T S_w w}$$

w 成倍缩放不影响 J 值仅考虑方向，令 $w^T S_w w = 1$，最大化广义瑞利商等价形式为：

$$\begin{aligned} &\min_w - w^T S_b w \\ &s.t.\ w^T S_w w = 1 \end{aligned} \tag{2.3}$$

运用拉格朗日乘子法，有 $S_b w = \lambda S_w w$。

$S_b w$ 的方向恒为 $\mu_0 - \mu_1$，不妨令 $S_b w = \lambda(\mu_0 - \mu_1)$，$w = S_w^{-1}(\mu_0 - \mu_1)$，进行奇异值分解 $S_w = U \sum V^T$,则 $S_w^{-1} = V \sum^{-1} U^T$，假定有 N 个类，则：

全局散度矩阵 $S_t = S_b + S_w = \sum_{i=1}^{m}(x_i - \mu)\ (x_i - \mu)^T$

类内散度矩阵 $S_w = \sum_{i=1}^{N} S_{w_i} S_{w_i} = \sum_{x \in X_i}(x - \mu_i)\ (x - \mu_i)^T$

类间散度矩阵 $S_b = S_t - S_w = \sum_{i=1}^{N} m_i(\mu_i - \mu)\ (\mu_i - \mu)^T$

多分类 LDA 有多样的实现方法：选用 S_b、S_w、S_t 中的两个，即：

$$\begin{aligned} &\max_W \frac{tr(W^T S_b W)}{tr(W^T S_w W)} \Rightarrow S_b W = \lambda S_w W \\ &W \in \Re^{d \times (N-1)} \end{aligned} \tag{2.4}$$

W 的闭式解是 $S_w^{-1} S_b$ 的 N－1 个最大广义特征值所对应的特征向量组成的矩阵。

1. LDA 与 PCA

LDA 用于降低维度。LDA 和 PCA 之间存在许多相似之处和差异，有必要将它们之间的相似之处和不同之处进行比较。相似之处：两者都可以减小数据量；两者都采用了无量纲矩阵特征分解的思想；两者均假定为高斯分布。不同之处：LDA 属于有监督的降维算法，PCA 是一种无监督的降维算法；LDA 最多可以归 k-1 类，但是 PCA 不受此限制；LDA 不止可以用于降维，同时可以用于分门别类；LDA 挑选分类函数最佳的投影方向，PCA 挑选投影方差最大的角度。在数据分布一定的情况下，LDA 相较于 PCA 降维的结果更加高效，LDA 算法可用于降低维度和分类，但目前主要用于降维，LDA 是图像识别中的强大工具。LDA 算法的优点：可以将有关类别的先验知识用于降维，而无监督学习（如 PCA）无法利用类别先验知识；当样本分类信息取决于平均值而不是方差时，LDA 优于 PCA 和其他算法。LDA 算法的缺点：对于非高斯样本的降维，LDA 就不适合，而 PCA 也存在这个缺陷；LDA 减少最多可以减少到 k-1 级，如果尺寸减小幅度大于 k-1 水平，则不能使用 LDA，当然，有进化算法可以解决这个问题；当样本分类信息取决于方差而不是平均值时，LDA 的降维结果差；LDA 可能被过度安装。

2. 改进的 LDA 算法

针对 LDA 算法的小样本缺陷，研究人员进一步找到了优化的办法，如两阶段 LDA、伪逆 LDA 和二维 LDA 等算法。

（1）两级 LDA。两级 LDA 就是既运用 PCA 方法，又运用 LDA 方法。先使用 PCA 方法降维，即将特征空间的维数降低到 N-c。然后利用 LDA 方法减少维数，将维数降低至 c-1。两级 LDA 方法的目标函数为：

$$W = W_{PCA} W_{LDA} \tag{2.5}$$

其中，W_{PCA} 和 W_{LDA} 均为投影矩阵，下标表示相应的方法。

与大多数降维方法一样，样本的类内离差矩阵 S_w 和类间离差矩阵 S_b 也被考虑进两级 LDA 方法中。但是，与 LDA 方法不同，两级 LDA 方法没有直接通过对二者商的最大值进行求解来达到降维的目的。两级 LDA 方法先得到抽样个体的协方差矩阵 S_t，然后对其施行特征值分解，得到相对特征向量，并按照从大到小的顺序排列。投影矩阵 W_{PCA} 是由前 N-c 项构成的，重要的是，可以通过投影矩阵 W_{PCA} 使样本得到转换，得到新的类内离差矩阵 S'_w 和类间离差矩阵 S'_b。分别如下：

$$S'_b = {W_{PCA}}^T S_b W_{PCA} \tag{2.6}$$

$$S'_w = {W_{PCA}}^T S_w W_{PCA} \tag{2.7}$$

通过式（2.6）和式（2.7）得到的类内离差矩阵 S'_w 可以直接通过 LDA 方法得到处理，因为它是一个非奇异矩阵。从上述分析可以看出，两级 LDA 方法其实就是不仅使用 LDA 方法，还运用到了 PCA 方法，第一步还是要减少数据维数，这样可以改变类内离差矩阵，得到一个非奇异矩阵。通过这样的处理，可以解决 LDA 方法的小样本问题。

（2）伪逆 LDA。LDA 方法的另一种改进形式是伪逆 LDA 方法。同样，其目的是解决 LDA 方法所存在的小样本问题。考虑到类内离差矩阵 S_w 和类间离差矩阵 S_t 都不是可逆矩阵，因此，将二者的伪逆矩阵考虑进来，可得：

$$\arg\max_W \frac{tr(W^T S_b W)}{tr(W^T S_t W)} \tag{2.8}$$

在式（2.8）中，$S_t = \sum_{i=1}^{n} (X_i - m)(X_i - m)^T \in \Re^{m \times n}$ 为总体离差矩阵，令 $S_t^L = W^T S_t W$，$S_b^L = W^T S_b W$，可得：

$$\arg\max_W tr((S_t^L)^+ S_b^L) \tag{2.9}$$

在式（2.9）中，我们用 $(S_t^L)^+$ 表示 S_t^L 的伪逆矩阵。通过求解式（2.9），就可以得到最优变换矩阵 W。

（3）二维 LDA。2005 年，图像矩阵引起了更多学者的注意，在计算类内离差矩阵和类间离差矩阵时，一些学者引进了图像矩阵。他们改进了传统的 LDA 方法，提出二维线性判别分析算法（2DLDA）。2DLDA 相对于 LDA 有其优越性：一方面，在 2DLDA 方法中，计算量得到节约，因为在这里不需要将二维图像转化为一维向量就可以计算出来；另一方面，利用 2DLDA 方法，可以很大程度上避免类内离差矩阵的奇异问题，这是因为从数据维度方面来考虑，与训练样本相比较，类内离差矩阵和类间离差矩阵具有较低的维数。换句话说，在 2DLDA 方法中，获取投影矩阵的方法改变了。在求出类内离差矩阵 S_w 和类间离差矩阵 S_b 后，直接求解 $S_w^{-1} S_b$ 的特征值以及本征向量，进而得到最终的投影矩阵，该方法使二维图像矩阵中的结构信息得到很好的利用。一方面，它可以从矩阵的行或列中单独地提取特征，以获得分类信息；另一方面，其分类的信息可以同时从行或列中通过一定的优化策略进行特征提取。由此，可以得到 2DLDA 方法的一种分类表示方法，单边 2DLDA 和双边 2DLDA。

其一，单边的 2DLDA 算法。单边的 2DLDA 算法在对二维图像进行特征提取时，可以分别以行或列作为一个单元。具体来说，当以行为单位时，设我们有 N 个训练样本图像，c 个类别，每个类中有 n 个样本，第 i 个图像类别中的第 j 幅图像样本用 $A_i^j \in R^{m\times n}$ 表示。$\bar{A}$ 表示所有抽样个体的平均值，$\bar{A}_i$ 为第 i 个图片类别中所有抽样个体的均值。这样，就可以定义类内离差矩阵 S_w^{row} 和类间离差矩阵 S_b^{row} 分别为：

$$S_w^{row} = \frac{1}{N}\sum_{i-1}^{c}\sum_{j=1}^{n}(A_i^j - \bar{A}_i)^T(A_i^j - \bar{A}_i) \tag{2.10}$$

$$S_b^{row} = \frac{1}{N}\sum_{i-1}^{c}(\bar{A}_i - \bar{A})^T(\bar{A}_i - \bar{A}) \tag{2.11}$$

先是求解 S_w^{row} 和 S_b^{row} 的特征值，然后根据求出的特征值，就可以得到对应的本征向量。求出所有本征向量后，我们需要的只是前 d 个，将前 d 个本征向量进行排列，顺序是从大到小，所形成的矩阵就是 2DLDA 算法的最佳投影矩阵 W_{opt}^{row}。其中，对列中的二维图像矩阵进行特征提取时，最优投影矩阵的求解策略类同上述计算过程，必须以列为单位，具体方法在这里不再陈述。

其二，双边的 2DLDA 算法。为了获得更多的分类和判别信息，在提取特征时，通过 2DLDA 增加获取同步图像矩阵的行和列信息，增加信息的二维线性判别算法称为 Bilateral 2DLDA，即 B2D-LDA 算法。B2D-LDA 算法的关键在于寻找满足式（2.12）的一对投影方向（W_{opt}^{row}，W_{opt}^{col}）：

$$(W_{opt}^{row}, W_{opt}^{col}) = \arg\max \frac{\sum_{i=1}^{c} W_{opt}^{row^T}(\bar{A}_i - \bar{A})W_{opt}^{col}W_{opt}^{col^T}(\bar{A}_i - \bar{A})^T W_{opt}^{row}}{\sum_{i=1}^{c}\sum_{j}^{n} W_{opt}^{row^T}(A_i^j - \bar{A}_i)W_{opt}^{col}W_{opt}^{col^T}(A_i^j - \bar{A}_i)^T W_{opt}^{row}} \tag{2.12}$$

式（2.12）的解需要通过单侧 2DLDA 方法分别提取图像矩阵的矩阵信息，即行和列构成的特征子空间以便获得 W_{opt}^{row} 和 W_{opt}^{col}，对式（2.12）输入迭代数值并进行计算，最终得到最佳的投影方向。

（4）最大间距准则。最大间距准则 MMC 方法的提出也是用来解决 LDA 算法存在的抽样缺陷。MMC 算法的目标函数可以写成：

$$W_{MMC} = \arg\max_{W_{MMC}} tr(W_{MMC}^{T}(S_b - \alpha S_w)W_{MMC}) \tag{2.13}$$

其中，α 是一个正则化常数，其功能是平衡类间离差矩阵和类内离差矩阵之间的相依关系，可以求解 $S_b - \alpha S_w$ 的特征值得到式（2.13）的解。与 LDA 方法不同，MMC 算法计算类间散度矩阵 S_b 和类内散度矩阵 S_w 的差，将其作为判别准则，改进了判别准则。而不需要求 S_w 的逆矩阵，这样做的目的是从根本上解决 LDA 的小样本问题。但是最小均方误差算法也有和许多其他算法类似的缺陷——计算复杂度较高，这是因为训练样本的维数往往很大，在求解过程中，MMC 需要分解样本矩阵的特征值。为了解决 MMC 方法计算复杂的问题，研究人员将 PCA 方法与 MMC 联系起来，提出了 PCA + MMC 方法。具体地，第一步是减小原始数据样本的维数，处理方法为 PCA，这样做的好处是去除了原始空间中总离差矩阵的零空间。然后采用 MMC 方法，解出 PCA 变换空间中的最优线性投影矩阵。张娜等（2020）研究人脸识别算法，发现现阶段所提出的人脸识别算法的稳健性得不到很好的满足。为了提高人脸识别算法的稳健性，基于 PCA 与 LDA 融合的思想，他们提出了一种新的人脸识别算法。该融合算法可以分解如下。第一步，对人脸图像进行全局特征提取，将其投影到低维空间，也就是数据降维，这一步运用到 PCA 算法。第二步，融合 LDA 算法，利用其鉴别人脸类别，寻找最优的投影空间，从而将人脸数据信息进一步压缩。第三步，最近邻分类器用于识别。利用新的融合算法进行实验，结果表明，他们所提出的 PCA + LDA 的融合算法能够显著提高人脸识别技术的稳健性，满足了实验目的。林强等（2015）详细分析了目前研究更为广泛的流形学习算法，他们在文章中介绍了流形学习算法的几种主要算法。研究的重点是 ISOMAP 算法，比较透彻地分析了 ISOMAP 算法的主要思想、具体步骤以及优缺点，并且分析其存在的缺点，进行算法的改进优化。针对 LDA 方法存在的一些缺点，部分学者进行了进一步研究。其中，针对 LDA 不适合处理分布比高斯复杂的多模态数据这一问题，一些学者提出了 LDA 的成对公式，也就是 Neighborhood MinMax 投影（NMMP）。在 NMMP 算法中，试图将同一类别内考虑的成对点尽可能地接近，同时将不同类别之间的成对点分开。这样，同一类中的点不再聚集到类平均点上，而是彼此接近，这对数据流形的局部结构非常敏感。此外，大多数降维方法都涉及轨迹比（TR）问题的求解，通常不存在封闭形式的全局最优解。针对这个问题，一种可分解的牛顿法（DNM）可用来有效地寻找轨迹比问题的全局最优解，并通过理论分析证明了新方法的基础和优越性。此外，LDA 还需要足够的训练数据来避免小样本问题（SSS），这使处理高维小尺度数据变得困难。为了克服 SSS 问题，众多研究者提出了 LDA 的扩展版本，如伪逆 LDA、两阶段 LDA、正则化 LDA（RLDA）、角度线性判别嵌入（ALDE）等。实际上，基于角度的优化模型类似于 L1-norm 模型这一动机，学者们提出了 ALDE 方法，因此，ALDE 也是稳健的。

上述方法大都集中在对目标函数的改进上，却忽略了数据方面的一个重要缺陷——利用类别平均样本很难准确地估计类别平均。因此，中值 LDA（MLDA）方法应运而生，MLDA 的改进体现在使用类中值样本代替类均值，以此提高模型的稳健性。另外，只要目标函数的距离准则使用 L2-范数，它对异常值就是敏感的。因此，赵海峰等（2018）提出了一种新的基于联合 $L_{2,1}$归一化目标函数的线性判别分析公式，以引入稳健性，从而有效地降低离群值的影响，并提高了所提出方法的稳健性。此外，优化问题也可以通过有效的迭代算法得到解决，并且可以证明算法的收敛性。在人工数据集、UCI 数据集和四种人脸数据集上进行了大量的实验，充分证明了与其他方法进行比较的有效性及稳健性。

（5）PCA 及其拓展研究。PCA 是较早进入人们研究视野的降维方法，其技术强大，并且非常流行，PCA 可以从可能的高维数据集中提取结构，其实现比较容易，技术也已经非常成熟。它的实现可以很容易地通过解决特征值问题，或者使用迭代算法估计主成分来完成。PCA 算法的目的就是降低数据维度，其核心思想是将原始指标（变量）线性组合成互不相关的综合指标，也可以理解为主要成分，然后根据实际需要或一定的原则选择较少的主要成分，这样做是希望损失的原始数据信息最少，从而达到减少维数的目标。在 PCA 方法中，方差的大小是一个重要的信息，可以作为衡量信息量多少的标准。通常认为方差越大，提供的信息就越多，那么这个分量就越重要；反之方差越小，分量也就相对不再重要。使用 PCA 方法，关键的一步就是要选取主要成分，通过线性变换，可以保留方差大且信息量多的分量，而丢弃信息量小的分量，并且可以将原始数据投影到由最大主分量组成的线性子空间上，以达到减少数据维数的目标，并且还能够有效去除原始变量相互之间的关联性。从几何意义上来说，由 k 个主成分组成的子空间是最接近原始数据的回归平面。从这个意义上讲，PCA 是一种对称回归方法，它不同于标准的线性回归方法。

给定一组关于 n 维的数据，PCA 的目的是找到一个维数 d 低于 n 的线性子空间，使得数据点主要位于这个线性子空间上。找到这样一个减少的子空间，希望能够保持数据的大部分可变性。线性子空间可以由 d 个正交向量指定，它们构成一个新的坐标系，称为“主要成分”。主成分是正交的，所以线性变换的原始数据点不能超过 n 个。然而，我们希望只需要 $d<n$ 个主成分来近似 n 个原始轴的空间跨度。PCA 有多种定义，其中最常见的定义是，对于一组给定的数据向量 x_i，d 主轴是那些在投影下保留的方差最大的正交轴。为了尽可能多地捕捉数据的可变性，让我们选择第一个主成分，用 U_1 表示，以获得最大方差。假设所有的中心观测都被叠加到 $n\times t$ 维矩阵 X 的列中，其中每一列对应于 n 维观测，并且有 t 个观测值。设第一个主成分是由系数（或权重）$w=[w_1\cdots w_n]$ 定义的 X 的线性组合。其矩阵形式可以表示为：

$$U_1=w^TX \tag{2.14}$$

$$var(U_1)=var(w^TX)=w^TSw \tag{2.15}$$

其中，S 是 X 的 $n\times n$ 维样本协方差矩阵。从 $var(U_1)$ 的表达式中可以看出，可以通过增加 w 的大小而使得 $var(U_1)$ 增大。因此，我们选择 w 来最大化 w^TSw，同时约束 w 具有单位长度，即最大化 w^TSw，以 $w^Tw=1$ 为条件。为了解决这一优化问题，引入了拉格朗日乘子 α_1：$L(w,\ \alpha)=w^TSw-$

$\alpha_1(w^Tw-1)$。相对于 w 的微分给出了 n 个方程，$Sw=\alpha_1 w$，等式两边左乘 w^T 有：$w^TSw=\alpha_1 w^Tw=\alpha_1$，如果 α_1 是 S 的最大特征值，则 $var(U_1)$ 实现最大化。显然，α_1 和 w 分别是 S 的一个特征值和一个本征向量。相对于拉格朗日乘子 α_1 给出了约束：$w^Tw=1$，即第一主成分是由样本协方差矩阵 S 的最大关联特征值的归一化本征向量给出的。相似的参数可以表明，协方差矩阵 S 的 d 显性本征向量决定了第一 d 主成分。PCA 还有另外一个很好的性质，与 Pearson 最初的讨论密切相关，即投影到主子空间上最小化平方重构误差：$\sum_{i=1}^{t}\|x_i-\hat{x}_i\|^2$。换句话说，$R^n$ 中的一组数据的主成分提供了对该数据的最佳线性近似序列，对于所有 d≤n 的秩都成立。这里，我们考虑秩为 d 的线性逼近模型为：

$$f(y)=\bar{x}+U_d y \tag{2.16}$$

式（2.16）是秩为 d 的超平面的参数表示。假设 $\bar{x}=0$，在此假设下，秩为 d 的线性模型为 $f(y)=U_d y$，其中，U_d 是以 d 正交单位向量为列的 $n\times d$ 矩阵，y 是参数向量。用最小二乘将该模型拟合到数据上，使重构误差最小化：

$$\min_{U_d,y_i}\sum_{i}^{t}\|x_i-U_d y_i\|^2 \tag{2.17}$$

通过对 y_i 的部分优化，有：

$$\frac{d}{dy_i}=0\Rightarrow y_i=U_d^T x_i \tag{2.18}$$

现需要找到正交矩阵 U_d，定义 $H_d=U_dU_d^T$。H_d 是一个 $n\times n$ 矩阵，它充当投影矩阵，并将每个数据点 x_i 投影到其秩 d 重构上。也就是说，H_dx_i 是 x_i 在由 U_d 列跨越的子空间上的正交投影。求 X 的奇异值分解，可以得到唯一解 U。对于每个秩为 d 的情况，U_d 都由 U 的第一个 d 列组成。显然，U 的解可以表示为 X 的奇异值分解（SVD）。

$$X=U\sum V^T$$

其中，SVD 中的 U 列包含 XX^T 的特征向量。

直接 PCA 算法如表 2.1 所示。

表 2.1　　直接 PCA 算法

算法 1
特征依据：计算 $XX^T = \sum_{i=1}^{t} x_i x_i^T$，并让 XX^T 的 U 特征向量对应 d 特征值。 编码数据：$Y = U^T X$，其中 Y 是原始数据编码的 $d \times t$ 矩阵。 重建数据：$\hat{X} = UY = UU^T X$ 编码测试示例：$y = U^T$，其中 y 是 x 的 d 维编码。 重建测试示例：$\hat{x} = Uy = UU^T x$

（6）双重 PCA。奇异值分解也允许我们完全根据数据点之间的点积来制定主成分算法，并限制了对原始维数 n 的直接依赖。在 SVD 因式分解 $X = U\sum V^T$ 中，U 中对应于 $\sum$ 中非零奇异值的特征向量（特征值的平方根）与 V 中的特征向量一一对应。假设在 U 上执行降维，并且只保留第一个 d 特征向量，对应于 $\sum$ 中的顶部 d 非零奇异值。这些特征向量仍然与 V 中的第一个 d 特征向量一一对应：

$$XV = U\sum$$

此时矩阵的维数为：

$$\begin{matrix} X & U & \sum & V \\ n \times t & n \times d & d \times d & t \times d \end{matrix}$$

其中，$\sum$ 为平方和可逆的，因为它的对角线有非零项。因此，可以导出顶部 d 特征向量之间的以下转换：$U = XV\sum^{-1}$。将上述算法中 U 的所有用途替换为 $XV\sum^{-1}$，则得到了 PCA 的双重形式，如表 2.2 所示。

表 2.2　　双重 PCA 算法

算法 2
特征依据：计算 $X^T X$，并让 $V = X$ 的特征向量，$X^T X$ 对应 d 特征值。 编码训练数据：$Y = U^T X = \sum V^T$，其中 Y 是原始数据编码的 $d \times t$ 矩阵。 重建数据：$\hat{X} = UY = U\sum V^T = XV\sum^{-1}\sum V^T = XVV^T$ 编码测试示例：$y = U^T x = \sum^{-1} V^T X^T x = \sum^{-1} V^T X^T x$，其中 y 是 x 的 d 维编码。 重建测试示例：$\hat{x} = Uy = UU^T x = XV\sum^{-2} V^T X^T x = XV\sum^{-2} V^T X^T x$

（7）KPCA。具有非线性的高维数据集位于或靠近非线性流形，这是PCA无法实现对数据的变异性进行建模的原因。解决方案是使用KPCA。在KPCA中，利用核函数，通过一些非线性映射，可以有效地计算出与输入空间相关的高维特征空间中的主成分。KPCA在非线性映射生成的空间中进行主成分分析，找出与输入空间非线性相关的主成分。希望在这个空间中，低维势结构更容易发现。

考虑一个特征空间H，于是有：

$$\Phi: x \rightarrow H$$
$$x \rightarrow \Phi(x)$$

假设 $\sum_{i}^{t} \Phi(x_i) = 0$，那么，我们可以将KPCA目标表述如下：

$$\min \sum_{i}^{t} \| \Phi(x_i) - U_q U_q^T \Phi(x_i) \| \tag{2.19}$$

通过PCA使用的相同参数，SVD可以找到解决方案：

$$\Phi(X) = U \sum V^T \tag{2.20}$$

其中，U包含 $\Phi(X)\Phi(X)^T$ 的特征向量。注意，如果 $\Phi(X)$ 是 $n \times t$ 且特征空间n的维数较大，那么U是 $n \times n$，这将使PCA不切实际。为了减少对n的依赖，先假设有一个核 $K(\cdot, \cdot)$，它允许我们计算 $K(x, y) = \Phi(X)^T\Phi(y)$。给定这样的函数，可以有效地计算矩阵 $\Phi(X)^T\Phi(X) = K$，而不显式地计算 $\Phi(X)$。另外，PCA可以完全用数据点之间的点积来表示。用核函数K代替上述算法中的点积，这实际上相当于Hilbert空间的内积，得到了KPCA算法。在KPCA的推导中，假设 $\Phi(X)$ 具有零均值。以下核的归一化满足此条件。

$$\widetilde{K}(x, y) = K(x, y) - E_x[K(x, y)] - E_y[K(x, y)] + E_x\{E_y[K(x, y)]\}$$

为了证明这一点，定义：

$$\widetilde{\Phi}(X) = \Phi(X) - E_x[\Phi(X)]$$

最后对应的内核是：

$$\widetilde{K}(x, y) = \widetilde{\Phi}(x9)\widetilde{\Phi}(y)$$

这一扩展如下：

$$\widetilde{K}(x,y) = (\Phi(x) - E_x[\Phi(x)])(\Phi(y) - E_y[\Phi(y)])$$
$$= K(x,y) - E_x[K(x,y)] - E_y[K(x,y)] + E_x[E_y[K(x,y)]]$$

要执行 KPCA，需要用上述算法中的$\widetilde{K}(x, y)$替换所有点积$x^T y$。V 是对应于 d 特征值的 K(X, X) 的特征向量，$\sum$ 是平方根的对角矩阵最上面的 d 特征值。KPCA 并不能继承 PCA 的所有强度。也就是说，在 KPCA 中，训练和测试数据点的重构并不是不重要的做法。数据可以在特征空间$\hat{\Phi}(x)$中重建，由于 PCA 是不受监督的，并且可能会忽略对于分类重要的变量，因此，对于具有潜在未知参数（如不同的姿态和亮度）的常规图像，它无法获得良好的结果。后来一些学者提出了 NFPCA，该方法在主成分提取中纳入了惩罚项平滑噪声。最后，与 SPCA 和 PCA 相比，验证了该方法在减少分子数据维数方面的效率。

闫小彬（2019）利用 Spark 集群设计了一个大数据量减少的增量分布式系统，称为智能眼系统。总体而言，系统利用增量处理技术，增量处理技术是使用上一次保存的状态进行计算，仅是重新处理数据中的增量更改。该技术可以获取实时结果，节省大量计算资源，提高数据处理和分析效率，当数据处理增量更改时，该方法是一种较为有效的方法。从大数据降维的视角出发，提出了基于主成分分析的增量式数据维度减化方法的增量数据二维降维算法。设计了一种并行分布式增量数据维度减化方法，实现了在相关系数矩阵、特征值、特征向量和投影相位的并行计算。同时，在模块底部分解原始矩阵，设计一种利用奇异值分解分布式增量的降维方法，从而有效地实现通用模块提交模式的降维效应，以便获得对角矩阵，其中对角矩阵的值即为奇异值。系统的实现被安排到 Spark 集群，这使得算法更加有效。高宏宾（2013）研究了 PCA 以及 KPCA 的实现原理，在此基础上，设计出 GKPCA 降维算法。在处理高维数据时，KPCA 算法的效率较低，而 PCA 方法的效率较差。由于 KPCA 采用分而治之的方法对样本进行分组，有效地提取有用信息并压缩了样本空间，从时间维度和空间的烦琐度多方面降低了策略的复杂度。但是，该算法有一些缺点，如需要手动选取核函数与数据集参数。另外，当出现很多的样本集时，GKPCA 的性能依然不够完美，将来需要改进。李建军（2012）设计出一种主成分分析模型。首先，建立一个统计模型，该模型总共使用五个运算子构建（如索贝尔算子）。其次，通过 PCA 对这几个子结果融合的运算结果进行实证分析，结果表明，该模型可以提取有用的成分信息从而获得较好的边缘统计效应。肖正宏（2003）设计了一种利用主成分分析与广义矩估计的图像分类算法。吴枫仲和徐昕（2005）基于增量主成分分析，提出了 IPCABDR 算法，该算法可以快速得到样本点在线空间电流数据，汇总采样点和主成分因子的信息，以达到实时减少维数的目标。赵孝礼等（2017）将 KPCA 与 OLSDA（正交化局部灵敏度判别分析法）相结合。首先，使用 KPCA 消除冗余属性并且保留全局非线性结构。其次，利用 OLSDA 处理局部流行的结构，从而有效规避尺寸失真。最后，该算法通过最近邻分类器的识别率与聚类间距进行检验。王喜鑫（2019）使用 FPGA 来加速人脸识别系统，硬件设计主要包括人脸数据存储模块、PCA 降维模块与 BP 神经网络分类模块。在 PCA 的人脸降维模块中，通过从平均值中减去人脸数据获得相应的数据，然后通过与存储模块中读取的数据进行定点乘法来获得用于分类和识别的投影系数。完成 PCA 模块后，进入 BP 神经网络分类模块，使投影系数和权重进行完全连接运算，最后分类输出结果。PCA 有一些缺点，虽然可以使用一些粗略的规则，例如，丢弃方差小于阈值的分量，但是不清楚应保留多少个主要分量。更重要的是，很多时候都难以解释主要成分。由于通用主成分难以解释，尤其是第一个主成分之外的主成分，因此，通常给 PCA 应用带来极大的不便。因此，当使用 PCA 面对实际问题时，常常遭遇能给出统计解释而不能给出逻辑解释的困难，其相应的实际解释往往更令人费解，导致其应用范围受到极大的限制，尤其在使用 PCA 进行分类评价和综合评估时，很难令人获得满意的结果。

为增强主要成分的解释性，不少统计学家对此进行了研究。在早期阶段，以旋转负载矩阵的思想作为参考，起初提出的一种主观稀疏主成分方法是通过设置阈值使部分载荷设为 0，以增强主成分的解释能力。但这种方法可能被滥用在许多方面，其中，套索技术（Lasso）提供了一个新的想法，因为套索的基本思想是将一个小的系数压缩为 0，并且一旦将系数压缩为 0，就会删除相应的变量。此外，套索是一个连续而有序的过程，它使变量选择和降维连续进行，Lasso 的优点是将主成分分析求解转变成 Lasso 惩罚回归问题。然后，引入弹性网（ElasticNet）或者其他惩罚结构，从而获得了稀疏的主成分。稀疏主成分分析不仅实现了较好地减少数据维数的目标，并且在极大程度上简洁了对主成分的解释。另外，该算法很好地使用了Lasso，以至于Lasso的所有改进都能够直接应用于稀疏主成分，在很大程度上促进了稀疏主成分的探究。探究稀疏主成分的方法有以下两条。其一，改进算法。基于受奇异值的分解，使用低秩逼近法，对向量元素添加平方和惩罚准则，从而获取稀疏主成分，然而没有提供调整参数的方法。其二，分别改进了罚分结构和目标函数。利用稀疏主成分的广义幂方法，尝试抽取数据矩阵的单个稀疏的支配主成分或者分别提取多个主成分。还有借鉴Lasso技术也是另一种有代表性的研究思路，在传统的极大化方差的基础上直接得到稀疏得分，主要是通过直接增加零范数限制条件的方法。例如，在极大化方差的基础上，增加零范数限制。但是，SPCA中出现的问题同样出现在Lasso技术分析方法中，通过Lasso选择的变量受观测量的影响是Lasso分析方法中的显著缺点。另外，传统PCA分析方法进一步完善，有学者提出了无噪降维算法，该算法的主要思路是：在计算主要分量的过程中引入平滑噪声作为惩罚项部分。最后，与上述经典线性降维算法进行比较，论证了NFPCA分析方法在分子数据降维领域的有效性。在满足全局线性基本假设前提下，利用传统的线性降维方法对高维观测空间中的数据结构进行可视化的维数约简，可以取得意想不到的降维效果。然而，实际中碰到的大部分高维数据的结构呈现非线性，这与全局线性基本假设不符，这样一来，利用传统的线性降维方法进行的降维处理无法达到预期的效果。核方法弥补了线性降维算法上的缺陷，主要体现在弥补了不能对非线性结构高维数据进行有效降维的缺陷。其核心思想是通过特定形式的核函数，核函数在中间的作用主要是将低维度线性不可分数据转换成线性可分的高维度数据，同时用核函数的内积形式替代高维度方面的复杂计算，紧接着就可以使用常用的线性可分的降维理论应用到其中。目前，学者们已经研究出了不少基于核函数的非线性降维算法，如KPCA，它是一种基于核函数的非线性PCA，是PCA的改进形式。KPCA分析方法，首先是在经原始输入数据空间投影后的高维数据中计算主分量；其次是利用核函数转换方法将原始非线性可分的数据转换成高维线性可分数据，PCA在特征提取过程中遇到的困难能够通过 KPCA 实现解决。此外，这种核函数映射技术，可以增加数据集中的信息量，这在数据数量较少的情况下尤为重要。KPCA 分析方法因其特征保留完整、特征提取效率高等诸多特性，目前已被广泛应用在人脸识别特征提取、样本去噪等领域。该算法的不足之处在于，它和大部分算法固有的问题一样，算法中的参数形式没有具体的选取指导性标准，核函数形式或参数选择一旦选择不当，KPCA 算法的降维效果也会大打折扣。

（三）MDS 算法

MDS 理论主要分为度量 MDS 和非度量 MDS 两个部分。MDS 算法是一种流形学习法。MDS 算法的基本思想是：在保持原数据点对结构的前提下，构建一个合理的低维数据空间，在这个构建好的框架下，实现低维空间中数据点之间的距离结构和原始高维空间中的数据点之间的结构尽可能地保持一致，维持降维前后数据结构间之间的相关关系一致性，并不是数据结构之间的两者距离。在 MDS 的框架下，该算法提供了一个全新的降维的替代方法。MDS 算法作为一种常用的降维算法，其作用主要是将原始高维度数据通过降维的方法处理成为低维度数据，也就是说，MDS 通过使用关于 t 模式之间距离的信息来解决在欧几里得空间中构造 t 点配置的问题。给定一个距离矩阵 D，MDS 试图在 d 维中找到 t 个数据点 y_1，…，y_t，这样如果 $\hat{d}_{ij}$ 表示 y_i 和 y_j 之间的欧几里得距离，那么 $\hat{D}$ 类似于 D。特别是，考虑度量 MDS，它最小化为：

$$\min_{Y}\sum_{i=1}^{t}\sum_{i=1}^{t}(d_{ij}^{(X)}-d_{ij}^{(Y)})^2 \tag{2.21}$$

其中，$d_{ij}^{(X)}=\|x_i-x_j\|^2$ $d_{ij}^{(X)}=\|y_i-y_j\|^2$。距离矩阵 $D^{(X)}$ 可以转换为内部乘积 X^TX 的核矩阵：

$$\min_{Y}\sum_{i=1}^{t}\sum_{i=1}^{t}(x_i^Tx_j-y_i^Ty_i)^2 \tag{2.22}$$

式（2.22）的解是 $Y=\Lambda^{1/2}V^T$，其中，V 是 X^TX 的特征向量，对应于 d 特征值，Λ 是 X^TX 的顶 d 特征值。显然，从欧氏距离这个角度进行分析，MDS 的解与双 PCA 相同，两种方法都会产生相同的结果。然而，距离有多种刻度方式，并不是只基于欧几里得距离这个角度，可以表示对象之间的许多不同类型。按维度相关性把高维数据集划分出多个子集以构造多个低维平行坐标图的这个思路早就有学者提出，但是在现有的方法中，进行布局并以此划分相关维度的子集的大多思路还是从经典的 MDS 算法出发，因为维度间距离的失真，这种方法可能会带来误差。李欣蕊（2019）提出了一种新的布局方法，主要是针对此问题做研究。选择利用 ISOMAP 算法来代替 MDS 算法进行布局，主要是考量 MDS 算法带来的缺点。固有测地距离的估计开始替代 ISOMAP 算法中对长距离的计算，在该算法计算得到的布局情况下得到的结果，能够减小距离的失真带来的误差，从而可以反映出维度间更准确的相关性强弱关系。具体算法如下。首先，将数据集中每一个维度看作一个向量，并根据向量间的距离，利用 ISOMAP 算法将维度映射成点，布局在二维平面上。其次，根据需求设定阈值，并利用 BronKerbosch 算法筛选出具有相关性的维度子集。最后，利用贪婪算法思想对子集中的维度进行排序，并构造出多个低维平行坐标图。为了增强视觉有效性表达，按样本类别将折线着色，以提高平行坐标图的美观性及信息表达能力。

（四）PP 算法

在相关资源对应算法较少的情况下，再加上现有相关算法并不可靠、算法运行低效等特点，康伟杰等（2018）开始提出基于模糊推理的匹配度计算和基于 PP-DDE 匹配模型的求解方法。首先提出建立模型用以估计性能信息，在该模型中安排 7 个信息显著参数；其次运用模糊规则和三角函数类似度来计算信息匹配程度，结果是利用 Delphi 方法对模型中估计量进行估计时得到的；最后使用 PP-DDE 算法实现最优相似信息匹配，提出资源动态必要度和优先匹配策略，基于 CloudSim 模拟平台和个人云系统对该算法进行检验、对比和研究。结果表明，该方法评估参数的效率可以提升约 10%，评估的速度也提升了 22%，这种方法具有算法应用的价值。

二、非线性降维模型及方法

目前，许多基于核函数的非线性降维算法已经开始陆续被许多学者提出，在众多非线性降维算法中，由于流形结构具有天然的与欧式空间同胚的性质，流形学习算法在数据的可视化方面，以及在分析、处理非线性结构的复杂高维数据时更有优势，由此受到越来越多的学者关注。所以众多的研究者开始慢慢研究半监督降维这一算法，该算法的优势在于：将样本数据信息和可从样本中获取的先验信息相结合，这样一来，可以获得更加有效的高维信息的低维形式。得益于越来越多的非线性降维技术方法，杜杰等（2020）根据特征保留形式，并在详细分析高维数据结构特性的基础上，将目前的非线性降维技术分为三类，发现高维数据内在结构与几何分布的理论基础，并对其中具有代表性的算法进行分析，证明了非线性降维技术比经典线性降维技术在数据可视化应用中更具优势；针对传统非线性降维技术存在的时间复杂度过高及适用范围有限的问题，系统性地总结了目前该领域的最新改进方式。

（一）ISOMAP 算法

该算法的主要思路如下。首先，估算已知点与相近邻点之间的距离。其次，在 MDS 算法的框架下计算低维嵌入，ISOMAP 算法同时具备 PCA 算法和 MDS 算法的大部分优点，并且尝试维持信息的空间结构特点，与在大地测量流形中获得所有成对点两者之间的距离相类似。假定在原始数据点之间距离的情况下，这种算法问题的难点是估计距离较远的两点之间的距离。在距离比较近的两点的情况下，待求取的距离可由原始数据的距离近似地表示。在遥远的点的情况下，可以通过靠近的点之间的求和来测量距离。利用边相邻的空间位置点，我们可以组成一张图，进一步寻找该图中的最短路径。这样一来，就可以实现有效地估计出相似值。与 PCA 算法类似，该算法最早主要应用在非线性降维过程中。ISOMAP 算法分三步进行：每个数据点的邻居是在高维数据结构空间的情况下找到的；计算所有点之间的测地线成对距离；这些距离主要通过 MDS 算法实现数据的嵌入。具体操作如下。第一步，可以通过识别 k 个最近邻居来执行，或者通过选择某个固定半径内的所有点来执行。邻域关系用图 G 表示，其中每个数据点连接到其最近的邻居，近邻之间的权重（i，j）的边。第二步，估计图 G 中的流形 M 上所有对点之间的测地线距离（i，j），ISOMAP 将（i，j）近似为最短路径距离（i，j），这可以通过不同的方式进行，包括 Dijkstra 的算法和 Floyd 的算法。通过这些算法可以发现，图距离矩阵包含 G 中所有对点之间的最短路径距离。第三步，生成数据嵌入 d 维欧氏空间 Y 中。通过坐标设置为得到的内积矩阵 B 的顶 d 特征向量，这样，最后将会得到代价函数的全局最小值。郭林林等（2019）提出了一种新的降维算法——并行 ISOMAP 算法，该算法为了满足大数据的处理需求，建立在 Spark 的环境下。在该并行 ISOMAP 算法方法中，为了使行块式矩阵不受 map 算子对 RDD 逐条计算的限制，设计并实现了基于 Spark 的并行块 Davidson 方法，达到了快速求解大规模矩阵的特征值和特征向量的目的。同时，在面对大规模矩阵计算和传输困难问题的情况下，使用基于 RDD 分区的行块式矩阵乘法策略，把每个分区中的矩阵行写成块矩阵的形式，并可以利用 Spark 中的线性代数库参与矩阵级别的运算。实验结果表明，行块式矩阵乘法策略有效提高了矩阵运算的效率，能够快速求解大规模矩阵特征值和特征向量的并行块 Davidson 方法，可以有效提高并行 ISOMAP 算法的性能，这表明，并行 ISOMAP 算法属于适应大数据环境下降维处理的一种算法。在基于空间位置的并行 ISOMAP 算法的情况下，会遇到不确定情况下选择的空间位置点导致算法结论不准确等一系列问题，刘祥等（2020）提出了一种基于边界点的 L-ISOMAP 算法，该算法利用带边流形的角度出发，寻找流形边界点作为标记位置点；通过比较实证研究发现，该算法的降维效果更加准确，降维后的结论偏差也不高，提高了数据信息的适用性。许义仿（2019）提出了一种算法，即在贝叶斯分类模型中融入 ISOMAP 算法，开始挑选 1000 多家不同板块的上市公司，分析的研究对象是这 1000 多家上市公司的财务数据信息。结论表明，改进完善的贝叶斯分类模型既可以进一步优化模型的形式，又可以提高上市公司财务信用方面预测的精确度。

（二）LE 算法

当数据的大部分重要信息只包含在少量的标记样本中时，为了利用这部分数据，LE 算法尝试限制标记数据点的置信水平。张鑫等（2019）提出了一种更加完善的 LE 算法和以该算法为基础的半监督故障诊断模型。该模型主要使用完善的 LE 算法，从原始的高维数据信息结构中提取最具显著性的低维数据信息，并将其作为输入，传到由约束种子 K 均值算法构造的分类器中，以通过视觉聚类结果识别机械设备。与一些常用的算法（如核判别分析和核主成分分析）不同，此模型可以显著提高识别机械零件故障的类型和严重程度的能力。在流形学习算法的半监督泛化中，李瑜（2010）在对现有方法进行研究和分析的基础上，提出了一种更加完善的半监督拉普拉斯特征图（SS-LE）算法。在此算法的基础上，我们只需要输入少量的已知样本数据，就可以大幅度提高算法所需要的低维嵌入坐标的准确性。从计算准确性和系统复杂程度来说，对比了半监督 Laplacian 算法和半监督局部线性嵌入算法的运行效率，随着近邻域数量的增加，半监督 Laplacian 算法的计算复杂度比半监督局部线性嵌入算法的计算复杂度高得多，模型的准确性仅略有降低。另外，随着近邻域数量减少时，半监督 Laplacian 特征映射算法的准确性与半监督局部线性嵌入算法的准确性相似。马力等（2018）针对多流形谱聚类算法的思想，进一步研究了多流形 LE 算法在高光谱数据的无量纲分类中的应用。这样可以组合高光谱数据的特征，以将空间信息和数据标签信息添加到数据空间，由此以进一步改进多流行 LE 算法。在对高光谱数据的各种研究中，实验结果表明，多流形 LE 算法比 LE 算法具有更高的分类精度。改进的多流形 LE 算法进一步提高了结果的分类精度，表明经过改进的算法假设更符合高光谱数据的实际情况，也证明了改进算法的准确性。最后，在模拟仿真数据和实际数据的情况下，研究验证了半监督局部线性嵌入算法在数据降维、可视化、人脸识别技术中的应用，该算法可以达到预期效果。

（三）LLE 算法

LLE 是另一种通过计算高维数据的低维、邻域保持嵌入来解决非线性降维问题的方法。一个维数 n 的数据集，它被假定位于或靠近维数 $d<n$ 的光滑非线性流形，被映射到一个低维数的单个全局坐标系，LLE 通过局部线性拟合的方式来进一步恢复全局的非线性结构。然后在保持近邻节点的相邻关系基础上，计算流形上坐标系的线性映射，将高维数据点映射到流形的全局坐标系，从而获得流形同胚转换过程的局部结构不变特性，分为以下三步进行。第一，确定每个数据点 x_i 的邻居，这可以通过找到 k 个最近的

邻居来实现，或者通过选择某个固定半径内的所有点来实现。第二，计算从其邻居中线性重构 x_i 的最佳权重。第三，找到低维嵌入向量 y_i，由上一步确定的权重重建。其关键的步骤是先获得最近邻居，然后分析每个局部线性领域的局部几何结构。通过最优化的方法处理这种几何形状的特征并求得线性系数，由此，从其邻居可视化节点重构每个数据点以便获得灵活的降维效果。

$$\min_{w}\sum_{i=1}^{t}\left\|X_i-\sum_{j=1}^{k}w_{ij}X_{N_i(j)}\right\|^2 \tag{2.23}$$

这一目标可以重新表述为：

$$\min_{Y}\mathrm{Tr}(Y^TYL) \tag{2.24}$$

其中，$L=(I-W)^T(I-W)$，由于移除两个自由度对 Y 的解可以有任意的原点和方向，且可以使得坐标以原点为中心，分别移除第一自由度和第二自由度，并约束嵌入向量具有单位协方差，使问题得到很好的解决。通过这两个约束中的第二个，可以初步优化成本函数，局部线性嵌入的一种密切相关的方法是 Laplacian 特征映射（LEM）。给定 n 维空间中的 t 点，LEM 从构造一个带有 t 节点的加权图和一组连接相邻点的边开始。与 LLE 类似，邻域图可以通过找到 k 个最近的邻居来构造，或者通过选择某些固定半径内的所有点来构造。对边缘进行加权，有两个变化，每个边都由 $W_{ij}=e^{-\frac{\|x_i-x_j\|^2}{s}}$ 加权，其中 s 是一个自由参数，应该先验选择，或者如果顶点 i 和 j 连接，则将所有 W_{ij} 设置为 1。然后通过以下目标提供嵌入映射：

$$\min_{Y}\sum_{i=1}^{t}\sum_{j=1}^{t}(y_i-y_j)^2W_{ij} \tag{2.25}$$

受适当的限制，目标可以重新表述为：

$$\min_{Y}\mathrm{Tr}(YLY^T) \tag{2.26}$$

其中，$L=R-W$，R 是对角的，$R_{ii}=\sum_{j=1}^{t}W_{ij}$，L 被称为拉普拉斯函数。在加入正交性和定心约束后，通过使 Y 成为 L（非正态解）的特征向量，可以找到这个问题的解。约束为 $Y^TLY=I$。在这种情况下，解是由广义特征值问题 $My=\lambda Dy$（归一化解）的特征向量提供的。LEM 和 LLE 的最终目标具有相同的形式，并且仅在如何构造矩阵 L 方面有所不同。LLE 降维方法突破了传统的降维思路，对之后的流行学习以及降维方法的发展有一定的借鉴意义。LLE 方法认为，许多邻接的局部线性块组成了数据集，其能够非常贴切地描述原来的数据集的特征属性，从而达到降维的目的。在非线性降维中，LLE 算法是比较流行的流形学习算法之一，它的主要特性是充分考虑了原始数据空间中的局部线性结构，所以 LLE 算法在挖掘数据中的隐含结构时会变得相对比较容易。然而，LLE 算法也有不足：一是在低维空间中，LLE 算法获得的结构不能正常保持原始数据空间中数据距离的真正关系，在高维数据空间中，当 LLE 算法面对等距流形的情形时，将无法正常获得同样等距的低维结构；二是近邻数量的不同重构权值也相应不同，所以近邻数量的选择将直接影响实验结果；三是 LLE 算法与 ISOMAP 算法相一致，同属于隐式映射关系类算法。一些学者提出了一系列的 LLE 变体。之后许多有关于流行学习的算法被提了出来，比较有代表性的有 LTSA 算法、HE 算法等。半监督降维算法能把一部分样本的先验信息以及其他没有先验信息的样本结合起来进行研究，从而进一步实现高维数据降维的目标。张潞瑶等（2015）在标准算法的基础上，通过有效改变维数的方法来平衡算法的有效性和提升算法效率，针对高维测试函数的复杂性、运行时间较长等问题，提出了基于 LLE 降维思想的局部线性嵌入的计算方法，并给出了具体的降维操作步骤，同时在算法中对种群增加了一个小偏置，以起到增加种群多样性的作用。刘玉敏（2020）基于 LLE 算法和支持向量数据描述（SVDD），解决了高维非线性轮廓数据的实时监测问题，将受控的高维轮廓数据嵌入局部线性降维中，改进了非线性轮廓监测方法，利用降维后的轮廓数据训练 SVDD 算法，并对高维轮廓数据进行实时监测。蒙特卡罗方法模型用于生成仿真数据，以验证该方法的有效性。与其他方法相比，该方法在失控状态下的平均运行链长较小，能够及时检测出异常轮廓。严德勤等（2011）考虑到数据所具有的自然属性，使用统计数据进一步明确了局部线性化的界限，并基于数据的分布特征提出了稀疏局部线性嵌入算法（SLLEA）。当数据集比较稀疏时，这种算法对于数据的信息能够非常好地把握。同时，在一些实验中使用这种算法，结果表明，这种算法是有效的。

（四）LTSA 算法

何俊林等（2015）建立了一种交通流状态模型，这种模型是以小波变换以及流行学习算法为基础的。该模型运行之前会首先给定对应的交通流状态的计算指标；其次基于局部线性嵌入的方法对流动特性进行分析；再次为了降低突发性，该模型将其与小波变换相结合；最后以成都高速公路为统计对象，讨论了影响这个模型的关键因素。最终结果表明，该模型能够有效地描述实际交通流状态，具有良好的适应性。为了解决振动信号不能有效地用于故障诊断这个问题，吴保林等（2020）对原有的算法进行了改进，结果表明，在降维方面 SS-LTSA 比 PCA 和 LTSA 要更胜一筹。在故障识别率方面，BA-SVM 比 GA-SVM 以及粒子群优化支持向量机更有效，如果想要提高识别精度，可以考虑把 SS-LTSA 和 BA-SVM 二者结合起来进行运用。

（五）SNE 算法

曹祺（2020）对 1998 ~ 2017 年国家自然科学基金的关键词的相关数据进行了详细研究。首先预处理了“双一流”大学的数据，然后对预处理的结果进行降维及数据可视化方面的操作，使用的是 Matlab 里面的 t-SNE 算法。其次基于两个维度进行建模，分别是时间维度以及单位依存维度，对于近 20 年内“双一流”大学所研究的项目的关键词分布进行了细致分析。与传统的结构化分析的相关方法进行对比，这种方法更为直观，同时它对于大学建设策略的制定具有一定的参考意义。张筱辰等（2020）对原有的技术进行改进，提出了一种新的光伏逆变器故障预测技术，这种技术是以 t-SNE 流形学习以及快速聚类的相关算法为基础，基于设计开发的分布式光伏发电监控系统，利用采集的光伏逆变器集群的历史运行数据对算法进行了测试，使用过去一段时间监测到的光伏逆变器集群的信号作为参照，使用 t-SNE 降维算法的技术把光伏逆变器集群的主特征矩阵提取出来，分别计算每台逆变器在各个采样时刻的偏心距离，得到归一化的累积偏心距离矩阵。测试结果表明，该技术能够把光伏逆变器的故障提前准确地预测出来，对于确保设备的正常运行具有一定的促进作用。霍镜宇等（2019）提出了城市植被识别模型，该模型是以 SVM 为基础的，在提高运行速率方面具有十分显著的效果。彭跃辉等（2019）针对电能质量扰动（power quality disturbance，PQD）的复杂性，提出了流行学习算法的 PQD 特征提取方法，建立了常见的 PQD 信号数学模型，并考虑了扰动参数和噪声的影响，采用小波分解得到信号的小波能量向量构造原始特征集，然后使用 t-SNE 再次进行特征的提取，得到保持样本高维空间结构的低维特征，仿真实验结果证明了提出的基于 t-SNE 的特征提取方法在 PQD 分析中的有效性。

（六）MVU 算法

陈俊康等（2020）针对不同类型齿轮故障信息难以被有效获取以及齿面多故障难以进行准确聚类这一问题，以最大方差展开最小维为基础，改进了原来的齿轮故障诊断模型，提出了新的齿轮故障诊断模型。先通过最小熵反褶积（MED）对振动信号进行预处理，把高低频和低频带准确分离出来，针对不确定的信号再次进行滤波，收集信息熵的数据，把它作为多域特征的指标，进一步对 MVU 算法进行了改进。用减小特征空间的维数的方法，能够进一步获得低维的实子空间，然后把它输入超球面多类支持向量机里面，以此对超球面进一步进行构造以及分类，模型的有效性通过实验数据的分析得到了进一步验证。陈如清（2014）将 KPCA 与 Mvu 特征提取算法结合起来，提出了一种新方法，这种方法是以 kca-MVU 的噪声环境中非线性过程故障的检测为基础的。在非线性噪声数据的降维过程中，在保持 EUCLIDEAN 的前提下，我们采用局部 KPCA 的方法，进一步达到识别以及消除过程数据的噪声的目的，然后把输入数据空间里面的非线性主成分进一步提取出来。对于相邻点之间的距离，MVU 采用旋转平移以及其他变换的方法对低维特征空间中的高维数据的流形进行了扩展，与此同时还保留了原来数据的整体几何结构。噪声环境下 TE 过程的仿真分析和丙烯腈聚合过程的实验研究表明，基于改进方法的过程故障检测模型能够有效地提高 Basic Mvu 和 KPCA 方法对非线性噪声数据的特征提取性能，同时也有效地增强了抗噪声能力。

（七）LPP 算法

LPP 算法是用于线性投影映射的降维方法，并且是特征 Pierre-Simon Laplace 的线性近似。也就是说，LPP 首先使用 PCA 来减小初始尺寸，然后使用 LPP 来减小尺寸两次，从而减少了计算量并避免了不稳定性问题。尽管 LPP 共享许多表示属性的非线性数据，如 Pierre-Simon Laplace 和局部线性嵌入（LPP 的基本功能），但它可以提取最有特色的特征以减少维度并保留数据的本地信息，并且它是非正交的，对照明、姿势和表情敏感，可用于面部识别，因而生成了正交局部保留投影（OLPP）和监督局部保留投影（SLPP）。PCA 和 LDA 的主要缺点是它们不能始终保证以最原始的信息进行投影。与 PCA 和 LDA 相比，连续保留投影（PPP）这种算法能够确保对象的可分离性和内部的连续性，同时保持足够的可分离性、连续可变性。由于分子数据的高维数，由于技术错误、机器错误和生物噪声造成的大量噪声样本，以及特征之间的高度相关性，因此，只有少量样品（通常少于 100 个）可用功能远远超出了样本中的功能数量。

从前面的研究能够发现，目前现有的降维算法的优点是改进了特定的研究对象或者现有的方法，不足是普遍性比较差。后来一些学者采用一种新的方法来对非线性降维技术进行表示，其中包括 ISOMAP 算法、CCA 算法、LLE 算法以及 Pierre-Simon Laplace 映射算法等。王斌（2005）第一次在彩色文本的图像识别中使用图论进行降维，这次实践取得了非常好的效果。从国际的角度来看，维度减化的研究更多的是关于维度减化方法的理论探索和应用研究。关于降维基本理论和高维数据空间特性的研究，目前尚不完善，但已有一个很好的起点，有关降维的方法理论在我国也得到了广泛的关注。王惠文等（2004）使用符号数据分析法，对大量的原始数据进行维度减化，并增加样本点空间的维度。任俊等（2004）在彩色图像空间中处理了三原颜色的维度减化，在维度降低以后，对图像进行的边缘检测使用了小波变换，与其他的彩色图像检测方法相比，平均计算时间减少 40% 左右。也有一些报告表明，使用先进的维度减化方法可以取得一个令人满意的结果。在 LLE 的基础上，一种映射方法是从低维的嵌入空间到高维空间，并在多种形态的人脸图像重建实验中，得到了有效验证，从而非线性维度的减化重建方法得到了进一步改进。刘立月等（2012）建立了一种有效的特征提取模型方法，该方法基于稀疏惩罚，引入了正则化约束，解决了上述大的相关问题，该方法适用于高维数据的维度减少分类问题、回归分析。郝晓军等（2014）研究得出 MDS 能更好地维护原来高维数据点的结构，这是通过对 MDS 和 PCA 对比分析得出的。PCA 是一种特别典型的线性降维分析法，但是对高维数据来说不可能计算特征矢量。主成分的确定没有明确的标准，存在高斯假设和线性假设等约束条件。因此，出现了动态主成分分析和非线性主成分分析。针对不思索数据序列之间关联性的局限性，先后提议了多分块和多尺度主成分分析。陈伏兵（2007）提出了一种基于分块 PCA 的人脸识别方法，该方法首先对图像进行分块，然后利用 PCA 对由分块得到的子图像进行分析和识别。分块 PCA 方法避免了使用奇异值分解理论，而且处理过程简单，这是通过与 PCA 对比得到的。邵伟等（2012）主要针对 PCA 不能解释除了第一主成分缺乏其他主成分，以及具体应保留多少主成分数等诸多问题，提出了一种新的降维算法——SPCA。该方法从维度减化的角度能够更好地揭示内部数据结构。何颖等（2015）使用典型的双层聚类处理结构对数据流实行聚类。关于大批的数据流，为了实现快速处理的要求，采用了分布式方法部署聚类算法。另外，通过聚类算法解决高维数据流效力低的缺陷，可以采用分布式 KPCA 方法进行解决。单燕等（2016）进一步研究典型的线性 PCA 降维算法，解决了数据分类和时间效力等方面的问题，集合数据流及时和无穷的特点，提议了一种源于 SPCA 的数据流维度减化方法。首先，该算法采用滑动窗口和剖面结构来适应数据流的动态变化，不仅可以很好地把数据流特点中重复的东西给消掉，实现维度减化，而且可以很好地解决混杂属性数据。其次，在安排的 SPCA 算法的基础上，更深入地修正了 PCA 的相关系数矩阵运算方法，而且把修正的相关系数矩阵和线性投影级的运算过程并列化，安排了分布式并列数据流维度减化（DPSPCA）算法。最后，想要使数据流变得丰富，使 SPCA 算法变得更加完美，必须得解决线性数据的缺点，因而提出了一种基于 KPCA 的非线性维度减化分析（SKPCA）算法。刘庆华等（2019）主要从事工业控制数据降维研究，并提出一种融合了 PCA 降维的改进的新方法。基于 PCA 维度减化理论，首先采用 PCA 计算每个维度的贡献值，提取主要信息，在迭代时通过 Adagrad 算法优化模型参数，为了使模型收敛得更快，通过神经网络的深度，对网络进行特征提取，最后通过网络分类器对工业控制数据进行最大分类。艾楚涵等（2019）提出了一种结合 Apriori 和线性判别分析的算法，用于挖掘关联规则来分析专利文本。该先验算法主要负责挖掘关键词和主题词之间的关联规则，然后通过 LDA 主题模型实现专利文本的进一步线性维度减化。李婵娟（2017）提出了基于熵的 E-PCA（高维稀疏数据维度减化算法），这种方法主要解决了高维稀疏数据在降维时维数过高的问题，所有数据不能一次性读入存储器，从而进行线性映射处理，而采用分块处理时，又因为时间过长，导致不能够满足实际应用的要求。基于特征熵的特征选择法，达到了双维减化的目标，这是通过矩阵变换获得的特征。在模拟实验中，从内存占用率、运行时间、降维结果和分类精度四个方面，对 PCA 和 E-PCA 两种算法进行了分析和比较，验证了 PCA 的有效性，基于 Hadoop 分析分布式处理的原则，针对主成分分析和高维稀疏数据维度减化算法，提出了基于 PCA、E-PCA 的分布式维度减化处理流程。在 Hadoop 平台上建立 Hadoop 集群，完成了主成分分析和高维稀疏数据维度减化算法为基础的分布式处理。维度减化检验利用了确凿的高维稀疏大数据，证明了 E-PCA 算法比 PCA 算法好。由于 PCA 和 LDA 的疏落扩展未能考虑到部分几何缺陷，因而提出了 USSL 框架。赖志辉等（2016）研究出了一种稀疏子空间学习结构 SLE，是源于 LLE 的维度减化学习方法推广到稀疏样本，该方法能够将稀疏投影与局部几何框架很好地结合。迭代弹性网络的回归和 SVD 能够解决最优稀疏子空间的运算问题，讨论了 SLE 和别的稀疏子空间研究之间的关系。针对流形重构中使用欧几里得度量计算最近邻会导致重构失真的问题，邹艳（2012）研究了源于修正距离的 LLE 方法，该方法使用调和测地距离取代欧几里得度量距离来探索样本点的 k 最近邻，实验结果表明，改进后的 LLE 比原 LLE 具有更高的精度。LLE 也无法解决多个流形，对于这些流形，会出现 WLLE、监督局部线性嵌入、HLLE。李燕燕（2012）研究了一种源于密度描述 DWLLE 的 LLE 算法，是在 WLLE 的基础上提出的，它连接了样本流形框架，利用 CAM 分布在邻近样本点上数据重构一个累加密度信息矩阵，对手写体符号辨认的分类验证证实了 DWLLE 更有用。张潞瑶等（2020）在传统自然计算方法的基础上，提出了以 LLE 算法为基础的自然计算方法。通过分析算法中相邻粒子 k 和维数 d 的取值，在维度减化后取得了较好的优化效果。在这个过程中，为了增加种群的多样性，在数据中加入了一个小的偏差。该策略分别应用于粒子群优化和遗传算法，并用经典测试函数和四种主流的尺寸优化算法对其性能进行了验证。实验结果表明，改进算法能够明显地提高计算精度，并且可以收敛。曹聪（2012）在传统数据挖掘算法的基础上，提出了将 Apriori 和 K-means 算法转换为云计算的方案，并在 Map/Reduce 框架下建立了 Apriori 和 K-means 系统模型。最后，在 Hadoop 分布式集群环境下，对 Map/Reduce 后的先验算法和 K 均值算法进行了海量数据实验，对算法的性能和效率进行了测试，并对海量数据挖掘时间长、效率低的问题进行了讨论。陈晓明（2013）提出了一种基于 Hadoop 平台的海量高维数据分布式特征选择算法。曾琦等（2014）对高维数据的 SVD 和奇异值分解降维分解（CUR）进行比较分析，得出结论：使用 SDV 分解，生成的矩阵密度非常大，但利用 CUR 解析，布局出的矩阵相对稀疏；SDV 分解效率低，CUR 分解效率高，并且 CUR 分解依赖于任意两个向量在高维数据矩阵中的正交关系。因此，当使用奇异值分解降维时，不正常的数据对成果感染更大。景利明（2014）对当前具有代表性的基于数据稀疏性的数据维度减化方法进行了分类和介绍，重点介绍了压缩感知方法。在此基础上，分析了各种数据维度减化算法的优缺点，并分析了数据维度减化研究中存在的问题。拓守恒（2012）提出了一种改进的人工蜂群优化算法，该算法解决了高维非线性优化问题中传统的优化算法收敛缓慢、解决精度较低的问题。其采用正交试验设计算法，初始化蜂群，并探索蜜源，采用高斯分布估计算法搜索蜂蜜源，采用自适应差分算法搜索蜂蜜源。四个标准的高维基准函数表明，该算法具有收敛速度快、求解精度高、稳定性好等优点。基于模式搜索方法，全亚民等（2013）提出一种具有非线性边界束缚的多参数函数改进算法。该算法采用综合模式搜索法、最大下降法以及旋转轴方法求解高维空间中的改进算法和非线性边界束缚算法。并且采用广义 LMM 求解出非线性方程的束缚条件。这种办法归纳了各类传统优化算法，能够普遍地应用到非线性烦琐的边界限制各种参数函数提升问题上。为了降低智能电网中各种智能设备产生的大数据的维数，郭伟等（2020）提出了一种具有 Frobenius 范数优化的高阶奇异值分解（F-HOSVD）方案。将 SG 设备产生的海量数据以张量的形式表示，并将 Frobenius 范数应用于高阶张量，以最小化简化张量的重构误差，避免 SG 网络基础设施中的数据流拥塞或带宽利用不足。仿真结果表明，与无 Frobenius 范数的 HOSVD 方法相比，该方法在降维、近似和重构误码率方面都有较好的降维。赵卫峰等（2016）讲述了现有的少许信号解决办法，认识到每种信号解决办法都有其特殊性和缺陷，对不平稳信号的特征采取、挑拣和形式区分进行了研究，并用小波包剖析提炼了时频域特点，特征提取采用 KPCA，分类识别采用支持向量机。张铭等（2016）研究了一种源于 KPCA 和 M-RVM 的混合气体定性辨认办法。KPCA 经过核函数把线性不可分数据投影到高维本征空间，完成样本数据的特征选取，采用相关向量机模型稀少、参数配置少、分类精度高的特点，用气体识别概率的方式排出气体类别。PCA 分析是无监督降维分析方法。然而，现有的方法没有考虑样本的差异，不能共同提取样本的重要信息，影响了方法的性能。为了解决上述问题，研究出了自步长稀疏最优均值 PCA 方法。在许子微等（2020）建立的模型中，损失函数用 L2 和 L1 范数定义，投影矩阵用 L2 和 L1 范数约束作为正则项，平均值作为优化变量。该方法可以统一选取重要特征，提高方法对异常点的鲁棒性。针对训练样本的差异，采用自学习的思想，实现了训练样本从“简单”到“复杂”的学习过程，有效地降低了离群点的影响。理论分析和实验结果表明，上述方法能够更有效地减少离群点对分类精度的影响，提高分类精度。

第二节　基于人工智能的降维方法

上述所有算法都可以转换为 KPCA，设λ_{max}为 $L=(I-W)^T(I-W)$ 的最大特征值。然后定义 LLE 内核为：

$$K_{LLE}=\lambda_{max}I-L$$

它是一种基于根据 k 个相邻模式重建两个模式所需权重的相似性度量。同样，在伪逆 L 上执行 KPCA 相当于 LLE，直至缩放因子：

$$K_{LLE}=L^{\psi}$$

Laplacian 特征映射可以通过定义 K_{LEM}转换为 KPCA：

$$K_{LEM}=L^{\psi}$$

其中，$L=R-W$，R 是对角的，$R_{ii}=\sum_{j=1}^{t}W_{ij}$，其中，$K_{LEM}$与基础图上扩散

的通勤时间有关。

MDS 也可以解释为 KPCA，给定一个距离矩阵 D，可以将 K_{MDS}定义为：

$$K_{MDS} = -\frac{1}{2}(I - ee^T)D(I - ee^T)$$

其中，e 是所有列向量。同样，考虑到 ISOMAP 中使用的测地线距离 $D^{(g)}$，K_{ISOMAP}可以定义为：

$$K_{ISOMAP} = -\frac{1}{2}(I - ee^T)D^{(g)}(I - ee^T)$$

求其特征向量得到与 MDS 和 ISOMAP 相同的解，直到缩放因子 $\sqrt{\lambda p}$，其中，λp 是第 p 特征向量，KPCA 和 SDE 之间的联系更加明显。事实上，SDE 是 KPCA 的一个例子，唯一的区别是 SDE 从适合于流形发现的数据中学习核，而经典的 KPCA 先验选择一个核函数。

非线性降维的谱方法有其自身的优点和缺点，这些算法之间的一些差异已经在形式化的理论框架内研究，而其他一些只是随着时间的推移才出现的实证研究。当极限 n 达到无穷大时，大多数理论工作都集中在这些方法的行为上。如果输入模式是从欧氏空间的一个凸子集的等距子流形上采样，即如果数据集不包含“空白”，那么 ISOMAP 算法将把这个子集恢复为刚性运动，许多由平移、旋转和清晰度产生的图像流形可以证明适合这个框架。Hessian LLE 渐近重新描述了任何高维数据集的低维参量化（直到刚性运动），其下面的子流形与欧几里得空间的一个开连接子集等距；与 ISOMAP 不同，子集不需要是凸的，最大方差展开式的渐近收敛性尚未得到正式的研究。然而，与 ISOMAP 不同的是，对于任何有限的 n 个输入模式集，方差展开最大的解保证保持最近邻域之间的距离。对于基本子流形与欧氏空间的连通但非凸子集等距的数据集，最大方差展开也具有不同的行为。如果使用针对稀疏矩阵优化的专用特征求解器，LLE 和 Laplacian 特征图可以最佳地扩展到中等大小的数据集（$n < 10000$）。这些本征求解器的内部迭代主要依赖于矩阵向量乘法，可以在 O(n) 中完成。一般认为，ISOMAP 的计算时间通常是由最短路径的计算决定的。计算量最大的算法是最大方差展开法，因为要求解一个 $n \times n$ 矩阵上的半定性程序。对于大得多的数据集，上述所有算法都带来了严峻的挑战：LLE 和 Laplacian 特征映射的底部特征值可能间隔很近，使得求解底部特征向量变得困难，而且 ISOMAP 的计算瓶颈

和最大方差扩展常常令人望而却步。由此学者们开发了 ISOMAP 的加速版本和最大方差扩展，通过先嵌入一小部分“里程碑”输入模式，然后使用各种近似值导出来自里程碑的其余嵌入，数百万输入模式可以在几分钟内在 PC 上处理。其中最大方差展开的里程碑版本是基于 Gram 矩阵的因子分解近似，这是从输入模式的局部线性重建得到的。它解决了较小的 SDP，原算法可以处理较大的数据集，并且降低谱方法的研究正在迅速发展。其他密切相关的算法包括 Hessian LLE、C-ISOMAP、局部切向空间对齐、测地零空间分析和共形特征映射。

第三节　本章小结

在这些降维方法之后，我们使用不一样的算法，把高维复杂的数据问题精简为低维直接的问题，其现实意义是不言而喻的。对于处理数据的人员来说，把握这些基本的数据降维方法可以使工作更加容易，减少处理和分析数据的工夫，使工作效率也得到了提升。通过精简数据的结构，可以将其作为最原始、最直观地反映市场情况的方法应用于市场，可以帮助管理人员作出正确的判别和决定，缩减工作时间，使企业利润最大化。通常，线性降维方法可以理解为满足某些特殊规则的线性投影方法。其中，PCA 是对原始数据集的线性描述，以找到最大方差的投影。此外，还有许多其他线性降维方法，如判别分析。但是判别分析与 PCA 不同，它更希望在降维后能把数据简单区分开，而不是把信息保留在原始数据里。另外，因为在现实世界中大多数的数据集都不是线性的，要想填补线性降维方法的缺点，只能应用更加有效的非线性降维方法，如比例法、局部线性嵌入方法等。简而言之，线性和非线性降维方法的本质都是使用其固有属性转换数据集。

总之，我们通过研究在高维数据分析过程中，以及在每部分数据研究过程中的降维方法，证明了将高维数据转换为低维数据的重要性。在当代数据分析的过程中，依然有降维方法达不到的一些效果，这需要每个研究者继续努力去探索和解决，从而使降维方法越来越完善，越来越成熟。

第三章　超高维非线性集成降维理论、方法与应用

在现实生活中，降维方法主要分为两大类：特征选择和特征提取（也叫子空间学习）。特征选择是在原有特征的基础上选择一个特征子集，两者是有本质区别的，其各自的特征数值没有变化，特征提取是寻找一个子空间，将原始样本通过线性或非线性映射到这个子空间中，由于子集中的特征具有较强的判别信息，能够很好地代表原始数据本身。所以使得在原始空间中不能区分的样本在子空间中能够较好地区分，从而实现了在子空间中的特征数值的明确变化。降维技术在提取有用信息的同时也可以去除那些冗余和噪声信息，监督式、半监督式和无监督式是特征提取算法的典型代表，其根据是否将样本的标签信息考虑在内而划分成不同种类，这些方法是处理高维数据的一个重要手段。高维数据降维是指采取某种映射方法，降低随机变量的数量，例如，将数据点从高维空间映射到低维空间中，从而实现维度减少。降维所划分的特征选择和特征提取，前者是从含有冗余信息以及噪声信息的数据中找出主要变量，后者是去掉原来数据，生成新的变量，可以寻找数据内部的本质结构特征。简要来说，就是通过对输入的原始数据的特征学习，得到一个映射函数，实现将输入样本映射到低维空间中，其原始数据的特征并没有明显损失，通常新空间的维度要小于原空间的维度。目前大部分降维算法是处理向量形式的数据，也有一些用于高阶张量表示的降维算法，通过减少冗余信息造成的错误，或者通过降维算法寻找数据的内部本质性结构特征，从而降低冗余信息的误差，以便针对特定问题提高识别的精确度。

第一节　超高维非线性集成降维模型及应用

一、基于机器学习的非线性降维新方法

高维数据可以通过训练一个具有小中心层的多层神经网络，重建高维输入向量来转换为低维代码，梯度下降可以用于微调这样的“自动编码器”网络中的权重，本章使用一种有效的初始化权重的方法，从初始权重接近一个好的解决方案开始训练，它允许深度自动编码器网络学习低维代码，这些代码比 PCA 作为降低数据维数的工具工作得更好，降维有利于高维数据的分类、可视化、通信和存储。一种简单且广泛使用的方法是 PCA，它可以找到数据集中变化最大的方向，并通过沿每个方向的坐标表示每个数据点。本章借助 PCA 的线性降维特征，使用灵活多变的自适应多层编码器网络进行数据结构转换，使用专用的编码器网络从代码中恢复数据，将高维数据转换为低维代码，通过最小化原始数据与其重建之间的差异，从两个网络中的随机权值开始进行集中训练。利用链式规则先通过解码器网络，然后通过编码器网络反向传播误差导数，很容易获得所需的梯度。整个系统称为自动编码器，在具有多个隐藏层的非线性自动编码器中，很难优化权重值，在初始重量较大的情况下，自动编码器通常会发现局部极小值较差；在初始权值较小的情况下，早期层的梯度很小，使得训练具有许多隐藏层的自动编码器是不可行的。如果初始权重选择得恰到好处，甚至接近一个很好的初值解决方案，通过梯度下降较容易达到满意的收敛效果，通常找到这样的初始权重不太方便，需要一种特别的算法，逐次递进一次学习一层特征。本章针对二进制数据的预训练过程，将其推广为实值数据，试图使它适用于各种数据集。可以使用称为受限玻尔兹曼机（RBM）的两层网络对二进制矢量的集合进行建模，在该网络中，随机的二进制像素连接到随机的二进制特征检测器，使用对称加权连接，通过审视它们的运行状态和相应的隐藏节点，可以方便地构造可见和隐藏单元的联合构型（v， h)，其能量函数具有以下能量表达关系：

$$E(v,h) = -\sum_{i,j}\Phi_{i,j}(b_i, v_j, w_{i,j}) - \sum_j \xi_j(v_j) - \sum_i \zeta_i(h_i) \tag{3.1}$$

其中，v_i 和 h_j 是像素 i 的二进制态，特征 j、b_i 和 b_j 是它们的偏差，w_{ij}是它们之间的权重。网络通过这个能量函数为每个可能的图像分配一个概率。给定一幅训练图像，将每个特征检测器 j 的二进制状态 h_j 设置为概率 $\sigma\left(b_j + \sum_i v_i w_{ij}\right)$，其中，$\sigma(x)$ 是逻辑函数 $1/[1+\exp(-x)]$，b_j 是 j 的偏差，v_i 是像素 i 的状态，w_{ij}是 i 和 j 之间的权重。一旦为隐藏单元选择了二进制状态，就可以通过将每个 v_i 设置为 1 的概率 $\sigma\left(b_j + \sum_j h_j w_{ij}\right)$ 来制造虚构，其中，b_i 是 i 的偏差。然后，再次更新隐藏单元的状态，以便它们代表协作的功能。权重的变化由学习速率和梯度关系式给出，单层的二进制特征不是在一组图像中建模的最佳方法，一层特征检测器的结果可以方便地作为学习第二层特征的数据，由此可以通过第一层的特征检测器的结果用作下一个学习内容的可视化单元，反复多次地逐层学习可以根据实际需要进行有限次的重复。然后，全局细化阶段用确定性、实值概率代替随机活动，并通过整个自动编码器进行反向传播，对权重进行微调，以实现最优重建。对于连续数据，一级 RBM 的隐藏单元保持二进制，但可见单元被高斯噪声的线性单元所取代。如果该噪声具有单位方差，则隐藏单元的随机更新规则保持不变，可见，单元 i 的更新规则是从具有单位方差和平均 $b_i + \sum_j h_j w_{ij}$ 的高斯中采样。另外，可根据实际应用场景构建微调深层网络，并在应用合成数据集上训练深度自动编码器，对于输入关系是高度非线性非高斯分布数据，在自动编码器中使用逻辑输出单元，通过在学习的微调阶段使用最小化交叉商误差 $\left[-\sum_i p_i \log\hat{p}_i - \sum_i (1-p_i)\log(1-\hat{p}_i)\right]$ 来解决相应的优化问题。一般来说，自动编码器由一个编码器和一个对称解码器组成，代码层的单元可以是线性的或 Logistic 的。自动编码器总是重建训练数据的平均值，即使经过长时间的微调。较浅的自动编码器，在数据和代码之间有一个隐藏层，可以在不进行预训练的情况下学习，但预训练大大减少了它们的总训练时间。当参数数量相同时，深度自动编码器在测试数据上比浅层自动编码器产生更低的重建误差。自20世纪80年代以来，通过深度自动编码器反向传播对于非线性降维是非常有效的，只要计算机足够快、数据集足够大，初始权重就足够接近一个好的解决方案。与非参数方法不同，自动编码器在数据和代码空间之间提供双向映射，并且它们可以应用于非常大的数据集，因为预训练和微调尺度在时间和空间上都与训练用例的数量呈线性关系。

二、基于更新熵网络的关系型拉普拉斯超高维非线性压缩模型（RLE）

在梳理经典线性和非线性降维技术的基础上，通过流形学习的局部嵌入方法，增加基于有向图的更新熵网络的数据结构标识和图网络的稀疏表示结构，并采用关系型数据结构代替原超高维流形域上的近邻表示，对基于无向图的拉普拉斯降维方法改进，建立有向图稀疏网络的关系型拉普拉斯非线性压缩映射模型（RLE）。RLE基于有向图的关系型数据结构除了潜含数据节点的近邻表示外，更由于其内在的动力学结构，通过有效挖掘有向节点的关联性并正确评估其重要性，深刻揭示网络数据结构的本质。网络节点的有向链接关系表明其节点被链接的次数越多，则该节点重要性影响程度越高；越重要的节点链向该节点且被越大的权重节点链接，其重要性也越高。本章利用更新熵的随机变量构建带权有向图，从社会复杂网络角度刻画数据节点的重要性和相依结构，并在高低维压缩映射过程中有效地保留原局部流形的拓扑结构，从而实现高效、准确、合理的超高维数据降维的目标。为此，需要用图论相关知识和稀疏优化方法分别对以下层面子问题进行研究。第一，更新熵有向图及其稀疏优化。第二，构建局部流形的最优拓扑结构及超高维压缩映射。先采用测地线距离定义高维空间中任意目标点之间相似性的非对称性概率，由此可以得到其高斯信息熵 H(x)；然后通过不同数据节点之间熵的净溢出值定义更新熵为$T_{J\to I}=\max(q, e^{-\theta t}(H_J-H_I))$，其中，$H_I$为I数据点的信息熵，$\theta$表示其衰减系数，q表示阈值，$T_{J\to I}$表示不同数据节点之间不确定性关系的有向传递。更新熵既有方向又有大小，可以构建基于更新熵的有向图网络，借此生成熵不确定关系的邻接矩阵，沿着网络有向流动的顺序可递归表征节点处熵的累积效应，再利用马尔科夫链模型即可得到网络收敛时对应邻接矩阵的最大特征值及其特征向量，从而得到网络节点熵不确定关系的重要程度排序值。由于越重要的点和越有意义的点在降维过程中均应该被完好保留下来，因此，可以将重要程度的排序值归一化并作为数据点的权重对局部流形域内节点进行低维嵌入，即通过构建更新熵网络的有向图和 PageRank 算法修正原拉普拉斯矩阵，计算图拉普拉斯算子的广义特征向量，求得低维嵌入；同时，通过图网络的稀疏优化方法获得最优的拓扑结构和超高维压缩映射。第三，综合集成降维方法。对多种降维策略和压缩方法进行综合集成，通过机器学习进行数据重构，旨在获得合意的降维效果。

该方法本质上是对 LE 的改进，LE 方法中基于无向图的近邻数据结构的刻画在高低维映射过程中并不能合意地表征原局部流形的拓扑结构，RLE 在高维向低维的映射过程中，更能保留非常有意义的、具有重要亲疏关系的、对维持原流形结构起重要作用的节点，以便达到类内聚集、类外特征分明的降维目的，并通过图网络的稀疏优化方法获得最优的拓扑结构和超高维压缩映射。

三、基于谱聚类分析的网络稀疏优化

如何在高维数据中搜索低维结构？如果数据主要局限于一个低维子空间，则可以采用简单的线性方法来发现子空间并估计其维数。然而，更普遍的是，如果数据位于（或接近）一个低维子模型上，那么它的结构可能是高度非线性的，线性方法必然会失败。谱方法是非线性降维和流形学习的有力工具。这些方法能够从特殊构造矩阵的顶部或底部特征向量揭示高维数据中的低维结构。为了分析位于低维子模型上的数据，矩阵由稀疏加权图构造，其顶点表示输入模式，边缘表示邻域关系。流形学习是一个广泛的信息处理领域的重要问题，包括模式识别、数据压缩、机器学习和数据库导航。在许多问题中，测量的数据向量是高维的，但我们可能有理由相信数据位于较低维流形附近。换句话说，我们可能认为高维数据是对底层源的多个间接测量，通常不能直接测量。从高维数据中学习合适的低维流形本质上与学习这个底层源相同。流形学习的主要计算是基于可处理的多项式时间优化，如最短路径问题、最小二乘拟合、半定规划和矩阵对角化。降维问题（从高维数据中提取低维结构）通常在机器学习和统计模式识别中引起关注。高维数据采用许多不同的形式：从数字图像库到基因表达微阵列，从神经元种群活动到财务时间序列。然而，通过在一般设置中制定降维问题，我们可以在相同的基础数学框架中分析许多不同类型的数据。降维也可以看作是导出一组自由度的过程，该过程可用于再现数据集的大部分可变性，考虑一组通过不同角度旋转人脸产生的图像。显然，只有一个自由度被改变，因而图像沿着一个连续的一维曲线进行图像空间的变换。流形学习技术可以用不同的方式，包括数据降维，对给定的高维数据集产生紧凑的低维编码。

PCA 是一种经典的方法，它为给定的高维观测提供了一系列最佳线性近似，是降维最流行的技术之一。与 PCA 密切相关的 MDS 也有同样的缺点。因子分析和 ICA 也假设欠流形是一个线性子空间。然而，它们在识别和建模子空间方面不同于 PCA。由 PCA 建模的子空间捕捉数据中的最大可变性，可以看作是对数据的协方差结构进行建模，而因子分析则对相关结构进行建模。ICA 从因子分析解决方案开始，并搜索导致独立组件的旋转。所有这些经典降维方法的主要缺点是它们只描述数据中的线性子空间（流形）。根据图权矩阵及其扰动理论进行谱聚类分析，深入研究权矩阵的谱和特征向量等性质，以便获得权矩阵的谱与聚类的类数，以及权矩阵的特征向量与聚类之间的关系。由此可以对高维数据的分块压缩做好准备，同时也引入 K 均值聚类、密度聚类等方法，进行多聚类中心优化，使得内部聚类本身尽可能地紧凑，而不同聚类主体之间尽可能地分开，以实现网络内部聚类和稀疏分散的平衡统一。

四、基于稀疏学习的非线性集成降维模型

依据稀疏分类的方式，将经典的线性降维及非线性压缩方法综合集成在一起，并通过机器学习的方式对原超高维数据进行重构，以便获得理想

的降维效果。即：

$$\min \left\| x - [\varphi W] \begin{bmatrix} \alpha \\ f \end{bmatrix} \right\|^2 + \lambda_1 \|\alpha\|^2 + \lambda_2 \|f\|^2 \text{ s. t. } \begin{matrix} \|\alpha\|_0 \leqslant K_1 \\ \|f\|_0 \leqslant K_2 \end{matrix} \tag{3.2}$$

其中，x 为原超高维数据集，φ 和 W 分别为线性降维和非线性压缩估计，$\| \quad \|^2$ 为正则约束，$\| \quad \|_0$ 为零范数的稀疏优化。该集成降维措施旨在吸取诸多经典降维方法优点的基础上，试图获得良好的数据重构结果。

第二节 构建双重群组、低秩分块的多因子核范数矩阵回归模型

超高维数据一般不能直接用于回归分析，因而可先对超高维数据进行非线性压缩处理，再对降维后的数据结合实际应用背景做合意的回归分析。本章重点对经过谱聚类优化的高维网络数据在低秩情况下实施分块矩阵回归并对多因子进行稀疏优化。即：

$$\min \left\| Y - \sum_{j=1}^{J} X_j B_j - Z\gamma \right\|^2 + \lambda_1 \|B\|_* + \lambda_2 \sum_{j=1}^{J} \|B_j\|_2 + \lambda_3 \sum_{k=1}^{K} \|\gamma_k\|_2 + \lambda_4 \|\gamma\|_1 \tag{3.3}$$

其中，λ_i为待定参数，$Y \in R^{n \times q}$为多目标响应矩阵，可结合实际问题由跟踪目标构成，$X \in R^{n \times m}$为个性因子组成的矩阵，$B \in R^{m \times q}$为分块权重配置矩阵，Z 为共性多因子矩阵，γ 为因子配置权重，$\|B\|_* = \sum_{i=1}^{r} \sigma_i(B)$ 为核范数，$\sigma_i(B)$ 为 B 的奇异值，$\|B_j\|_2$为群组项约束，$\|\gamma\|_1$为稀疏约束。该模型旨在为高维多因子压缩、金融资产组合及其风险管理的实际应用打下坚实基础。有效市场条件下，上述目标函数 $\left\| Y - \sum_{j=1}^{J} X_j B_j - Z\gamma \right\|^2$ 通过特征提取和核范数、分组矩阵回归的方式最小化资产组合与市场有效指数的总离差，并在保持最优跟踪误差条件下，通过多目标回归的资产配置方式力求最大化投资组合的风险收益性能，以便获得风险收益动态均衡的投资回报。

第三节　构建多源异构的多目标、多因子非线性资产定价体系

首先，构建多因子资产定价体系。本章使用大数据分析方法对投资群体行为进行研究，提出能够刻画用户风险偏好以及对经济预期的情态指标，形成大数据行为预期因子、舆情监控因子、资产内在价值等因子，采用目标层、准则层和指标层递进的原则，拟建立具有特色的多因子资产定价指标体系，包括大数据挖掘因子在内的 29 个一级指标、行为金融影响在内的 64 个二级指标以及市场博弈在内的约 180 个三级指标。

其次，构建资产价格的非线性动力学机制研究。包括成交量推动的价格动力学模型和周期几何布朗运动的资产定价模型。本章拟引入成交量动力学模型和周期几何布朗运动更准确地刻画资产价格满足的随机过程，拟将其设为随时间增长的周期性波动函数，进一步揭示其非线性的复杂演化过程。

最后，构建基于多源异构的对抗生成网络的动态多因子资产定价。将经济逻辑驱动的多因子资产定价与成交量驱动的动力学周期几何布朗模型相结合，由集成预测和市场博弈生成资产定价网络和真伪判别网络，通过两个子网络的竞争性优化策略不断对抗性学习，从而逼近资产价格的真实分布概型。

一、基于深度学习和技术分析的多因子量化模型

多因子模型一直是量化投资领域的重要方法，其理论基础是 CAPM 和 APT 理论，三因子模型是上述资本资产定价理论的推广，从实证金融角度将套利定价理论进行具体化，以便找到更好的因子而舍弃不重要的因子，在多因子模型中，因子之间往往相互联系、互相影响，许多常用因子逐渐失去了对股票收益率解释的能力，为了使投资组合模型保持稳定的结果，从多因子中提取出有效的资产组合，使模型具有更好的解释能力。本章综

合集成遗传规划神经网络、PCA 神经网络、灰色神经网络等非线性预测方法，在多因子模型上对因子权重施加了一个双重惩罚函数进行约束，将规则化方法在投资组合模型上进行了改进，建立了自适应调和弹性的神经网络来解决高维数据的多重共线的问题，从而较好地解决权重带来的不稳定性问题。然后在集成专家系统和统计学习确定因子权重的基础上，引入基于遗传规划神经网络和支持向量机等前沿方法进行因子筛选并确定因子权重，强化多因子模型因子之间的相关性，克服了惩罚函数的多因子模型会过度压缩回归系数的弊端，解决采用传统方法变量过度稀疏的问题，利用沪深 300 指数成分股进行回测，基于集成学习预测的方法能够筛选出有效因子，并能够构建有效的投资组合，从而帮助投资者获得更高的超额收益。该模型为因子选择和系数确定提供了一种新的理论依据和决策借鉴，对量化投资策略的设计具有重要的实际意义。

金融市场不确定性环境下各个因素之间的相关关系错综复杂，表现为复杂的非线性动力系统，资产价格受许多未知和看不见的不确定因素影响。资产价格波动含有某种规律性，其中蕴含的信息可用于预测未来价格的信息。20 世纪 80 年代以来，国内外利用神经网络对股票价格进行预测的方法层出不穷，学者们开始利用人工智能技术对中国股市的股票价格进行预测。随着非线性、非参数智能技术的进步，出现了人工神经网络算法和支持向量机算法等非线性股票价格预测方法。然而，单一的算法局部最小和存在过度拟合、非线性逼近能力差等缺陷，阻碍了在金融市场动态变化环境下的资产价格非线性、非高斯问题的应用。本章提出的超高维非线性集成学习预测的研究框架，通过专家系统、文本挖掘、支持向量机、神经网络和时间序列模型进行组合预测，结合各种模型的优点，尽可能地提高预测精度。然后，将组合预测的结果作为调和决策变量，构建启发式的深度神经网络进行无监督学习，以便增强决策的科学性。该非线性集成方法本质上是结合专家系统、启发式规则、数据挖掘、模糊理论、统计分析和新兴人工智能技术的一个综合分析系统，深度融合经济计量分析、文本挖掘、神经网络和支持向量机等机器学习技术，是一个具有协同效应增进预测性能的有效改进系统。除了可进行非线性预测外，还可采用策略网络和价值网络高效解决非光滑非凸性条件下的多目标优化问题，旨在针对连续时间金融优化问题提供一揽子解决方案。其主体上由变结构动态分层多核神经网络组成，每个核对应单独、特定的专项神经网络，多核多层神经网络采用动态自适应可调节结构，整体上根据 Bellman 最优性原理基于一定的分层优化规则实现，这些规则如 Hopfield 能量最小、最小二乘、熵优化以及损失最小等作为多属性多准则预先存于哈希表中，以备随时读取和调度优化网络使用。本章提出的非线性集成策略由变结构动态调适模块、集成预测模块和多目标优化三大部分组成，集成预测部分包括时间序列模块、神经网络与支持向量机等人工智能模块、专家系统模块和文本挖掘模块。其中集成预测具体按照下面的步骤来进行建模：第一，用非线性时间序列模型拟合资产价格走势，产生单一预测结果；第二，利用启发式规则和粒子群等智能算法进行特征提取，作为 PCA 神经网络的输入进行非线性预测；第三，采用支持向量机回归来实现非线性映射，确定非线性趋势；第四，构造 SVM 神经网络和基于遗传规划的神经网络进行非线性预测；第五，通过文本挖掘和专家系统来量化不规则和突发事件的影响，并对预测结果做出判断性调整，最后通过多对多的动态自适应深度循环神经网络最终形成非线性集成预测，其形式为：

$$y = T(x, \theta) = \varphi^{(2)}\left(\sum_{j=1}^{n} \varphi^{(1)} \cdot \left(\sum_{i=1}^{m} x_i \cdot w_i^{(1)} + b^{(1)}\right) w_j^{(2)} + b^{(2)}\right) \quad (3.4)$$

其中，$\varphi(\cdot)$ 是一个非线性函数。变结构动态调适模块的主要作用体现在：采用自组织数据挖掘方法来优化网络结构，通常基于预先确定的优化准则如按照 Hopfield 能量最小原则从小到大选取一定分位数范围内的网络节点作为“好”节点保留下来，其余节点则被舍去，即网络结构集成方式是按照能量下降法则由能量方程式控制而得到，相当于构建网络时事先在既定的“信赖域”优化单层网络，网络节点的输入向量参照线性多项式的形式按照 K 有放回抽样（K=2，3，…，M）形成若干组并随机通过预先存储在变结构网络中的哈希表获取，需要指出的是，这些输入向量既可以是原始向量也可以是预测后的“信赖”向量，这样的好处在于避免网络的全连接且在网络构造过程中已经给予网络最大限度的结构性优化，优化后的网络节点称为“信赖点”、网络隐藏层称为“信赖层”。另外，该集成策略还可以构建分组多层神经网络求解非凸性多目标最优化问题，每个分组都显含单独神经网络，与分层优化目标相对应，主要由价值网络和策略网络构成，两者根据目标重要程度由调和因子根据启发式规则自动寻优实现和谐调整，是一个自适应动态优化过程。策略优化网络根据 Bellman 最优化原理不断更新价值网络并实时判断整个网络总价值是否达到终止条件，从而实现全局最优。整体上集成策略经过大量的人工智能算法，实现基于深度强化学习的价值网络学习，最终通过总价值评估获得最优网络和调和满意解。值得一提的是，超高维集成策略具有天然的递归和循环属性，从内部可以不断衍生出结构上具有自相似的子网络，这些子网络被赋予特殊功能可以定向执行诸如交易策略、行业轮动跟踪、市场热点捕捉、趋势分析、组合行为分析等任务，甚至可以开展“联席会议”共同制定交易决策方案，每个子网络就是一个电子分析师，从不同维度和视角进行分析和判断，相当于培养了若干名不同风格的研究员和分析师预测、分析市场，共同决策发出交易信号。

二、因子库构建

经济因素从不同的侧面影响居民收入和心理预期，从而对金融市场的供求产生相当大的影响，甚至决定了不同行业的资产收益率，进而从不同的方向直接或间接地影响公司的经营及股票的获利能力和资本的增值。经济周期收缩、复苏、繁荣和衰退的交替出现，也会周期性地影响市场的波动，成为决定资产价格长期走势的重要因素。本章从研究范式的特征和视角上深度融合基本分析、技术分析、演化分析等分析方法，在实际研究中既突出重要区别又高度强调相互联系、相互推进、相得益彰。具体包括以下内容。第一，基本分析，从企业内在价值入手，与当前的股票价格进行比较，以测算上市公司的长期投资价值和安全边际，形成相应的投资建议。第二，技术分析，对股市波动规律进行分析以预测股价波动形态和趋势为主要目的。第三，演化分析，从股市的代谢性、可塑性、适应性、应激性、趋利性、变异性、节律性等方面入手，为股票交易决策提供机会和风险评估。演化分析对市场波动方向与空间进行动态跟踪研究，其波动的各种复杂因果关系或者现象，都可以从生命运动的基本原理中找到它们之间的逻辑关系及合理解释，并为构建科学合理的博弈决策框架提供令人信服的依据。三种分析方法之间的联系层层递进，互为表里。基础分析主要分析的是某个时点上公司各项指标的变化和情况，旨在了解股票是否有投资的价值，通过各种数据来比较股票之间的相对优劣，以选择收益率更高而风险更小的“理想股票”。技术分析则是观察一段时间内股价的变化情况和趋势，旨在刻画股价的走势和涨跌，通过形态、结构和均线等工具，对股价在该段时间内的表现进行总结和预测，制定相应的投资策略。演化分析即大观整个股市的生命周期，从繁荣到衰落，从低谷到复苏，旨在观察股市的整体变化，强调人和市场的作用，将股市的变动看作生物变化，重视对“生物本能”和“竞争与适应”的研究，强调人性和市场环境在股市演化中的重要地位；在本质意义上，股市波动是一种生物学现象，是生物本能和进化法则共同作用的产物，股市波动趋势、形态和轨迹是一种多维度协同演化的历史进程；在行为表现上，股市波动具有类生物学现象，是一种特殊、非线性、复杂多变的“生命运动”，演化分析存在的意义就是探知市场深层的生命规律。综合运用生命科学原理和生物进化思想，以生物学范式全面阐释市场运行的内在动力机制，可以更好地理解股市内在的变化和影响，从而为投资决策提供有力的理论依据。因此，投资组合的构建应该关注市场走势、运行规律及宏观经济运行状况，再进行资产配置或是调整投资组合的风格。利用宏观经济指标驱动行业配置的理念，通过宏观经济景气指数、不同行业预计的 GDP 值、实体经济指标、物价水平指标、货币财政等指标的分析及行业层面的分析，选择适合当前经济运行状况的行业进行配置，获得超额收益。另外，依赖经济逻辑和市场经验，选择更多和更有效的微观因子、企业发展因子、质量因子和技术面因子无疑是增强经济信息捕获能力，提高收益的关键因素之一。

三、随机利率和通货膨胀下的最优资产组合选择

在现代金融理论中，基于不确定性的决策分析是整个金融理论的核心内容。金融资产的价值常常由于金融系统本身的周期性变动、随机性波动以及市场信息的不完全对称而发生变化，重大宏观经济政策的调整往往会导致决策行为的改变，投资者如何能够在不同风险状态下顺应市场变化做

出合意的金融资产优化配置方案成为实际投资过程中必然面临的关键问题。单阶段的静态投资组合模型不能充分满足实际投资组合管理的需要，这就要求投资者在变幻莫测的不确定市场中必须进行连续时间的动态投资组合优化，从而实现多期动态配置均衡。随着不确定性理论、现代数学、信息科学计算方法及计算机技术的深入发展，研究者运用随机控制方法对随机环境下的动态资产组合选择问题进行了深刻的分析，并对不确定情景下的最优投资和资产组合选择的重要特征进行了经济学解释，给出了经济个体的最优资产配置策略。国内很多学者对现代资产组合选择的问题也做了大量研究，特别是以效用函数分析为基础的资产组合选择方法的研究层出不穷。肖建勇和陈超（2001）基于资产价格服从跳—扩散过程，给出了投资组合最优决策策略的偏微分方程；朱微亮（2007）基于效用函数研究突发事件和参数不确定性对动态资产组合选择的影响，得到风险规避的投资者在对不确定性进行对冲时降低了其资产组合中风险资产的比例，并通过模型参数的调整进行了数值说明。这些研究在一定程度上丰富和发展了证券投资理论在组合管理中的应用，但这些模型中的利率都是常数或时间的确定函数，而这一假设并不符合投资者和投资机构的实际投资环境。事实上，风险投资组合的目标是在金融市场中选择各种资产的最优组合投资策略，使投资者在整个投资时期内的累积消费或终期财富的期望效用值达到最大化。从金融市场发展的历史来看，金融危机、股市崩盘等突发事件经常会对资产价格造成一定的冲击，由此进一步影响资产组合的投资策略。在现代经济社会中，通货膨胀对社会经济的影响总是备受关注，而通货膨胀的复杂性及其本身的不确定性与资本市场中的金融资产价格，尤其是与股票、固定收益证券市场的关系历来是金融学所关注的热点问题。通货膨胀会影响股票价格、资本市场收益，特别是与股票市场收益的关系更为直接，通货膨胀会造成股价的波动和资产价格的重估，从而造成财富的再分配。因此，理性投资人在进行投资决策时，需要考虑投资回报与风险的大小；另外还需要考虑投资收益能否补偿通货膨胀影响下的货币购买力的贬值损失以及利率变动造成的不利影响。近年来，关于随机利率模型下的证券投资组合理论也取得了一些研究成果。但这些文献仅研究了随机利率环境下的证券投资组合问题，并没有综合考虑通货膨胀、随机利率和交易成本等实际情况，且这些研究大都以效用函数的分析方法为基础，而在实际的金融市场中，基于效用函数的具体形式及参数由于其经济含义不明确很难确定下来。本章将通货膨胀、随机利率和交易成本等因素引入金融市场模型中，通货膨胀和交易成本的引入使得模型更贴合实际，更具有操作性和针对性，更能为投资者和投资机构提供科学的理论依据。应用连续时间的动态均值—方差—熵方法得到符合实际意义的值函数和 HJB 方程，通过数值逼近方法求解相应的 HJB 方程，可以得到双目标优化问题的最优投资策略，并用实证的方法与国内证券市场上同类型资产配置优质基金的最优投资策略进行对比研究，以期对资产投资组合问题的研究具有借鉴意义。

应该指出，通货膨胀情况下债券/股票投资比例变化呈波峰波谷状演变，原因在于通货膨胀会改变资产价格引起财富的再分配，从而导致投资组合策略随之变化，尤其在遇到比较严重的通货膨胀时出于规避风险的要求，投资组合会主动增加债券和无风险资产的头寸，从而避免风险资产价格下跌而带来更大的损失；同时，由于利率、汇率等宏观经济因素的不确定性增加了投资风险造成投资机会集的变动，从而对投资策略产生显著影响，为了规避长、短期利率造成的不利影响，随着市场整体风险水平的增加，投资组合的风险资产头寸逐步降低，相比之下无风险资产头寸在逐步增加。由此可见，通货膨胀、利率、汇率风险及其规避问题是不容忽视的，通货膨胀和利率等因素会较显著地改变资产组合的选择，相应的资产配置策略将会随之发生变化。对于那些长期投资者来说，本章无疑给出了一个资产组合选择策略的最优建议，对资产配置及组合管理具有重要的指导意义。

四、基于成交量推动的价格动力学模型及跳扩散连续时间资产组合选择

由于马科维茨（1952）模型中方差风险测度的不敏感性以及不能有效区分上档风险和下档风险，后来一些研究者对风险的度量方法做了一系列改进，代表性的有收益的极差、收益率的平均绝对偏差、收益率倒数损失、差异系数以及半方差、模糊方差等；曲雷和宋丽平（2003）在均值—方差

最优化模型中加入了 VaR 约束，提出了 VaR 约束下的投资决策模型；陈剑利和李胜宏（2004）在条件风险价值（CVaR）风险计量技术的基础上，建立了均值-CVaR 模型，给出了模型的算法。以上方法将风险测度方法与均值—方差最优化模型结合到一起，仅考虑了静态资产组合配置的问题，不能充分体现投资过程中风险的动态抑制作用。在马科维茨（1952）的理论中，风险证券的评价采用预期收益率和收益率方差两项指标。理性的投资行为应在给定风险条件下寻求最大期望收益或在一定期望收益条件下使风险最小，投资者根据自己的风险偏好在有效边界上进行证券组合选择，使其期末的财富效用最大。因此，本章在连续时间均值—方差—熵的基础上加入了终端的极大极小风险约束，建立了基于极大极小风险约束的动态投资组合模型。由于投资组合的总风险并不具有简单的次可加性，整个投资期内的投资总风险用 t 时期末的极大极小总资产收益的负向偏差来定义，即：

$$w_t = \max_{1\leq t\leq T}\{|\min\{0,\ x(t) - E[x(t)]\}|\} \tag{3.5}$$

风险控制的目的就是使式（3.5）刻画的风险变量尽可能小，即 $\min_u \max_{1\leq t\leq T}\{|\min\{0,\ x(t) - E[x(t)]\}|\}$，这里设 z_t 表示投资期内预期风险的最坏容忍水平，风险控制就是要求最不利情况下的风险不能超过该阈值。连续时间的最优资产组合采用多目标分层网络的优化策略，主体结构采用多目标分层优化的神经网络，主要由价值网络和策略网络构成，其中每个分层优化目标单独由独立的神经网络系统构成，目标间的调和由调谐因子根据启发式规则自动寻优实现，是一个自适应动态优化过程，策略优化网络内嵌支持向量机，优化的局部最优策略实时更新价值网络并不断判断整个网络总价值是否达到终止条件，从而实现全局最优的目标。其中，各独立的神经网络或支持向量机其核函数通过预先存储的哈希矩阵动态配对获得，支持向量机中的主要参数经过粒子群等算法优化得到，通过对样本数据集的任意比例随机分割、任意确定随机试验次数和顺序循环取不同的模型参数来进行交叉验证最终得到优化的自适应参数。整体上，连续时间组合优化策略求解操作流程图分为以下三个阶段。第一阶段：利用启发式规则训练两个网络，即价值网络和策略网络，其中，策略网络采用深度卷积神经网络来训练学习。第二阶段：基于强化学习来提升策略网络的性能，将策

略学习结果送入价值判断网络，按照调和级别寻找下个优化目标。第三阶段：确定优化目标，经过复杂的机器学习算法，重构网络骨架并实现深度强化学习的价值网络学习，通过总价值评估获得最优网络和调和满意解。连续时间组合优化策略求解操作流程如图 3.1 所示。

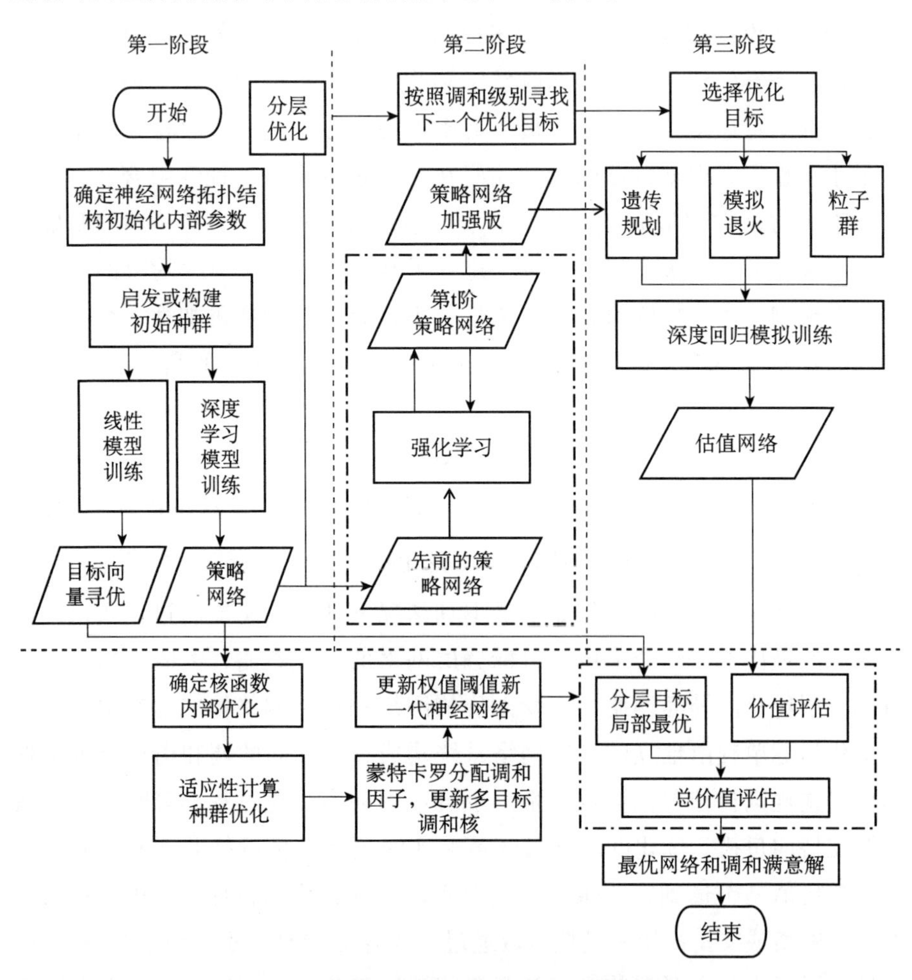

图 3.1　连续时间组合优化策略求解操作流程

综上所述，在充分考虑成交量推动的价格动力学机制和极大极小风险约束的动态过程控制作用后，通过基于集成预测的方法构建投资组合，代表性的选择遗传神经网络模型、多因素 SVM 回归模型和 ARIMA 时间序列模型作为组合预测中的单一模型，并将单一模型预测结果作为模糊变量进行投资组合优化，运用 Bellman 最优性原理、HJB 方程和极大极小的原则构造典型的证券投资组合优化模型，将成交量引入价格运动的随机方程中，借助随机控制和数值逼近的方法得到相应优化问题的最优投资策略。其中，采用基于遗传神经网络的算法能够同时优化网络结构和权值向量，加快了神经网络的收敛速度，提高了最优解的优化精度，同时基于粒子群优化的支持向量机通过不断更新粒子的速度和位置来训练参数组合，进一步提高了 SVM 的统计学习能力。其方法可用于投资基金管理、金融风险管理等实际工作中，以便提高决策的科学性。

第四节 资产组合优化及金融市场风险管理应用研究

本章采用三位一体的全面风险管理方案，构建不确定环境下金融网络风险的组合优化及风险管理策略，并归纳出资产定价的新思路，为政府监管机构提供决策依据。

（1）多目标稳健矩阵回归的投资组合优化。市场越有效，资源配置效率越高。将有效市场组合设为跟踪锚，运用多目标矩阵回归的方式将均值方差意义下的资产配置模型转化为回归方程，求解最优锚定情形下的自适应回归系数即可达到投资组合优化和提高组合风险回报的目的。

（2）组合资产的内聚类外稀疏优化。合意的配置策略宜从系统聚类思想出发，以便实现较好的内聚类和外稀疏的均衡，且总体上保持稀疏均匀。

（3）金融风险的识别、防范及管理。本章通过复杂网络和图论相关知识描述多资产之间盘根错节的相互影响关系及其非线性特性。拟构建基于无向图的最小生成树网络风险模型和基于有向图的最大流—最小风险的网络模型深入研究不确定性环境下非线性叠加的风险管理方案。最小生成树表示无向图中最强的连接，蕴含着金融风险在网络中最坏情形下最可能的传染路径；最大流—最小风险的网络模型则从有向图理论出发，充分利用有向图网络的动力学行为特性，通过网络最大流算法以及马尔科夫链模型得到风险在网络间传播、扩散、非线性叠加的重要路径；然后将其看作组合风险最小化的参考依据，从而实现有效防范和控制风险的目的。资产组合与风险管理部分研究内容框架如图 3. 2 所示。

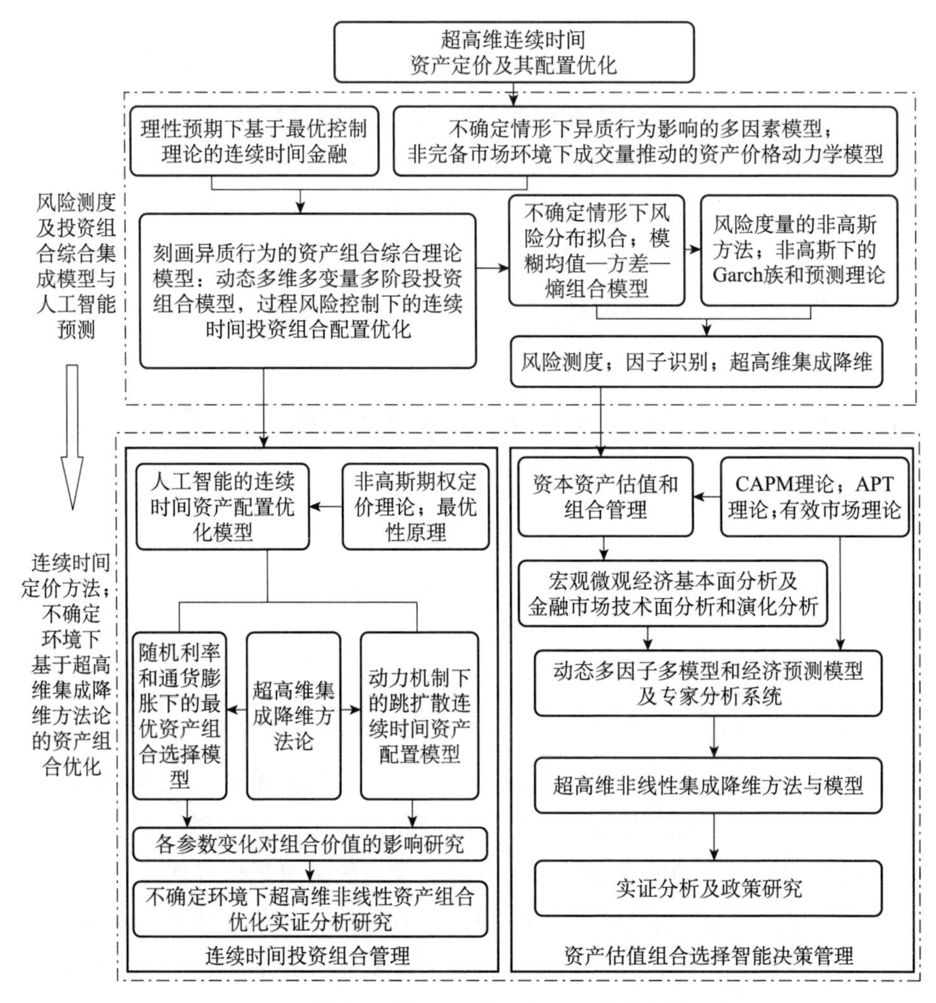

图 3. 2　资产组合与风险管理部分研究内容框架

第五节　本章小结

本章采用集成降维的方法将线性和非线性方法组合在一起，大规模使用了当前在统计学、信号处理和机器学习领域非线性主成分分析以及神经网络优化等最新的降维方法。然后，将其广泛应用于解决高维数据的非线性资产定价和资产组合的优化配置中。值得一提的是，投资组合理论是现代金融经济学和金融工程的重要研究内容，是投资管理和决策实践的重要工具。早期的投资组合决策方法依然局限于静态均值—方差模型，主要考虑了单时期模型的解析结构和其有效前沿，而没有考虑投资期间投资组合的调整问题，也没有考虑交易费用和税收等因素对投资行为的影响，对长期投资来说往往显得力不从心，投资组合选择实质上是投资者在不确定环境下如何进行风险管理和资产配置，仅局限于单阶段资产组合选择问题，不考虑投资期间投资组合随市场的动态变化，这显然与实际的投资行为不吻合。现实中，人们往往很难给出某种资产具体的期望收益率，只能根据历史数据去估计。况且，实际的金融市场中存在交易费，忽视交易费可能导致非有效的投资组合，现实的投资环境中资产的收益分布往往也随阶段的不同而变化，投资行为，特别是机构投资者的投资行为往往是动态多期和多变的，他们随着投资环境和经济周期的变化将适时调整资产组合头寸，并非将初期构建的资产组合一成不变地保持到投资计划期末。另外，资产价格的历史数据并不能完全提供对资产价格未来特征的描述，而且忽略了资产收益的时变特性和受未来诸多不确定性因素的影响，用在某个特定时点获得的信息刻画资产价格的未来特征具有不科学性，受未来诸多不确定因素的影响，特别是当经济系统出现重大变动时，资产价格往往会偏离正常运行周期和运动轨迹，出现异常现象和不确定的特征，类似这样的不确定性有可能直接导致投资者在资产组合决策过程中改变其投资行为。资产组合选择对预测变量具有很强的敏感和依赖关系，收益、风险等决策变量具有的可预测性可以降低参数不确定性对资产组合选择的影响，使资产组合具有较强的鲁棒性和表现得较为稳定。本章在动态资产组合选择过程中把利率因素、通货膨胀、市场摩擦因素、预测关系、递推决策规则引入资产组合优化模型以便反映未来预期变化的不确定性，通过建立具有预测关系的资产收益率的连续时间模型，给出了不同投资期下风险资产配置的数值解，推导出不同阶段下有效投资组合的投资策略。

第四章　超高维稀疏低秩的矩阵回归模型及其组合风险管理策略

第一节　高维数据降维及投资组合研究回顾

一、高维数据的降维

降维通常采用线性或者非线性变换的方法将高维数据投映在低维空间上，并利用低维坐标标记数据的位置，能够帮助分析高维数据，为大规模数据的预处理理做准备，PCA、LDA 和 MDS 等是当下使用较为广泛的线性方法。国内外大量研究人员在这方面做了很多研究，邵伟（2012）等主要针对 PCA 方法提出了一种新的降维算法，对第一个主成分之外的其他主成分的保留度做了严格划分。也有学者对高维数据进行聚类时，使用欧几里得距离和汉明距离将数据分为数字数据和属性数据，并将其与信息熵相结合，在最大限度保留数据信息的基础上完成数据的降维和聚类，借助构造新的特征评价函数，通过随机样本方法提高了算法的可扩展性，消除了特定维度上的冗余信息量。高宏宾（2013）采用分而治之的思想，针对内核函数和样本参数需要手动选择并会造成主观判断失误的缺点，对 PCA 和 KPCA 进行了深层次的研究，针对高维数据，有效地优化 KPCA 算法的低效率和 PCA 方法的不良影响，以上述方法为基础得到了 GKPCA 算法。李建林（2012）以特征提取为基础，借助 SPCA 方法，提出文本分类算法，提取重要特征项，利用正交变换将初始数据样本做约简运算，然后滤除次要边缘特征项，通过降维方式更好地揭示数据的内部结构，最终将支持向量机分类器用于区分数据的类型。李建军等（2013）使用总共五个算子（如索贝尔算子）先建立一个统计模型；然后使用这五个算子的 PCA 方法进行全面分析并将所有结果积分；最后得到效果良好的边缘检测的一个综合测试结果。还有学者通过每个特征的边缘分布及其特征信息内容，借助筛选标准与聚类算法的分离策略，提出了一种在特征选择的基本框架下的新筛选步骤，可以快速处理大规模数据，消除信息不足的特征，降低了时间复杂度，获得了特征密度的模式聚类结果，该算法通用性强，理论证明比较清楚。何颖等（2015）进一步研究和改进了在面对大数据集且 GKPCA 的性能仍然不理想的情况下，对大量数据流使用经典的两层群集处理框架进行群集，采用分布式方法来部署聚类算法实现了满足高效处理需求的算法。另外，采用聚类算法和分布式 KPCA 方法对数据流进行预处理以降低维数，解决了在处理高维数据流时效率低下的问题。赵伟峰等（2016）研究了非平稳信号的特征提取、特征选择和模式分类，并借助当前的一些信号处理方法通过分析每种信号处理方法的针对性和局限性，使用 KPCA 算法用于特征提取、SVM 用于分类和识别，并通过小波包分解来提取频域特征获得较好的结果。张铭等（2016）借助 KPCA 的内核函数将非线性数据投映至维度更高的空间，实现了样本数据的特征提取，由于气体会使得传感器阵列受到冲击，从而使得混合气体不具有较好的识别性，利用稀疏 M-RVM 模型的特征，以较少的参数设置和较高的分类精度，用概率来区分气体的种类，得到了一种用属性特性辨认混合气体的方法。孔令智和高迎斌等（2017）在提取主要成分时采用了并行处理的思想，以解决现有多主成分提取算法收敛速度较慢的问题，同时使用随机离散时间分析方法和平稳点分析方法快速提取数据集中的值信息并以此来验证算法的性能。该算法本质上是一种收敛速度较快的神经网络算法，不仅收敛速度更快，而且收敛精度更高。但是，该算法在处理不断更新的大型数据集时占用一些不必要的空间，无法实现数据的动态增量计算，不可避免地导致很高的重复处理率，大大降低了降维技术的实用性和算法的效率。艾楚涵等（2019）通过 Apriori 算法深入挖掘关键词和主题词之间的关联规则，提出一种 Apriori 和 LDA 相结合的算法，借助 LDA 主题模型对专利文本实现进一步线性降维，从而实现对专利文本进行分析的目的。刘庆华等（2019）主要通过 PCA 对信息主元进行特征提取，对工控数据进行数据降维预处理，并采用神经网络的 Softmax 等常见分类器对大规模工控数据进行分类识别。刘靖等（2018）指出了现有降维技术尚存在的问题，分析了传统降维技术、典型降维技术和近年来引入的降维技术，指出了未来值得关注的研究方向。赵智通（2020）基于特征提取方法 KPCA-LDA，针对高维数据易存在冗余信息，策略上保留数据最具辨别力的信息，面对传统经典方法难以应对当前日益复杂的数据集，且数据分析开销增大并影响数据分类和高维数据的处理效果，使用全局最优粒子群优化算法 PSO 选取核参数，对基于 KPCA 中的核函数和核参数的选取进行研究，提出了一种高准确率的降维优化方法——KPCA-LDA-BPNN。该方法对 LDA 算法进行加权数据处理以便加强数据监督特性，在 KPCA 算法中引入信息熵做特征筛选，降低数据特征数量，并在 KPCA-LDA 特征提取的基础上择优选取 BP 神经网络 BPNN，对数据进行分类识别，最后将两类改进的算法相结合即 KPCA-LDA-BPNN，对数据进行特征提取。该降维优化方法不仅满足当前数据处理中数据分类高准确率的应用需求，而且可以应对当前日益复杂的高维数据集。万静等（2020）通过属性组合来构造空间和信息熵，以此解决 PCA 算法无法解决降维后高维数据聚类精度下降的问题，基于特征相似度降维标准，提出了新的基于岭回归的稀疏主成分算法（ESPCA）和基于新的属性空间概念的降维算法（ENPCA）。ESPCA 算法针对输入灵活性不足以及降维后原始特征的线性组合导致解释性差的问题，采用一种新的聚类算法 GKA ++，在降维数据的基础上，针对遗传算法聚类收敛速度较慢的情况，改进了遗传算法的初始化、选择、交叉、变异等操作，提高了灵活性和求解速度。其输入是降维结果的主要组成部分，不需要迭代即可获得稀疏结果。实验分析表明，GKA ++ 算法是稳定的，ENPCA 算法在有效性和效率上表现良好。增量主成分分析是以主成分分析为基础来降低数据维度的，后来学者面对未知的分布式数据流估计误差相对较大的情况，加入无偏增量，结合主成分分析，采用最小二乘准则，在降低数据的维度方面达到良好的效果。n 趋于无穷时，结合估计向量的概率收敛问题得到了增量主成分分析算法，以补充上述方法的不足。根据增量主成分分析算法，吴峰、钟岩和徐欣（2005）对采样点和主成分元素的信息进行归纳和筛选，以快速运算出在线数据，得到了处理流数据的方法。孙大为、郑纬民和张广艳（2014）针对大数据增量计算的研究，深入研究如何构造大数据增量运算及其主要用法，通过对主要特点的把控，更加深刻地对大数据增量研究体系的前景进行了探索。闫小彬（2019）使用增量处理技术将增量降维的结果与历史降维的结果关联起来，在高维数据的基础上进行研究，在降维过程中仅提取最新增量信息，有目的地更改数据的一部分以进行降维，并利用 Spark 集群强大的数据分析功能设计了增量分布式大数据降维系统，然后使用增量降维结果更新总降维结果以获得最新降维结果，显著提高了数据降维的效率，节省了大量的计算机资源。

高维数据的线性降维方法在面对复杂的非线性数据时，常用的线性降维方法往往无能为力。将数据经过核方法映射转换为线性的，改善了线性方法在降低非线性数据维度时效果不好的问题。近年来，国内外学者们提出了很多非线性核函数降维算法，典型代表如核 Fisher 判别分析，都是对高维数据降维的有效方法。再如 KPCA 方法，目前已被广泛应用于人脸识别特征提取、样本去噪等领域。具有特征保留完整、处理速度快和提取效率高等诸多优越性，不足之处是一旦核函数或参数选择不当，且核函数选取不满足指导性原则时，以核方法为基础的非线性降维方法存在容易随着不同的核函数变化而变化的问题，往往难以达到预期的高维数据的降维效果。

由此，学者们提出一系列非线性的流形学习算法来解决高维非线性数据的降维问题，大大增强了对大规模非线性数据的处理能力，推动了数据科学领域的快速发展，引起了相关研究人员的极大关注。例如，ISOMAP 方法将测地线距离代入 MDS 算法中计算得到初始样本集的低维嵌入，基于测地线距离来计算数据节点之间的距离可以更好地保存数据中的空间几何结构。LLE 算法通过将初始数据集的选择数据点投映至低维流形空间中而实现降低维数的期望，其方法是通过局部邻域的点将初始数据集中的点表达出来，并转化为线性数据，根据误差最小化原则确定新的权值，再次构造新的低维流形，要保证新得到的权值能够不变。LLE 算法最大限度地利用了初始样本集的局部线性特征，在高维数据空间中，面对等距流形的情形时尽量获得同样等距的低维结构，在挖掘数据内部隐含构造时能使得初始数据集中数据样本之间的远近关系保持不变，是非线性降维中比较流行的流形学习算法，当然，近邻数量的选择和近邻数量的不同重构权值将直接影响构建效果。鉴于两种算法基于局部线性思想的隐式映射关系，研究人员依据高维与低维空间中样本点的距离关系不变的特点，提出了 LE 算法、LTSA 算法和 HE 算法等，这些算法的基础是以图谱知识为基础的流形学习算法，因而可以使初始数据集的结构信息不被破坏。还有一些学者考虑到经典的流形学习的无监督型学习特点，未能最大限度地考虑先验信息，从而使得信息资源闲置，因此，将数据的种类特点也加入领域结构中，得到了监督型局部线性嵌入法。为此，许多研究者们将注意力转向完善和改进半监督降维算法，半监督降维算法只需要利用局部的先验信息，避免花费大量人力物力，通过和无先验信息的数据共同训练，可以非常有效地将数据维度降低。

20 世纪初，由于维度灾难问题，学者们使初始的非线性样本转换为更高维的线性样本，再利用线性方法对其进行降维，提出用于高维数据特征提取的核函数方法；支持向量机学习方法则利用核空间理论，筛选出恰当的核函数及参数，针对非线性数据的处理，通过核变换，在特征空间将其映射为线性数据，将初始的非线性数据转化为更高维的线性数据，再对其使用相应的方法来分析，进而将非线性降维问题转换为线性问题。核函数对非线性数据的分析效果非常好，可以有效地筛选出数据主元，再结合主成分分析又形成了核主成分分析方法，相同的例子还有核独立成分分析、核偏最小二乘、核 Fisher 判别分析等。近年来，核函数衍生的非线性数据处理方法已广泛应用于各种复杂系统的特征提取、状态监测和故障诊断，在模式识别、故障诊断、深度学习等领域得到国际学术界的广泛关注和应用。刘世成（2008）获得了处理变量之间的非线性关系，有效地解决了多个批处理非线性样本，提出了多方向核主成分分析法，该方法可以在线上监控青霉素的生产细节。薄翠梅（2008）通过计算核函数的偏导数方法获得核矩阵 K，使用特征样本提取方法有效地节约了矩阵 K 的运算成本，提出了 FS-KPCA 法，根据不同变量的不同分解方差识别故障源，借助 KPCA 监视实现对田纳西州伊斯曼化学品的快速故障识别过程。邓晓刚（2008）等通过小波变换技术先做数据处理工作，为了节约运算成本，利用特征样本构建恰当的核函数，在克隆选择原理的基础上，得到了一种免疫核主成分分析的故障诊断方法（免疫 KPCA、IKPCA）。李磊等（2008）从样本数据不同时期的时间序列问题开始研究，利用核函数将非线性问题转换为线性问题，使用小波变换不同尺度处理样本的特点，同时考虑噪声和干扰，得到了用于化工过程故障检测的多尺度动态核主成分分析方法。邹东升（2009）根据故障类型的模糊 KL 变换对故障数据的维数进行压缩，表示使用支持向量机来自动识别汽轮机轴系振动故障，减少支持向量机的分类算法筛选其特征的困难，降低了计算复杂性，有效提高了故障识别的准确性。茹蓓（2020）基于贝叶斯分类器模型更新机制，将高维数据流的特征子集建模为超级网络模型，根据学习结果更新超级网络的超级边缘，动态学习新到达的数据流，利用梯度下降法用于计算数据点之间的相似度矩阵，通过高斯核用于将高维空间中的数据点投影到低维空间，设计了一种基于超级网络和投影降维的高维数据流在线分类算法。该算法的学习目标是使用超级网络指导分类器进行分类，搜索最优的超边集并选择具有较强判别能力的特征，提高高维数据流在线分类的准确性，对噪声也具有鲁棒性。

一般而言，通过使用欧式距离的非线性方法依托的空间均是欧式空间，随着实际问题和应用场景的不同，对于不同的数据集应该选用恰当的距离测量，欧式距离并不是普遍适用的测量方法。例如，凸轮系数距离在降维算法中是一种更有效的选择，可以用来判断样本是否具有相似性。在 ISOMAP 算法和 LLE 算法中，使用图像欧式距离代替欧式距离，相比传统欧式度量方法表现更好。针对高维样本集中各个维度之间并不具有独立性的特点，利用马氏距离来测量样本，应用于图像数据集的处理时，可实现良好的融合性。典型的数值逼近降维方式，则利用线性映射逼近局部线性嵌入算法及拉普拉斯映射算法的数值逼近方法，改进了邻域保留嵌入算法（NPE）及 LPP 算法，将非线性降维过程用线性映射逼近，进而对线性数据进行降维。

在处理多媒体数据方面最实用的方法是流形学习，其特有的非线性降维方式对于图像、视频音频等非线性多媒体数据非常有效。邱建荣（2019）参考脸谱数据对高维数据非线性降维方法进行改进。首先，结合测地距离和秩序距离的特点，找到局部线性嵌入算法中的欧氏长度不适应高维数据以及最近邻点的弊端，深入研究测地线长度度量的局部线性嵌入算法，对不同数据库中的脸谱数据进行对照试验，验证了算法的优越性。其次，采用极限学习机挖掘低维位置信号，对半监督降维方法进行改进，得到了一种以测地距离为基础的半监督局部线性嵌入类标签信息算法，有效利用基于样本调整相似度的类标签信息测量方法进行降维，获得了较好的降维效果。虽然半监督局部线性嵌入算法时间空间复杂度增加，但提供了更好地数据分类结果。刘建明（2020）根据数据局部不满足线性关系，推断全局数据也保持一定的非线性关系，在 LLE 的基础上提出了一种局部非线性嵌入（LNE）算法，并且通过多次重复实验，总结了困扰 LNE 算法最大困难的合适映射的选择问题，得到 LNE 非线性映射应满足的必要条件，通过对 LNE 的理论分析，解释了 LNE 适用于噪声数据集的原因。LNE 将整体映射应用于每个点的相邻点来实现线性关系，是 LLE 的促进和改进，扩大了 LLE 的应用范围，具有简洁、灵敏和低复杂度等优点，在不引入冗余参数的基础上，可以广泛用于稀疏数据、嘈杂数据，实现起来更加方便。尤其对于复杂的数据，效果非常好。最后，通过实验来验证所提出算法在 S 形曲面、Swiss roll 曲面、Swiss roll 曲面的变体以及 MNIST 手写体数字等多个数据集上的有效性，提供了解决高维大数据降维的新思路。杜杰等（2020）根据高维数据的特征保留形式相比于其他的经典性方法，揭示了基于非线性降维技术可以有效挖掘高维数据的内部结构和几何分布特征，阐释了非线性降维技术在数据可视化应用中的优势，并对该领域的最新进展进行了系统总结。季伟东等（2020）在经典自然计算方法的基础上，不依赖特定算法，将初始化后的 N 个个体视为具有 N 行 D 列的矩阵，通过减小维数的方法，减少了矩阵的冗余，并将随机系数应用于最大的线性独立组，提出了一种具有通用性的自然非线性降维计算方法。由于任何剩余的列向量组都可以用最大的线性独立组表示，因而保持了总体的多样性和完整性。对大多数标准测试功能而言，该方法具有很强的全局收敛能力，并与标准粒子群算法、遗传算法和当前主流的四个维度优化算法进行比较，其优化能力和运行时间远远优于其他比较算法。马宇（2017）从特征值的优化角度出发，对高维数据的降维方法作了大量的分析，在保持原始高维数据集主要属性不变的情况下，对于给定的高维空间数据集采用特征值优化的方法，通过压缩和映射原始高维空间到低维空间从而达到降维的目的。同时，对特征值相关问题做了深入的探索，对如何解决这些降维和优化问题以及如何可视化高维数据做了比较全面的部署，通过分析比较揭示了非线性降维在实际应用场景中的实际意义。

可以看出，LLE 方法的改进方法，可以从参数选择方面入手，如采用加权 LLE 方法可以对 LLE 方法不适用于稀疏和非均匀数据集等缺点进行优化，利用合意的非线性优化方法修改加权矩阵的权重，从而增加了 LLE 方法在面对复杂数据环境时的调适性。另外，样本点之间的距离度量方式采用测地线距离而非欧式距离来找到 k 个近邻数据点，可以提高算法的科学性和可行性、有效性和实用性。石浩（2009）提出了两种自适应算法以解决 L-ISOMAP 算法中的界标点选择问题，借助流形学习算法对等距特征映射算法进行改进并提出了相应的解决方案。首先，依循图论中图顶点着色的方法，采用贪婪策略来生成地标候选点并获得邻域图的子覆盖，从中选择不相邻的点作为地标点。其次，根据地图着色策略 Welsh-Powell 算法对相关近邻区域内图的最高点进行着色，并根据 Welsh-Powell 着色定理在相应近邻色域中选择图上一个点作为一个目标点，以此生成改进的 L-ISOMAP 算法，借助图论着色方式选择的界标点，获得比较理想的低维嵌入效果，在大型数据集上提高了计算效率。经过大量数据的验证，该方法相比于其他方法在性能表现上具有优势。现实情况下，提供了比较灵活的可以根据应用场景和要求选择合适降维方法的高效策略。值得一提的是，石浩（2009）提出了两种独特的消除“短路边缘”的方法用以提高 L-ISOMAP 算法的鲁棒性。第一种方法是使用多维核密度估计函数方法，并以此为依据来判断“短路边缘”，根据“短路边缘”的定义以及歧管的部分线性特点，得到流形上各部分点的疏密情况，从而高效地排除“短路边缘”的不利影响。第二种方法是根据“测试路径”的选择，利用 Dijkstra 算法计算所选择的最短路径的贪婪特性并以此对“边缘流”做合意的界定，从而快速计算“边缘流动”并将其用作判断边缘是否为“短路边缘”的判断。两种方法利用对大规模的样本数据进行试验，均可以在很大程度上增强 L-ISOMAP 的鲁棒性。另外，L-ISOMAP 算法利用举证的形式建立流量数据模型，精确识别出维度较高的互联网流量矩阵数据，通过分析由低维嵌入生成的“残留”曲线来确认高维Internet流量矩阵是否具有真实的低维特征，改进的L-ISOMAP算法可以挖掘出降维后流量举证的结构信息，有效降低互联网流量矩阵的维数。

徐微微（2016）根据不同数据集的特征提出了三维降维可视化方法，将基于几何技术的可视化方法有机地结合起来，使用不同的生物医学特征和图结构对数据中的几何结构进行建模。同时，提出了一种基于拉普拉斯正则化的随机最近邻嵌入（LA2SNE）算法，探索数据的清晰结构和模式，如将生物医学高维数据直接投影到二维可视化空间中，进一步研究数据以提供视觉依据，以便用户无须相关数据专业背景就可以参与降维可视化过程。为避免将样本点分为两个尺寸，利用拉普拉斯分布的肥尾特征取代了传统的计算样本点之间欧式距离的方法，通过构造高维空间拉普拉斯矩阵正则项，调整惩罚系数并增强了同一点的聚类效应，使可视化空间数据分布的内部结构更加清晰，由此计算高维空间和低维空间中样本点之间的概率分布，以便在低维可视化空间中采样点的分布可以更好地维护高维数据的全局结构，并将对称的Kullback-Leibler散度用于最大限度地减少高维数据分布与低维数据分布之间的差异，以此解决投影空间过度重叠的问题。另外，引入了L-mmt-SNE流形，使得采样点的权重更倾向于聚集在地图中，提出了使数据集中的局部相似点更加紧凑的基于流形正则化的多图可视化方法，将传统的单图可视化结果投影到多张图上，从而减少了地图的数量，解决了传统度量空间无法解决的“同现”问题。最后，为了使得缩减后的子空间保留了原始空间中数据的主要特征，根据概率距离计算相邻点之间的相似度，使用VP树方法搜索相邻点找到“最佳优势”并利用双流形正则化的非负矩阵分解来预减少数据，最后使用KL散度将子空间数据投影到可视化空间中，由此提出了一种快速降维可视化方法。该方法与传统的可视化方法相比，很好地解释了可视化结果，使用较少的二维图即可达到可视化的“共现”特征，很好地表达原始数据的结构，在降低可视化时间复杂度方面具有显著作用。

刘建环（2016）深入探讨了以流形学习为基础的经典线性和非线性的降低数据维度的方法，对数据降维问题进行了研究，建立了在结构优化基础上受限玻尔兹曼机的降低初始数据集维数的模型，深入分析和研究了基于流形学习非线性降维算法。玻尔兹曼机可以存储可见层与隐藏层之间的映射关系，是深度学习的核心单元模块，原则上可以对不同分布上的数据进行模拟。根据结构优化的受限玻尔兹曼机构造的降低数据维数的方法，特别是基于可自适应调整的隐藏层节点单元，具有较高的识别精度，使用尽可能少的隐藏层节点单元，使深度学习算法不会丢失精度并具有紧凑、简单的实验有效性，节约了运行成本。监督降维算法更好地挖掘了高维数据内在低维结构，借助先验信息的部分样本和无先验信息的样本一起学习，极大地增强了运算效率并降低了存储成本，尤其在手写数字识别的应用方面具有很高的识别精度。田硕（2015）探索嵌入高维数据中的低维流形结构，通过优化选定的邻域点映射关系并基于局部线性重建的思路改进 LLE，其重点是利用解决稀疏矩阵的特征值和特征向量问题的策略来推导和重构权矩阵，使用无监督算法优化局部邻居，通过低维计算嵌入结果，由此实现嵌入在高维数据中的低维流形降维的目标。此外，为减少传输数据量，其使用 BP 网络在发送端进行压缩，经过非线性压缩变换后大量传输的实时数据，可以确保压缩和重建的数据在允许的定位精度范围内具有可承受的有损压缩，大大节省了权重并在终端网络方便快捷地实施数据重构；同时，结合半监督降维算法，科学处理不同的定位环境，通过优化网络参数的选择，给出了最终的最优解，保证了实时定位的快速有效性。郭韵颖（2019）通过编码器提取样本数据特征，将初始数据进行第一步降维，再利用解码器靠近初始数据，参考 t 分布随机邻域嵌入算法进行最后的降低维数操作，并利用 K-means 聚类分析法对最终的数据集进行分析。他利用小批量逐渐降低的网络训练方法，提出了将上述两种方法相结合的新模型，实现了较好的高维数据无监督降维效果。相比于经典 PCA，该方法能够最大限度地还原原始数据的概率分布特征，在聚类分析中有效地使用了聚类策略，在最后进行降维的过程中尽可能地保证了样本点合适的间隔，显著地提取了数据特征，尽可能地不损坏原始数据的信息结构。

可见，对于高维数据集，黑盒变分推断提高了模型的可变性和通用性，变分自编码器模型在大规模高维数据的场合降维效果较好。随着大数据、数字化、信息化、互联网等新兴科学技术的飞速提高，维度灾难已经出现在许多领域的大规模数据处理中，高维数据造成了许多分析方面的问题，如数据处理、中央计算等。再加上存储互联网上的非结构化数据、脱机位置中的无线电地图等数据，其维数过多，大量数据实时更新、查询、下载和传输都成为难题。由于高维图像数据、高维音频、高维文本等各类复杂数据不断涌现，高维数据具有包含密度低、信息大、假相关、数据冗余等诸多大数据特征，给降维工作带来困难。为此，甄俊涛等（2020）从数据降维的角度出发，将降维后的低维数据作为长短期记忆神经网络的输入，利用最大依赖性降维方法（MDDM），将高维数据降为低维数据，提出一种基于长短期记忆神经网络（LSTM）的高维数据多标签分类方法，利用 Softmax 函数对神经网络的输出进行多标签分类，减少了信息冗余，提高了有效信息占比。为避免食品安全问题的发生，在食品稽查数据集上使用 LSTM 神经网络降维和特征提取策略，提高了预测的准确性，达到了食品安全预警的目的，与不同的神经网络模型对比，LSTM 神经网络获得了较好的分类性能和分类结果。侯小丽（2015）基于神经网络的高维数据处理算法进行了深入研究，将研究的核心放在高维数据聚类上，通过优化方式获得了网络的层数和每层中的节点数有别于其他神经网络模型的新结构，在全面分析传统聚类算法和高维数据聚类算法基本原理的基础上，使用优化算法对降维数据进行聚类，从而实现了数据从高维到低维的转换，有效使用优化降维的聚类方法获得了比直接对数据进行聚类的高维数据聚类方法更好的集成降维效果，由此可以更科学合理地达到对高维数据降维的目的。

上述这些算法提前确定好指定的主成分，并在不破坏初始数据集信息结构的基础上，对提取的少数成分进行线性组合，使得这些主成分因子之间独立且不相关，以此使得维数降低。总体来说，PCA 具有无线性误差且无参数限制等优势，计算方法相对简单，但 PCA 算法中的原始数据需满足高斯分布，当数据之间的关系不再是比较简单的线性关系时，没有科学和统一的方法来较为精确地确定主成分数量，对高维数据直接进行分析存在很大的困难。LDA 算法以投影点坐标信息为基础将数据分为不同的类别，即将初始样本集映射至某个低维的路径上，使得异类数据的投影坐标最大限度地远离，同类数据的投影坐标最大限度地靠近。LDA 算法与 PCA 算法对于数据近似遵循于高斯分布的降维效果都比较高效，但遭遇不符合高斯分布时，其降维效果不是特别好。同时，对于样本中心点的选择也是其关键的决定因素，由小样本问题容易引发边缘数据的分类问题也不容忽视，MDS 算法基于一定的距离度量方式如欧氏距离，并用相应的距离表示相似的样本点，根据数据紧凑性架构出恰当的低维空间，使得相邻节点的亲密性不被破坏，最大限度地不破坏初始数据集中样本点的相似关系。与 PCA 相比，适应性比较强，很容易推广，只需知道两点之间的距离，不必知道数据点的具体坐标就可以在不存在转换矩阵的情况下实现新的样本点的聚类和降维。

随着技术的创新发展，流形学习技术在不同的领域中都有着极为广泛的应用，基于非线性降维的新理论不断被研究，新的超高维数据集和非结构化数据集也同时促使其他更新的降维算法被开发出来。本书采用流形学习的降维算法，将超高维降维技术应用于金融经济领域，并对降维后的资产组合进行优化配置，以期对投资组合、量化分析以及金融科学提供高效的智力支持和科学指导。近年来，基于非线性流形学习的数据降维方法的发展获得了突飞猛进的成就，对于现实生活中日益增多的非线性、非结构化数据集，非线性算法、机器学习、神经网络和流形学习必将产生更加显著的作用，随着微分几何、黎曼几何等基础理论的发展，流形学习方法必将焕发更大的魅力，大大增强大数据环境下的数据处理能力。

二、资产组合选择理论研究动态

马科维茨（1952）通过均值方差的资产配置模型开辟了投资组合理论的先河，为后来的 CAPM 资本资产定价模型及 APT 套利定价模型打下坚实的理论基础，奠定了现代投资组合及其金融决策理论的基石，为金融市场众多投资主体提供了有力的投资分析和决策依据，其朴素的最优化思想至今仍在广泛影响着市场参与者的投资策略及其投资行为。随着大数据、信息技术的发展以及经济全球化进程的加快，投资者面临越来越纷繁复杂的市场环境，如何在大数据环境下解决维数过高、结构非线性等问题进而挖掘出高维数据内部规律及本征信息，如何在不确定情形下通过高维数据的视角研究资源的优化配置，成为现代金融经济学研究的重要课题之一。

自均值方差模型以来，静态资产配置策略主要采用给定均值、最小化风险或既定风险水平下最大化收益的方法衡量投资组合的绩效。然而，真实市场的变化并非总是通过一劳永逸地实施一个不随市场变化的恒定组合而获取稳定的超额收益，静态投资组合已然不能适应动态变化的市场环境，实际应用的简单反例更多地反映了均值方差模型的诸多不足。为此，学者们提出了诸多改进模型进行推广，这些模型不仅强化了收益、风险的度量方式，而且利用随机规划、动态规划等方法仿真资产价格的运行趋势，从而构建多阶段投资组合模型以适应市场变化。Bellman 最优性原理及随机控制理论的出现极大地推动了连续时间金融的发展，著名经济学家研究了连续时间的不确定环境下资产配置及其投资消费问题（Samuelson，1969；Merton，1976；Fama，1993）。随着大数据时代的到来，高维数据频繁地出现在金融经济领域，许多学者开始研究高维情形下的资产配置问题。例如，刘祥东等（2017）利用 M-Copula 函数对最优风险投资组合进行风险测度，用以解决高维非线性相关的资产组合问题。赵钊（2017）采用非线性压缩方法提高了高维 DCC 和 BEKK 模型在构建最优投资组合中的估计效率。刘丽萍（2018）在大数据环境下，运用非线性收缩法估计高维投资组合的风险。韩超和严太华（2017）构造高维动态藤 Copula 结构为合理配置资产提供了新的模型与方法。潘志远等（2018）构建 RS-DEC 模型以改善高维资产配置的绩效。宋鹏和胡永宏（2017）将弹性网方法与向量自回归模型结合，通过高维协方差矩阵实现高维金融资产的投资组合问题。通过这些研究可以发现，投资组合在面临高维资产配置问题时容易遭遇维数灾难、数据结构复杂和噪声非正态等因素的影响，且样本协方差矩阵常常出现奇异现象，直接导致计算结果不稳定。另外，静态均值方差模型不能精确地刻画市场的动态变化，投资者的异质信念、心理预期都会时刻改变其对资产组合的看法；多阶段投资组合模型虽然考虑了影响市场动态变化的各种因素，但其简单利用二叉树形式模拟资产价格走势的变化，难以形成合理的投资决策；连续时间动态投资组合的构造形式比较复杂，对目标函数及可行域凸性等的要求往往限制了其在特定场景的应用。因此，如何能在不必知道效用函数具体形式、市场完备统计信息等情况下，有效整合高维数据信息，利用泛证券组合的加权变化策略跟踪市场的主要运行趋势，从而获得稳健的超额收益是一个值得研究的方向。

本书通过双因子随机过程捕捉资产价格的长短期运行趋势，采用机器学习方法深度挖掘市场特征并构建稀疏低秩组合自适应地跟踪市场趋势，将市场代表性指数设为随市场不断变化的动态靶目标，利用预配权稀疏分散再优化方法获得多目标回归稀疏组合的最优投资策略，可以为投资者有效分散风险和稳定获取收益提供合理的决策分析和有力的投资依据。

第二节 多目标回归的投资组合优化模型

一、双因子周期几何布朗运动的资产价格模型

经济周期通过对资产未来收益和贴现因子的作用而影响资产价格，而这两个因素是决定资产价格的关键因素。长期看，经济周期的衰退和繁荣交替出现，对资产价格未来收益形成重要影响，在资产价格中加入反映经济周期变动的变量更能表征资产价格的长期趋势。另外，资产价格也与市场情绪、投资博弈等短期因素有关。经典的几何布朗运动更多地描述了资产价格偏离其均值的波动状况，尤其在资产价格经历大的经济波动时，对波峰波谷的反应不灵敏，并不能准确地刻画经济周期对资产价格的影响。经济增长受其内生动力推动，具有内生性，并非简单的随机性能够刻画。因此，本书考虑长短期趋势共同影响下的双因子周期几何布朗运动，既表征了内生性又刻画了随机性，更能反映资产的真实运行状态，将资产价格分解为长期趋势和短期趋势，通过长短期趋势的双因子非线性叠加表征其运行状态。描述长期趋势的随机过程为：

$$D S_i(t) = [\alpha_i(t) + A_i\omega_i\cos(\omega_i t + \psi_i)] S_i(t)dt + \sum_{j=1}^{l} \sigma_{ij}S_i(t)dW^j(t) \tag{4.1}$$

其中，$W(t) = (W^1(t), \cdots, W^l(t))'$是标准维纳过程，$\alpha_i(t)$ 是描述周期

几何布朗运动主要趋势的漂移项并受另外均值回复的随机过程控制，A_i为敏感性振幅因子，ω_i控制振荡频率，ψ_i为初相位，$A_i\omega_i\cos(\omega_i t+\psi_i)$ 通过余弦函数的相位变化反映资产价格随经济涨落的周期变化情况，σ_{ij}为波动率，且 $dW^j(t)$ 满足两两正交的扩散过程。该过程描述指数收益率的长期波动关系，与宏观经济、通胀水平、中长期利率、货币政策及经济基本面有关。短期趋势的随机过程为：

$$d\alpha_i(t)=(\theta_i-\gamma_i\alpha_i)dt+\vartheta_i dW \tag{4.2}$$

其中，θ_i为漂移率，ϑ_i为波动率，γ_i为均值回复系数，它刻画资产价格收益率的短期波动关系和市场博弈、投资情绪、市场动量等因素有关，具有均值回复性质。从式（4.2）不难看出，资产收益率由反映长期趋势的周期几何布朗运动的随机过程，嵌入具有均值回复性质的另外一个短期随机过程组成，构成复杂的非线性耦合关系，较好地表征了资产运动的主要运行趋势。

由于资产价格随机微分方程具有潜在的动力学特性，本书主要通过双因子周期几何布朗运动模型来预测生成资产价格的未来收益率数据，然后将多期预测数据送入高维矩阵回归的组合优化模型，借助图拉普拉斯正则化等机器学习方法深度挖掘资产数据背后的规律，通过两阶段优化的稀疏学习策略自适应地跟踪市场趋势，从而获得最优的稀疏低秩投资组合。其中，第一阶段优化主要通过高维矩阵回归模型获得资产组合的预配权矩阵，其目标函数的构建充分考虑了全局和局部降维的统一，并增加稀疏低秩和图正则化等约束来捕获资产组合信息；第二阶段为稀疏回归的组合优化，主要根据 Fisher 线性判别思想，从资产分类的角度，对关联资产施以压缩映射以便实现高维资产的稀疏优化，最后将预配权策略矩阵转化为最终投资策略。

二、高维矩阵回归的组合优化模型

资本资产定价 CAPM 模型根据市场风险中性定价原理，给出了市场组合和投资者组合的期望收益率和风险之间的关系：

$$E(r_p)=\beta_m(E(r_m)-r_f)+r_f \tag{4.3}$$

其中，r_m为市场组合的收益率，r_f为无风险收益，r_p为投资者组合的收益率，β_m为风险系数，式（4.3）表明，完备市场下投资组合收益可以用市场的风险收益来表达。另外，CAPM 模型对投资者同质性等假设比较严苛，该等式成立的条件受到制约。因此，本书从市场渐进有效的角度出发，选择市场有代表性的指数形成市场组合，并将其设为跟踪锚，构建稀疏学习方法自适应地捕捉市场趋势，采用稀疏低秩的多目标回归方法深度挖掘市场特征，从而学习市场不断变化情况下的最优投资策略。

不失一般性地，投资者有限理性，市场有 v 种可供配置的风险资产，不允许卖空，投资策略就是在 v 种风险资产之间确定合意的配置权重，设 $Y \in R^{n \times q}$为 n 行 q 列的市场有代表性的多指数收益率矩阵，数据集 $X \in R^{n \times v}$表示 n 行 v 列的资产收益率矩阵，$M \in R^{v \times q}$表示 v 行 q 列的投资策略矩阵，也称预配权矩阵，投资组合常常面临众多资产，其收益率数据经历多个经济周期，一般情况下 n 和 v 均比较大，如对国内 A 股全成分股 20 年的日收益率数据进行分析，其矩阵维数接近 7300 × 4000。本书采用全局和局部降维、低秩和稀疏约减相结合的方法对常用的回归方程进行改进，选用多目标稀疏低秩的回归方法不断学习市场变化以便充分捕捉市场动态变化，通过多目标指数组合尽可能地逼近市场有效组合的期望水平，然后构建稀疏增强组合析取目标成分股并通过多目标回归策略有效盯住目标组合，以便最大化回归组合的整体收益。其中，为了更好地提取资产收益率数据集 X 的局域特性，采用拉普拉斯图结构揭示资产的内在特征，构造拉普拉斯图 $G = \{H_{ij}\}_{i,j=1}^{v}$，$H_{ij}$为边权重，当资产对应的节点$X_i$和$X_j$相连时，$H_{ij} = e^{-\frac{\|X_i - X_j\|^2}{\sigma}}$，σ 表示核参数，当节点$X_i$和$X_j$不相连，$H_{ij}$取值为 0，由此，可以通过$H_{ij}$来表征不同资产之间的相似度，越相似的资产，其收益风险特性表现越接近。本书基于图嵌入的流形学习方式，为了反映资产组合内部这种局域特性，定义图拉普拉斯正则化约束如下：

$$\frac{1}{2}\sum_{i \neq j} H_{ij} \|X_i M - X_j M\|^2 = Tr(M^T X^T L X M) \tag{4.4}$$

其中，Tr(·) 表示矩阵的迹，矩阵 L = D − H，对角阵 D 由 $D_{ii} = \sum_{j=1}^{v} H_{ij}$ 构

成，式（4.4）通过投影矩阵 M 使得数据在高维到低维的映射过程中保持数据分布的局域几何特性不变。根据上述假设，建立高维低秩的多目标稀疏分散回归的资产组合模型如下：

$$\begin{cases}\min \|Y - PP^TY\|^2 + \frac{1}{2}\sum_{i\neq j} H_{ij}\|X_iM - X_jM\|^2 + \gamma_0\|M\|_* + \gamma_1\|E\|^2 + \gamma_2\|M\|_1 \\ s.t.\ P^TY = P^TXM + E, P^TP = I,\ M \geqslant 0\end{cases} \tag{4.5}$$

其中，$\|Y-PP^TY\|^2$ 为 PCA 全局降维，主要用来对行降维，$\sum_{i\neq j} H_{ij}\|X_iM - X_jM\|^2$ 为局部降维，并使得高维数据在降维过程中的局部近邻关系得以保持。$\|M\|_* = \sum_{i=1}^{v}\sigma_i(M)$ 为核范数，$\sigma_i(M)$ 为 M 的奇异值，它表征数据的低秩结构，用来捕捉数据的全局信息和降低对噪声及异常值的敏感性。$\|M\|_1$ 表示数据的稀疏特性，用来降低资产数目，约减风险资产，$P^TY = P^TXM + E$ 表示行和列两方面降维的矩阵回归方程，E 表示残差矩阵，$P^TP = I$ 为正交约束。上述公式通过最小化残差和降维损失，增加低秩、稀疏等惩罚项，采用正交约束优化的方式，获得多指数跟踪目标下的最优投资组合策略 M。为此，引入分离变量 A、B、W 和拉格朗日乘子 $C_i(i=1, 2, 3, 4, 5)$，采用 ADMM 交替乘子法对上述优化问题求解，则有：

$$\begin{cases}\min \|Y - PP^TY\|^2 + \frac{1}{2}\sum_{i\neq j} H_{ij}\|X_iW - X_jW\|^2 + \gamma_0\|A\|_* + \gamma_1\|E\|^2 + \gamma_2\|B\|_1 \\ s.t.\ P^TY = P^TXM + E, P^TP = I,\ M = W,\ M = A,\ M = B,\ M \geqslant 0\end{cases} \tag{4.6}$$

构建增广拉格朗日函数如下：

$$\begin{aligned} L(A, B, M, E, W, P, C_i, \mu) = {} & \|Y - PP^TY\|^2 + Tr(W^TX^TLXW) + \gamma_0\|A\|_* \\ & + \gamma_1\|E\|^2 + \gamma_2\|B\|_1 + \langle C_1, P^TY - P^TXM - E\rangle \\ & + \langle C_2, M - A\rangle + \langle C_3, M - B\rangle + \langle C_4, M - W\rangle \\ & + \langle C_5, P^TP - I\rangle + \frac{\mu}{2}(\|P^TY - P^TXM - E\|^2 \\ & + \|M - A\|^2 + \|M - B\|^2 + \|M - W\|^2 + \|P^TP - I\|^2) \end{aligned}$$

(4.7)

对式（4.7）分别优化其涉及的子问题。首先求解 P－子问题，对应的原问题为：

$$\begin{cases} \min \|Y - PP^TY\|^2 \\ s.t.\ \ P^TY = P^TXM + E,\ \ P^TP = I \end{cases} \tag{4.8}$$

根据其拉格朗日对偶函数，利用对偶可行条件，对其求解一阶最优性条件如下：

$$P = \operatorname{argmin}_P \|Y - PP^TY\|^2 + Tr(C_1{}^T(P^TY - P^TXM - E)) + Tr(C_5{}^T(P^TP - I)) \tag{4.9}$$

$$\frac{\partial L}{\partial P} = -2YY^TP + YC_1{}^T - XMC_1{}^T + 2PC_5 = 0 \tag{4.10}$$

可通过 MATLAB 求解形如矩阵方程 $AX + XB = C$ 的 Sylvester 方程得到其解。

M－子问题，对 M 求其偏导如下：

$$\frac{\partial L}{\partial M} = X^TPC_1 + C_2 + C_3 + C_4 + \mu(X^TPP^TXM + X^TPE - X^TPP^TY + M - A + M - B + M - W) \tag{4.11}$$

可以得到其显式解如下：

$$M = \max((X^TPP^TX + 3I)^{-1}(X^TPP^TY - X^TPE + A + B + W - \frac{1}{\mu}(X^TPC_1 + C_2 + C_3 + C_4)),\ 0) \tag{4.12}$$

E－子问题如下：

$$E = \operatorname{argmin}_E \frac{\mu}{2}\left\|E - \left(P^TY - P^TXM + \frac{C_1}{\mu}\right)\right\|^2 + \gamma_1\|E\|^2 \tag{4.13}$$

令$P^TY - P^TXM + \frac{C_1}{\mu} = G$，可得其显式解如下：

$$E = \frac{\mu}{\mu + 2\gamma_1}G \tag{4.14}$$

A－子问题如下：

$$A = \operatorname{argmin}_A \gamma_0\|A\|_* + \frac{\mu}{2}\left\|A - \left(M + \frac{C_2}{\mu}\right)\right\|^2 \tag{4.15}$$

令 $A = M + \frac{C_2}{\mu}$，则其最小值可通过 SVD 分解获得，即：

$$M + \frac{C_2}{\mu} = U \sum V^T \tag{4.16}$$

由此可以得到显式解如式（4.17）所示，其中，$\left(\sum - \frac{\gamma_0}{\mu} I\right)_+$ 表示取正值，U 和 V 为左奇异矩阵和右奇异矩阵。

$$A = U\left(\sum - \frac{\gamma_0}{\mu} I\right)_+ V^T \tag{4.17}$$

B－子问题如下：

$$B = \mathrm{argmin}_B \gamma_2 \|B\|_1 + \frac{\mu}{2}\left\|B - \left(M + \frac{C_3}{\mu}\right)\right\|^2 \tag{4.18}$$

对其求偏导可得：

$$\gamma_2 \mathrm{sign}(B) + \mu\left(B - \left(M + \frac{C_3}{\mu}\right)\right) = 0 \tag{4.19}$$

利用软阈值算子可得到其解为：

$$B = \max\left(S_{\frac{\gamma_2}{\mu}}\left(M + \frac{C_3}{\mu}\right),\ 0\right) \tag{4.20}$$

其中，软阈值算子 $S_\varepsilon(x) = \max(|x| - \varepsilon, 0)\mathrm{sign}(x)$

W－子问题如下：

$$W = \mathrm{argmin}_W \mathrm{Tr}(W^T X^T L X W) + \mathrm{Tr}({C_4}^T (M - W)) + \frac{\mu}{2}\|M - W\|^2 \tag{4.21}$$

对其求偏导：

$$\frac{\partial L}{\partial W} = 2X^T L X W - C_4 + \mu W - \mu M = 0 \tag{4.22}$$

可以得到其显式解如下：

$$W = \max((2X^T L X + \mu I)^{-1}(C_4 + \mu M),\ 0) \tag{4.23}$$

综上所述，高维稀疏低秩的优化算法描述如表 4.1 所示。

表 4.1 **高维稀疏低秩算法**

高维稀疏低秩的优化算法
输入：数据矩阵 Y、X，参数$\gamma_0=\gamma_1=\gamma_2=0.33$，最大迭代次数$k_{max}$，初始化$P_0=M_0=E_0=A_0=B_0=W_0=C_{1,0}=C_{2,0}=C_{3,0}=C_{4,0}=C_{5,0}=0$，$\mu_0=0.1$，$\mu_{max}=10^7$，$\rho_0=1.01$，$\epsilon=10^{-4}$
for k = 1 to k_{max} do
分别根据式（4.10）、式（4.12）、式（4.14）、式（4.17）、式（4.20）和式（4.23）；
更新P_{k+1}、M_{k+1}、E_{k+1}、A_{k+1}、B_{k+1}、W_{k+1}；
更新 $C_{1,k+1}=C_{1,k}-\mu_k(P^T{}_{k+1}Y-P^T{}_{k+1}XM_{k+1}-E_{k+1})$；
$C_{2,k+1}=C_{2,k}-\mu_k(M_{k+1}-A_{k+1})$；
$C_{3,k+1}=C_{3,k}-\mu_k(M_{k+1}-B_{k+1})$；
$C_{4,k+1}=C_{4,k}-\mu_k(M_{k+1}-W_{k+1})$；
$C_{5,k+1}=C_{5,k}-\mu_k(P^T{}_{k+1}P_{k+1}-I)$；
更新 $\rho\mu_{k+1}=\min(\rho\mu_k,\ \mu_{max})$；
if $\Vert XP^T{}_{k+1}Y-P^T{}_{k+1}XM_{k+1}-E_{k+1}\Vert_\infty\leqslant\epsilon$，$\Vert M_{k+1}-A_{k+1}\Vert_\infty\leqslant\epsilon$，$\Vert M_{k+1}-B_{k+1}\Vert_\infty\leqslant\epsilon$，$\Vert M_{k+1}-W_{k+1}\Vert_\infty\leqslant\epsilon$
则返回 M，结束循环；否则，返回进入下一循环；
end
end
输出：M

第三节 稀疏回归的组合优化

一、双因子随机过程的资产价格估计

分别对长短期双因子随机过程离散化处理，并将短期趋势满足的随机过程嵌入长期几何布朗运动方程，可以得到：

$$S_{i+1}(t)=S_i(t)\left\{1+[\alpha_i(t)+A_i\,\omega_i\cos(\omega_i t+\psi_i)]\,\nabla t+\sum_{j=1}^{l}\sigma_{ij}\varepsilon\sqrt{\nabla t}\right\},\quad \varepsilon\sim N(0,1) \tag{4.24}$$

其中，$\alpha_i(t)$ 受均值回复的随机过程控制，可以通过其参数θ_i、ϑ_i、γ_i获得。首先，构建不确定函数 U：$\Phi\to S(t)$ 以表达θ_i、ϑ_i、γ_i、$\alpha_i(t)$、A_i、ω_i、ψ_i、σ_{ij}与$S_i(t)$ 之间的映射关系，Φ 为参数向量。其次，根据蒙特卡罗随机

模拟技术，通过大量模拟参数向量训练神经网络逼近该不确定函数，训练好神经网络后其不确定函数的映射关系已经明确，将启发式遗传算法嵌入该神经网络，对参数向量实施遗传、交叉、变异等操作，变换相应染色体，通过最小化残差平方和的适应性函数 $\min\|\nabla S(t)\|^2$ 计算其适应度。最后，采用旋转赌轮方式多次迭代并进行种群更新，获得染色体的最优估计值后，将其转化为对数形式，由此可以求得资产收益率向量 $X(t)=100(\ln S(t)-\ln S(t-1))$ 及其均值、方差等统计变量。

二、资产外稀疏和内聚类的组合优化

在投资组合的优化过程中，有效分散资产也是规避风险的主要策略之一，良好的资产组合应该集中配置优质资产，而不是简单地将“鸡蛋放到不同篮子中”。因此，对资产的有效分类是至关重要的，本书根据 Fisher 线性判别思想，即最大化类间距离、最小化类内距离的准则，通过定义类内散度 Ω_a 和类间散度 Ω_b，使得每个类别内部的方差较小，而类间方差较大，从而在资产有效分类的基础上，合理安排组合内部资产的分布状况，再通过稀疏优化的方式分散风险，达到资产外稀疏和内聚类的目的，即：

$$\min \mathrm{Tr}(\beta^T(\Omega_a-\Omega_b)\beta) \tag{4.25}$$

其中，β 为资产配置的权重向量，令 x 为资产收益率数据 X 样本中的点，$\Omega_a=\sum_{k=1}^{K}\sum_{x\in X_k}(x-\bar{x}_k)(x-\bar{x}_k)^T$ 表示同类资产的散度，N_k 为第 k 类资产样本的个数，$\Omega_b=\sum_{k=1}^{K}N_k(\bar{x}_k-u)(\bar{x}_k-u)^T$ 表示不同类资产的散度，u 为全部资产的收益率均值，$\bar{x}_k$ 为 k 类资产的收益率均值。另外，对关联资产的压缩映射进一步实现稀疏优化，即：

$$\min\sum_i\left\|\beta_i-\sum_j H_{ij}\beta_j\right\|^2=\min \mathrm{Tr}(\beta^T R\beta) \tag{4.26}$$

其中，β_i 为 i 资产的权重，H_{ij} 反映资产之间的连接关系，与 β_i 和 β_j 有关，令矩阵 $R=(I-H)^T(I-H)$，则 $\sum_i\left\|\beta_i-\sum_j H_{ij}\beta_j\right\|^2=\mathrm{Tr}(\beta^T R\beta)$，资产之间联系越紧密，加之增加 $\|\beta\|_1$ 稀疏约束，其头寸被同时压缩的可能性越大，此式旨在通过压缩变换挤掉资产组合风险比较大的资产，以便减弱

资产之间风险互相传染的影响。由此，构造资产组合的稀疏分散优化模型如下：

$$\min \sum_{i} \left\| \beta_i - \sum_{j} H_{ij} \beta_j \right\|^2 + \lambda_1 \mathrm{Tr}(\beta^T(\Omega_a - \Omega_b)\beta) + \lambda_2 (\|\beta\|_1 + \|\beta\|^2) \ \mathrm{s.t.}\ \beta \geqslant 0 \tag{4.27}$$

三、高维稀疏低秩的最优资产组合

由于多目标矩阵回归的策略矩阵 M 是跟踪多个市场基准指数产生的，因此，可以将其看作单目标资产配置的线性组合，设 β 为资产组合的最终配置权重，将 M 分解为最优资产配置向量 β 和连接矩阵 U 的乘积，即 $M \approx \beta U$，由此，可以得到资产组合的最优配置策略如下：

$$\begin{cases} \min \frac{1}{2}\|M - \beta U\|^2 + \frac{\lambda_1}{2}(\|U\|^2 + \|\beta\|^2) + \lambda_2 \|\beta\|_1 \\ + \frac{\lambda_3}{2}[\mathrm{Tr}(\beta^T(\Omega_a - \Omega_b)\beta) + \mathrm{Tr}(\beta^T R \beta)] \\ \mathrm{s.t.}\ \beta \geqslant 0,\ U \geqslant 0 \end{cases} \tag{4.28}$$

其中，$\min \frac{1}{2}\|M - \beta U\|^2$ 为损失误差，$\|\beta\|^2$ 和 $\|\beta\|_1$ 为正则项约束，λ_1、λ_2、λ_3 为非负调整参数。λ_1 调节资产组合配置比例的均匀性，以免资产间头寸失衡；λ_2 基于头寸压缩的方法对资产选择策略进行调整；λ_3 主要从系统聚类和组合风险分散的思想出发，在保持组合内同类优质资产集中配置、非同类风险资产分散的基础上，通过调节关联资产头寸，尽可能地提高组合的整体绩效。令 $\Omega = \Omega_a - \Omega_b$，构建拉格朗日函数如下，其中 φ、π 为拉格朗日乘子：

$$L(\beta, U) = \min \frac{1}{2}\|M - \beta U\|^2 + \frac{\lambda_1}{2}(\|U\|^2 + \|\beta\|^2) + \lambda_2\|\beta\|_1 + \frac{\lambda_3}{2}[\mathrm{Tr}(\beta^T \Omega \beta) + \mathrm{Tr}(\beta^T R \beta)] + \mathrm{Tr}(\varphi^T \beta) + \mathrm{Tr}(\pi^T U) \tag{4.29}$$

考虑到 $\beta \geqslant 0$，$U \geqslant 0$，对 β、U 求一阶导数：

$$\frac{\partial L}{\partial \beta} = -MU^T + \beta UU^T + \lambda_1 \beta + \lambda_2 I + \lambda_3 \Omega\beta + \lambda_3 R\beta + \varphi$$
$$\frac{\partial L}{\partial U} = -\beta^T M + \beta^T \beta U + \lambda_1 U + \pi \tag{4.30}$$

令$\Omega^+_{ij} = \frac{\Omega_{ij} + |\Omega_{ij}|}{2}$、$\Omega^-_{ij} = \frac{|\Omega_{ij}| - \Omega_{ij}}{2}$、$R^+_{ij} = \frac{R_{ij} + |R_{ij}|}{2}$、$R^-_{ij} = \frac{|R_{ij}| - R_{ij}}{2}$，根据 KKT 条件及$\varphi_{ij}\beta_{ij} = 0$、$\pi_{ij}U_{ij} = 0$，可得如下关系式：

$$(-MU^T + \beta UU^T + \lambda_1\beta + \lambda_2 I + \lambda_3\Omega^+\beta - \lambda_3\Omega^-\beta + \lambda_3 R^+\beta - \lambda_3 R^-\beta)_{ij}\beta_{ij} = 0$$
$$(-\beta^T M + \beta^T\beta U + \lambda_1 U)_{ij} U_{ij} = 0 \tag{4.31}$$

其中，矩阵 Ω、R 分解成两部分以保证迭代过程非负，由此，得到β_{ij}和U_{ij}的乘性迭代法则如下：

$$\beta_{ij} \leftarrow \beta_{ij}\frac{(MU^T + \lambda_3\Omega^-\beta + \lambda_3 R^-\beta)_{ij}}{(\beta UU^T + \lambda_1\beta + \lambda_2 I + \lambda_3\Omega^+\beta + \lambda_3 R^+\beta)_{ij}}$$
$$U_{ij} \leftarrow U_{ij}\frac{(\beta^T M)_{ij}}{(\beta^T\beta U + \lambda_1 U)_{ij}} \tag{4.32}$$

根据以上交替乘法算法公式迭代更新β_{ij}、U_{ij}，如果满足$\|\beta^{k+1} - \beta^k\|_\infty \leqslant \epsilon$，$\|U^{k+1} - U^k\|_\infty \leqslant \epsilon$，则终止迭代，从而获得最优资产配置权重形成的向量 β，为了满足组合内部资产权重和为 1 的条件，归一化 β，此为资产组合的最优配置策略。从上述公式的求解过程来看，采用非负矩阵分解的二次优化方式，不仅从预配置策略中提取了最优资产配置向量 β，而且充分考虑了高维数据的内在联系，在对资产进行有效分类的基础上，达到投资组合优化的最终目的。

第四节　实证研究

一、多目标回归的资产组合优化结果

本章选择中证 500 成分股作为多目标资产组合的待选股票池，选取

2007年6月27日至2015年6月24日时间段的日数据为训练样本，选取2015年6月25日至2019年9月9日时间段的日数据为测试数据，这两个时间段的市场都在股灾背景下经历了“下降—上升—再下降—再上升”的W形走势，前期均积累了大量涨幅，而后又经历了大幅波动，走过一个相对比较完整的牛熊周期，非常类似，客观上形成了较强的对比性，对模型的检验极具代表性。首先，通过基于神经网络多因子定价模型对待选的成分股进行预选，选择良好成长潜力、具备估值价值的股票作为研究对象。由于神经网络具有良好的泛化本领和全局寻优能力，本章根据多因子分析模型，利用BP神经网络对资产价格进行预测分析，选择企业基本面和技术面因子作为输入变量，包括成交量、成交金额、资产规模、市盈率、总资产增长率、开盘价、营业利润率、基本每股收益、每股经营现金流、ROE等，以成分股的收盘价作为预测变量，运用神经网络进行非线性预测。其中，神经网络采用三层网络结构，其惯性率为0.8，动量因子为0.9，训练函数为traingdm，最大训练步数为8000步，学习速率为0.1。为研究问题方便，选取预测收盘价排名前300名的股票作为预选资产组合。其次，根据本章提出的多目标回归方法进行稀疏分散优化，最终从BP神经网络的预选股票池中得到稀疏组合的最优投资策略如下。其中，λ参数的选择经过多次交叉折叠试验，减小λ_1，组合收益虽有增大，但波动也加大；相反，增大λ_1，组合内各资产的配置比例比较均匀，组合稳定性有所提高。减小λ_2，组合内资产数量增大，导致其资产质量良莠不齐，夏普比率未见提高；相反，加大λ_2，增强了组合内资产配置的稀疏惩罚要求，对资产做了取舍，单位风险收益进一步提高。减小λ_3，组合内资产相关性约束减弱，资产抱团现象显现，组合波动加剧；加大λ_3，关联资产头寸被压缩更多，增强了组合的风险分散功能。经过多轮网格调参，最终发现在$\lambda_1=0.3801$，$\lambda_2=0.3264$，$\lambda_3=0.2935$的情形下，组合取得了比较稳定的收益，波动降低，头寸配置相对均衡，夏普比率及单位风险收益等综合绩效指标得到明显改善。表4.2列出了跟踪目标K=2［上证50、HS300］和K=3［上证50、HS300、180ETF］连续测试99次的投资组合的资产配置情况，其中‘—’表示组合内资产数目没有变化，括号内的值为标准差。

表 4.2　　不同投资组合的资产配置比较

多目标	组合类别	数据	资产数量	组合收益	组合风险	夏普比率	VaR（95%）
K=2 目标［上证 50、HS300］	稀疏组合	训练集	96.7008（1.5425）	0.0806（0.0132）	0.0336（0.0171）	2.1988（0.0192）	0.1134（0.0271）
		测试集	93.2598（1.3261）	0.0663（0.0212）	0.0291（0.0161）	2.0113（0.0192）	0.1336（0.0233）
	市值加权	训练集	—	0.0675（0.0224）	0.0431（0.0282）	1.4988（0.0274）	0.0954（0.0352）
		测试集	—	0.0554（0.0311）	0.0371（0.0182）	1.4112（0.0216）	0.0861（0.0332）
	预配权	训练集	—	0.06001（0.0381）	0.0456（0.0292）	1.3012（0.0274）	0.0742（0.0361）
		测试集	—	0.0667（0.0322）	0.0472（0.0316）	1.4022（0.0352）	0.0731（0.0393）
K=3 目标［上证 50、HS300、180ETF］	稀疏组合	训练集	135.8913（3.1122）	0.07981（0.0256）	0.0347（0.0193）	2.1988（0.0234）	0.09434（0.0267）
		测试集	131.6372（2.2895）	0.0652（0.0198）	0.0283（0.0175）	2.3127（0.0183）	0.0716（0.0244）
	市值加权	训练集	—	0.0631（0.0247）	0.0412（0.0253）	1.4988（0.0266）	0.0599（0.0323）
		测试集	—	0.0539（0.0328）	0.0357（0.0199）	1.4997（0.0222）	0.0626（0.0314）
	预配权	训练集	—	0.05993（0.0376）	0.0443（0.0281）	1.3470（0.0265）	0.0647（0.0353）
		测试集	—	0.0625（0.0317）	0.0449（0.0308）	1.3817（0.0343）	0.0689（0.0372）

从上面多目标回归的投资组合效果比较过程来看，预选的中证 500 成分股中部分股票被稀疏掉了，对候选资产组合做了取舍，降低了高维资产的数量，合理地选择了投资标的，使得指数组合的配置策略能够更好地捕捉和跟踪市场趋势；另外，从资产组合的标准差来看，在 99 次的测试集中，稀疏低秩组合的标准差有明显降低趋势，VaR 风险有所减少，夏普比率有所提高。随着市场有效性的增强，多目标回归组合可以更好地学习到市场进化过程的主要特征，更容易抓住市场的非线性趋势，相比较其他市场指数如市值加权指数等，更有助于提高资产组合的整体性能，提供超额收益来源。

为了综合评价多目标回归的稀疏分散资产组合的总体性能和市场表现，本章设计了稀疏分散组合、预配权组合及市值加权组合的对照组分组进行对比研究，通过有效前沿显示各自的风险收益性能，如图 4.1 所示。从各组的有效投资前沿曲线可以看出，在 K=2 和 K=3 的情况下，稀疏分散资产组合的单位风险收益性能最好，有效前沿曲线最靠左上方，对照之下，预

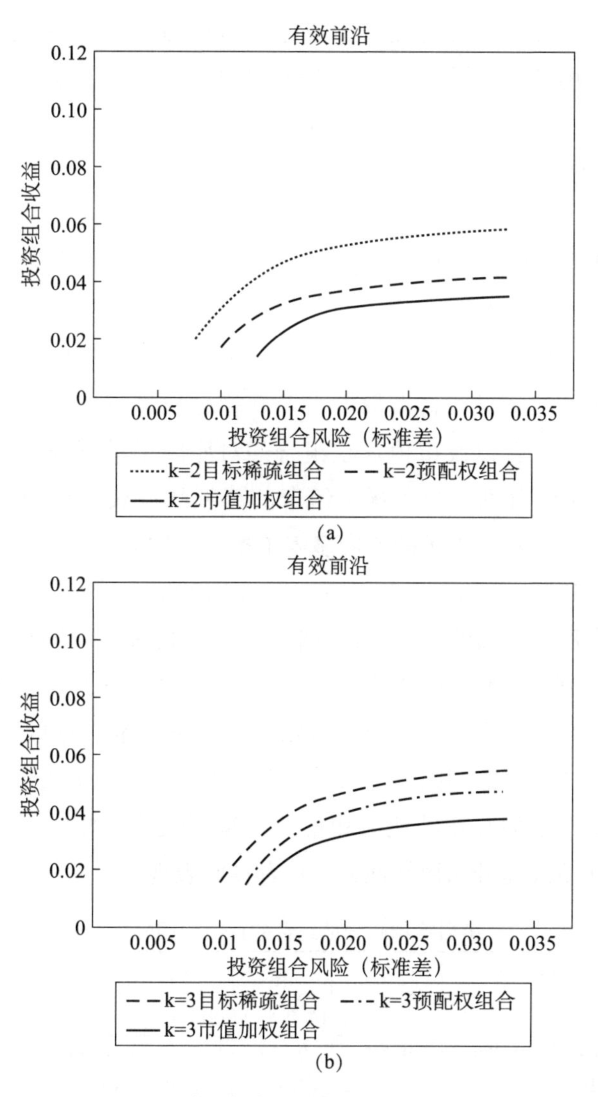

图 4.1 K =2 和 K =3 稀疏组合、预配权组合与市值组合的有效前沿

配权组合和市场加权组合的有效前沿依次向右下方倾斜，其风险报酬有降低趋势，表明多目标回归的稀疏分散组合的风险收益性能比其他组合表现要好，策略性地提高了资产组合的夏普比率等性能。该组合不仅有效把握市场主要趋势，也通过稀疏分散策略集中优势配置优良资产，稀疏性地选择高维资产，提高了资产组合的整体绩效。本章通过多目标回归的资产配置方式间接提高组合优化效率，随着市场不断向有效市场迈进，市场效率越来越高，这无疑为投资者提供了智能化的被动投资策略，降低了投资成本，可以为市场参与者提供有效的投资分析和组合管理手段。

二、业绩归因分析

CAPM 理论开拓了资本资产定价的先河，但其严苛的假设条件限制了其在诸多场合的应用，APT 套利定价理论放松了限制条件，在多因素定价的框架下对资产定价模型进行拓展，本书采用扩展多因素模型对多目标回归的稀疏资产组合的超额收益获取能力及其稳健性进行检验和评判，引入稀疏组合与预配权组合以及市值加权组合的对照因子进行业绩归因分析，其中，Alpha 和 Beta 分别反映了稀疏组合的超额收益获取能力和趋势把握能力，加入稀疏组合对照因子的扩展多因子模型结构如下：

$$E(R_t) - r_f = \alpha + \beta_m E(r_m - r_f) + \gamma E(XSZ_t) + \delta E(YPQ_t) \quad (4.33)$$

其中，R_t为多目标回归的稀疏组合收益率，r_m为代表性市场基准组合的收益率，r_f为无风险收益率，YPQ_t为稀疏组合收益率减去预配权组合收益率，XSZ_t为稀疏组合收益率减去市值加权组合收益率。本书选取 K = 2 和 K = 3 多目标回归稀疏组合的回归分析结果，如表 4.3 所示，恒大于零的回归系数代表了持续获取超额收益的能力和稳健超越指数的鲁棒效应，多目标回归的稀疏组合在绩效提升和稳健性方面均有良好表现。

表 4.3　多目标稀疏分散组合的业绩归因分析

因子	α	β	γ	δ	α	β	γ	δ
	K = 2			回归系数平均值统计			K = 3	
参数 T 值 P 值	0.509 (2.216) (0.0016)	0.328 (1.823) (0.0115)	0.243 (0.931) (0.0156)	0.413 (2.411) (0.0112)	0.617 (2.019) (0.0018)	0.332 (1.847) (0.0032)	0.212 (2.146) (0.0081)	0.453 (3.752) (0.0035)
	78.54			组合回归方程R^2（%）			71.72	

第五节　本章小结

本章选择代表性市场指数自适应地捕捉市场趋势，通过矩阵回归的预配权稀疏分散再优化策略稳定地提高投资组合的整体绩效，鲁棒性更强，优越性更明显。本章的创新点在于：其一，高维稀疏低秩策略体现了资产配置集中与分散的统一，具有良好的获取超额收益的能力；其二，双因子随机过程能够更好地表征资产价格的长短期运行趋势，多目标矩阵回归策略具有良好的市场反馈和自适应本能，可以形成与市场紧密的联动关系，更容易捕捉和适应市场变化，从而抓住金融市场的复杂本质。另外，市场的动态演进会直接影响投资者的预期，投资者的心理账户经常随之发生变化，投资者一方面追求安全保障，竭力规避风险，另一方面追求高风险高收益，不再设置单一的心理资产账户，而是随着投资行为、异质信念的变化在多个心理账户之间漂移。因此，如何将投资行为、心理预期的变化加入投资组合的配置因素中，从行为金融学的角度研究投资组合的优化策略，借助互联网、大数据分析方法研究基于行为金融层面的资产配置策略将是未来一个很有意义的课题，结合行为金融学、大数据分析的投资组合选择，无疑是现代投资组合理论发展的一个重要方向。

第五章　图嵌入下稀疏低秩集成预测的多因子资产选择策略

马科维茨（1952）开启了投资组合选择问题研究的先河，夏普（Sharpe，1967）在资产组合理论和资本市场理论的基础上发展了资本资产定价模型，研究均衡价格的形成以及资产预期收益率与风险之间的关系，给出了资产组合收益率和市场风险的线性表达关系。然而，金融市场是一个非线性的复杂动力系统，具有高度的不稳定性和不确定性。资产价格的走势经常随着时间变化而剧烈波动，呈现出高噪声和非平稳等特性，在这种高度不确定性市场下对动态不平稳序列进行建模是一项非常艰巨的任务。随着大数据时代的来临，这项任务显得尤为重要，如何在纷繁复杂的市场中合理选择有效的定价因子并构建科学的资产定价体系，一直是金融理论研究的核心问题之一。

随着计算机技术的飞速发展，人工智能为复杂系统的分析和建模增添了新的动力。在金融领域，人工智能与量化交易联系越来越紧密，大量机器学习算法诞生并应用于金融研究，人工智能在投资组合、资产配置、风险管理及投资决策等方面逐步深入金融经济行业的各个领域。国外研究中，一些学者将经典计量模型和神经网络组合在一起进行时间序列预测，如基于径向基神经网络的组合模型在时间序列的预测方面得到比单独模型好的结果。于志军等（2015）提出了基于 EGARCH 模型的灰色神经网络模型，通过误差修正的新方法对灰色神经网络模型优化，对上证指数单日收益率进行预测。陈艳和王宣承（2015）运用遗传网络规划和 Lasso 的混合方法预测价格走势并构建交易策略，以此获取市场收益。欧阳红兵等（2020）构建了 LSTM 神经网络对金融时间序列进行预测。综上所述，国内外学者对预测和组合分析的理论与方法进行拓展，为进一步研究金融市场的内生机理、运行机制以及多层次资本市场的健康发展打下了良好基础。但总体来看，现有组合预测技术大部分局限于线性组合，尤其面对复杂动态的金融市场时，其适应能力受到严重考验。同时，模型组合的方式及数目也是影响最终预测效果的重要因素，单独模型的数量并非越多越好。另外，大多混合模型都是在有监督的情形下进行的，在面对变幻莫测的金融市场时，很难有效捕捉到复杂系统内部的非线性特征，导致模型在面对不确定性市场环境时显得力不从心。本章结合实际情况，利用无监督学习和有监督学习相结合的方式深入挖掘隐含在资产数据背后的规律，并将其转化为图网络结构的形式嵌入非线性集成预测模型，通过机器学习方法研究集成预测的资产定价及其选择策略，以期显著提高模型的适用性和应用价值。

第一节　多源融合的集成预测模型

一、多源融合的集成学习策略

多源融合集成策略是解决具有突现性、不稳定性、非线性和不确定性等特征的复杂系统预测的有效手段。汪寿阳（2007）提出的 TEI@I 预测方法论是以集成思想为核心，将文本挖掘技术、计量经济模型、人工智能技术综合集成起来，形成对复杂系统总体的分析与建模，从而达到分析复杂系统的目的。该方法在国际油价的波动预测方面，取得了很好的研究成果。本章借鉴 TEI@I 方法论中“先分解后集成”的思想，利用机器学习来挖掘复杂数据蕴含的非线性与不确定性，根据数据噪声、数据特征以及决策特性等特点，结合机器学习方法与计量模型重构数据结构并获得有效信息。从数据的特征级、数据级和决策级出发，分别采用针对不同级别的数据进行单一预测，然后采用低秩、稀疏优化的集成学习策略，将不同数据源背景下的特征向量非线性合成，以便通过多源融合算法提高金融市场资产定价的预测性能。

（一）卷积神经网络

由于金融资产数据具有随机性、时变性和波动积聚等特性，神经网络在刻画价格波动与影响因素之间错综复杂的关系上具有独到的优势，其特有的自学习、自组织能力能以任意精度逼近有界连续函数，在预测领域得到广泛的应用。随着深度学习技术的发展，CNN、RNN、LSTM 等神经网络在复杂金融问题上展现出良好的非线性映射能力和较强的泛化能力，CNN 能够更好地提取金融市场的复杂易变特征，更容易捕捉到其间的非线性关联关系。LSTM 则通过引入门结构，对序列特征进行有效取舍，解决了时间序列的长程依赖问题。以卷积神经网络 CNN 为代表的机器学习方法是典型的特征级数据分析策略，其基本结构包括特征提取层和特征映射层，网络的计算层通过卷积核由多个特征映射组成，层层相连的局部接受域经卷积网络的激活函数激活后可以有效提取局部特征。本章构建 DropOut 随机策略动态选择网络，隐式地从训练数据中进行学习，降低了网络的复杂性和过拟合的风险，强化了 CNN 神经网络的全局性能。其结构关系表达如下：

$$\begin{cases} r_i^{(l-1)} \sim \text{Bernoulli}(p) \\ x_i^{(l-1)} = r_i^{(l-1)} \odot x_i^{(l-1)} \\ y_j^{(l)} = f\left(\sum\limits_{i \in M_j} x_i^{(l-1)} * W_{ij}^{(l)} + b_j^{(l)}\right) \end{cases} \tag{5.1}$$

其中，$\odot$为对应元素相乘，$*$ 为卷积操作；伯努利分布的离散值 1 表示成功，0 表示失败，用概率来随机确定网络节点是否成功响应；$y_j^{(l)}$ 表示第 l 层卷积后第 j 个神经元的输出；$x_i^{(l-1)}$ 表示第 l－1 层的输入数据；$W_{ij}^{(l)}$ 为滤波器；$b_j^{(l)}$ 为偏置；M_j 为与 i 相连的隐藏层网络节点；非线性函数使用了 DropOut 随机策略动态选择网络连接使得下层采样输出在避免全连接的同时更加全局化，进一步约束相似隐藏层单元同质节点的激活特性，优化了神经网络的支撑结构。可根据 $\min\|Y-\hat{Y}\|^2$ 最小化目标的随机梯度下降方式求解并进行神经网络训练，经过上述步骤处理后，即可得到相应的预测结果，其

中 Y、$\hat{Y}$分别为实际值和预测值。

（二）极端梯度提升（XGBoost）预测模型

XGBoost 是 2016 年开发的一个集成学习的机器学习模型，在处理非结构化数据领域优势非常明显。该模型在不必知道损失函数具体形式的情况下，可通过泰勒展开得到其二阶导数形式，只依靠输入向量便可对决策树节点进行分裂和优化计算，大大增加了其适用性。它采用增量学习方法构建 K 棵 CART 树，可用来构建决策级的数据融合策略。假设给定数据集 $D=\{(x_i, y_i)\}(|D|=n, x_i \in R^m, y_i \in R)$，m 和 n 分别为特征和样本容量。设$\hat{y}_i$为模型的预测输出，其数学模型如下：

$$\hat{y}_i = \sum_{k=1}^{K} f_k(x_i), f_k \in F \tag{5.2}$$

其中，$F=\{f(x)=w_{q(x)}\}(q: R^m \to T, w \in R^T)$ 为回归树空间，q 表示树结构的叶子索引，f_k表示树结构 q 和叶子权重 w，w_i表示第 i 个叶子的得分，T 表示总的叶子数量。令目标函数为：

$$L = \sum_{i=1}^{n} l(y_i, \hat{y}_l) + \sum_{k=1}^{K} \Omega(f_k) \tag{5.3}$$

其中，$\Omega(f)=\gamma T+\frac{1}{2}\lambda\|w\|^2$，表示正则项，防止过拟合，该目标函数表示预测值与实际值的误差。XGBoost 将目标函数递归表示并按照二阶泰勒展开如下：

$$\begin{aligned} L^{(t)} &= \sum_{i=1}^{n} l(y_i, \hat{y}_l^{t-1} + f_t(x_i)) + \Omega(f_k) \\ &\approx \sum_{i=1}^{n} \left[l(y_i, \hat{y}_l^{t-1}) + g_i f_t(x_i) + \frac{1}{2} h_i f_t^2(x_i) \right] + \Omega(f_k) \end{aligned} \tag{5.4}$$

通过对其求最小值，从而获得其叶子节点的最优权重及对应目标函数的最优值；然后利用贪心算法尝试各种叶子节点组合，选择最小损失，每次尝试分裂一个叶子节点，计算分裂前后的增益，选择最大增益构建树结构，对叶子节点进行分裂，假设I_L和I_R为左右子树分裂后的节点，令 $G_j=\sum_{i \in I_j} g_i$，

$H_j = \sum_{i \in I_j} h_i$，并定义分裂前后的增益 Gain：

$$L_{Gain} = \frac{1}{2}\left[\frac{G_L^{\ 2}}{H_L + \lambda} + \frac{G_R^{\ 2}}{H_R + \lambda} - \frac{(G_L + G_R)^3}{H_L + H_R + \lambda}\right] - \gamma \tag{5.5}$$

Gain 越大，损失函数越小。其中，叶子节点的分割应计算所有候选特征对应的 Gain，并选取最大值进行分割。XGBoost 采用 Shrinkage 方法和随机选取一定量的特征子集来降低过拟合风险，从而达到较好的预测效果。此外，还有时间序列、RBF 神经网络、图神经网络、自编码神经网络、深度森林、灰色预测及其他深度学习等方法都可以作为单一预测模型进行预测。

二、嵌入图结构的低秩稀疏集成预测模型

本书通过嵌入图结构的低秩稀疏集成方式来提升模型预测的能力，即先通过 SVM、CNN 卷积神经网络、RNN 循环神经网络以及时间序列等方法作为单一预测模型进行预测；然后提取特征将其结果组合起来作为新的输入，通过自适应稀疏优化策略进行集成学习，从而获得更优的预测结果。

（一）特征提取策略

真实世界的数据包含噪声数据和缺失数据，且由于数据的粒度不同，表现为“簇”或“团”，呈现出一定的稀疏性，稀疏表示可以很好地描述数据集的这种结构关系和分布状况。稀疏认知学习、计算与识别是近年来学术研究的前沿领域，稀疏表示的典型代表是小波分析的方法，提出通过完备的字典来表示和处理信号，开启了稀疏表示的先河。后来一些学者对此进行了推广，应用于自然图像领域，取得了较好的研究成果。然而，由于数据背后蕴含着丰富的数据结构信息，单一的稀疏表示并不能作为一种恰当的合意特征来刻画输入与输出之间的非线性关系，本章基于稀疏学习、智能计算与识别的思想，提出集线性分类判别、低秩结构保持和稀疏优化学习于一体的集成策略，进行非线性特性提取，并以图结构的形式存储，然后将其嵌入最小二乘回归机中，构建图近似最小二乘支持回归集成模型，

采用“分而治之”逐个学习的方式，将单一预测模型非线性耦合至深度学习的模式，对金融领域的风险资产进行非线性资产定价，旨在为金融机构提供科学的决策建议，同时也为投资组合管理奠定坚实的基础。本章构建稀疏低秩模型，能够同时揭示数据局部结构信息和全局结构信息，从而学习得到多源数据、高维数据在特征子空间更准确的表示。低秩表示的实质是在寻找一组独立数据的极大线性无关组，设数据集 $X=[x_1, x_2, \cdots, x_n] \in R^{m\times n}$ 表示资产多因子、多属性向量构成的矩阵，$M=[m_1, m_2, \cdots, m_n]$ 是线性组合表示的系数矩阵，即寻找 $\min\|M\|_*$ 使之成为数据 X 的低秩表示系数。$\|M\|_*$ 代表矩阵 M 的核范数，即 M 矩阵的奇异值总和。为避免噪声影响，设矩阵 E 表示噪声数据矩阵，用 $\|M\|_1$ 表示数据集 X 的稀疏特性。另外，风险资产的选择通常需要对资产进行有效的分类，本章采用最小化类内距离和最大化类间距离的 Fisher 判别准则，定义类内散度 Ω_a 和类间散度 Ω_b 来刻画类内方差与类间方差，并将有效分类、低秩保持、稀疏学习等策略综合在一起，对数据进行特征提取，基于稀疏低秩特征提取策略的集成模型如下：

$$\begin{gathered}\min \mathrm{Tr}(M^T(\Omega_a-\Omega_b)M)+\gamma_0\|M\|_*+\gamma_1\|E\|^2+\gamma_2\|M\|_1 \\ \text{s.t. } X=XM+E,\ M\geqslant 0\end{gathered} \tag{5.6}$$

其中，x 为数据 X 样本中的点，$\Omega_b=\sum_{k=1}^{K}N_k(\bar{x}_k-u)(\bar{x}_k-u)^T$ 为类间散度，u 为均值，$\Omega_a=\sum_{k=1}^{K}\sum_{x\in X_k}(x-\bar{x}_k)(x-\bar{x}_k)^T$ 为类内散度，N_k、$\bar{x}_k$ 为第 k 类样本个数及其均值。令 $\Omega=\Omega_a-\Omega_b$，由于 ADMM 可以用来求解大规模的机器学习问题，在大样本或样本维数高的情况下有很好的收敛性能。本章采用 ADMM 交替乘子法对上述优化问题求解，引入分离变量和拉格朗日乘子 $C_i(i=1, 2, 3, 4)$，则有：

$$\begin{gathered}\min \mathrm{Tr}(W^T\Omega W)+\gamma_0\|A\|_*+\gamma_1\|E\|^2+\gamma_2\|B\|_1 \\ \text{s.t. } X=XM+E,\ M=A,\ M=B,\ M=W,\ M\geqslant 0\end{gathered} \tag{5.7}$$

构建增广拉格朗日函数并优化其子问题：

$$\begin{aligned}L(A, B, M, E, W, C_i, \mu)= & \mathrm{Tr}(W^T\Omega W)+\gamma_0\|A\|_*+\gamma_1\|E\|^2+\gamma_2\|B\|_1 \\ & +\langle C_1, X-XM-E\rangle+\langle C_2, M-A\rangle \\ & +\langle C_3, M-B\rangle+\langle C_4, M-W\rangle\end{aligned}$$

$$+\frac{\mu}{2}(\|X-XM-E\|^2+\|M-A\|^2$$
$$+\|M-B\|^2+\|M-W\|^2) \tag{5.8}$$

先求解 M－子问题，对 M 求其偏导如下：

$$\frac{\partial L}{\partial M}=X^{T}C_1+C_2+C_3+\mu(X^{T}XM-X^{T}(X-E)+M-A+M-B)=0 \tag{5.9}$$

其显式解为：

$$M=\max\left((X^{T}X+2I)^{-1}\left(X^{T}(X-E)+A+B-\frac{1}{\mu}(X^{T}C_1+C_2+C_3)\right),\ 0\right) \tag{5.10}$$

E－子问题为：

$$E=\operatorname{argmin}\frac{\mu}{2}\left\|E-\left(X-XM+\frac{C_1}{\mu}\right)\right\|^2+\gamma_1\|E\|^2 \tag{5.11}$$

令 $X-XM+\frac{C_1}{\mu}=G$，可得其显式解为：

$$E=\frac{\mu}{\mu+2\gamma_1}G \tag{5.12}$$

A－子问题为：

$$A=\operatorname{argmin}\gamma_0\|A\|_*+\frac{\mu}{2}\left\|A-\left(M+\frac{C_2}{\mu}\right)\right\|^2 \tag{5.13}$$

令 $A=M+\frac{C_2}{\mu}$，则其最小值可通过 SVD 分解获得，即：

$$M+\frac{C_2}{\mu}=U\sum V^{T} \tag{5.14}$$

由此可得到显式解为：$A=\max\left(U\left(\sum-\frac{\gamma_0}{\mu}I\right)_+V^{T},\ 0\right)$，$\left(\sum-\frac{\gamma_0}{\mu}I\right)_+$ 表示取正值。

B－子问题为：

$$B=\operatorname{argmin}\gamma_2\|B\|_1+\frac{\mu}{2}\left\|B-\left(M+\frac{C_3}{\mu}\right)\right\|^2 \tag{5.15}$$

对其求偏导可得：

$$\gamma_2 \operatorname{sign}(B) + \mu\left(B - \left(M + \frac{C_3}{\mu}\right)\right) = 0 \tag{5.16}$$

利用软阈值算子可得到其解为：$B = \max\left(S_{\frac{\gamma_2}{\mu}}\left(M + \frac{C_3}{\mu}\right),\ 0\right)$，其中，软阈值算子$S_\varepsilon(x) = \max(|x| - \varepsilon,\ 0)\operatorname{sign}(x)$。

W－子问题为：

$$W = \operatorname{argmin}\operatorname{Tr}(W^T \Omega W) + \operatorname{Tr}(C_4{}^T(M - W)) + \frac{\mu}{2}\|M - W\|^2 \tag{5.17}$$

对其求偏导可得：

$$\frac{\partial L}{\partial W} = 2\Omega W - C_4 + \mu W - \mu M = 0 \tag{5.18}$$

综上所述，可得到稀疏分类和低秩保持的集成算法，具体描述如表 5.1 所示。

（二）提取图结构信息

经过上述处理，即可获得数据矩阵 X 的稀疏低秩表示矩阵 M，将其元素即重构系数m_{ij}归一化，并在给定阈值 τ 的调整下得到系数$\hat{m}_{ij}$，调整策略为：

$$\hat{m}_{ij} = \begin{cases} m_{ij}, & \text{if } m_{ij} \geqslant \tau \\ 0, & \text{otherwise} \end{cases} \tag{5.19}$$

由此构造加权无向图 G ＝(V，E)，其中，V 和 E 分别是顶点和边的集合，进一步可得到表示图邻接结构的矩阵$\hat{M}$，令 $A = (\hat{M} + \hat{M}^T)/2$，此为数据集 X 稀疏低秩表示的图连接权矩阵，其满足对称性。由此，可以在低秩结构保持、稀疏学习和分类优化的统一集成框架下，提取到多维数据内部蕴含的图网络表示的复杂特征，然后将图结构嵌入近似最小二乘回归机中进行无监督学习。图嵌入下稀疏低秩的优化算法描述如表 5.1 所示。

表 5.1　　图集成算法

稀疏低秩的优化算法
输入：数据矩阵 X，参数 $\gamma_0=\gamma_1=\gamma_2=0.333$，最大迭代次数 k_{max}，初始化 $M_0=E_0=C_{1,0}=C_{2,0}=C_{3,0}=0$，$\mu_0=0.1$，$\mu_{max}=10^7$，$\rho_0=1.11$，$\epsilon=10^{-4}$
1. for k = 1 to T do
根据式（5.10）、式（5.12）、式（5.14）、式（5.16）、式（5.18）分别更新 M、E、A、B、W；
更新 $C_{1,k+1}=C_{1,k}-\mu_k(X-XM_{k+1}-E_{k+1})$；
$C_{2,k+1}=C_{2,k}-\mu_k(M_{k+1}-A_{k+1})$；
$C_{3,k+1}=C_{3,k}-\mu_k(M_{k+1}-B_{k+1})$；
$C_{4,k+1}=C_{4,k}-\mu_k(M_{k+1}-W_{k+1})$；
更新 $\mu_{k+1}=\min(\rho\mu_k,\ \mu_{max})$；
if $\Vert X-XM_{k+1}-E_{k+1}\Vert_\infty\leqslant\epsilon$，$\Vert M_{k+1}-A_{k+1}\Vert_\infty\leqslant\epsilon$，$\Vert M_{k+1}-B_{k+1}\Vert_\infty\leqslant\epsilon$，$\Vert M_{k+1}-W_{k+1}\Vert_\infty\leqslant\epsilon$，$\Vert E_{k+1}-E_k\Vert_\infty\leqslant\epsilon$
则返回 M，结束循环；否则，返回进入下一循环.
End
End
2. 提取图结构信息，根据公式计算　$A=(\hat{M}+\hat{M}^T)/2$
输出：A

（三）图近似最小二乘回归集成模型

由于矩阵 A 中蕴含有数据集 X 稀疏优化分布的图网络结构信息，采用特征识别且降维的方式可以有效提取到数据集的几何结构，形成对集成学习的决策支持偏好，设偏好决策向量为 Z，将其作为重要决策支持变量对集成权重因子 W 进行加权调整。偏好决策变量的特征提取模型如下：

$$\min\frac{1}{2}\sum_{i\neq j}A_{ij}\Vert X_iZ-X_jZ\Vert^2=\min Tr(Z^TX^TRXZ) \tag{5.20}$$

其中，矩阵 $R=D-A$，对角阵 D 由 $D_{ii}=\sum_{j=1}^{p}a_{ii}$ 构成，式（5.20）通过图网络权重矩阵 A 识别特征向量 Z，从而构成集成学习的特征子空间，同时保持提取过程中数据集的拓扑结构不变。综上所述，基于支持向量机的思想，将图结构嵌入集成模型，在充分考虑数据集的图网络结构信息的基础上，构建最小二乘向量回归机的稀疏低秩集成预测模型如下：

$$\begin{cases}\min \frac{1}{2}(\|W\|^2+b^2)+\frac{\gamma}{2}\sum_{i}^{l}\varepsilon_i^2+\frac{\theta}{2}(\|\varphi(X)W-XZ\|^2+\mathrm{Tr}(Z^TX^TRXZ))\\ \text{s.t. } y_i=\varphi(x_i)\cdot W+b+\varepsilon_i,\ i=1,2,\cdots,l\end{cases} \tag{5.21}$$

其中，$\varphi(x_i)$ 为通过 SVM、CNN 等单一预测获得的预测值，$\varphi(X)$ 为其预测矩阵，y_i为目标值，式（5.21）在目标函数中引入b^2项，可将其变为无约束的二次规划，使问题更易于处理。同时引入 $\min\|\varphi(X)W-XZ\|^2$项和图结构信息 $\mathrm{Tr}(Z^TX^TRXZ)$ 项，旨在有效提取基础数据的特征信息并使得集成过程中原始信息的损失最小，该式提取原始数据的结构特征并集成单一预测的信息，将不同维度的多源数据集的预测结果组合在一起，既吸收各种单一预测的优点，又自适应地提取和调整有用的信息，从而获得良好的集成效果。对上述集成预测方程引入拉格朗日乘子α_i，构建拉格朗日函数如下：

$$\begin{aligned}L(W,Z,b,\varepsilon_i;\alpha_i)=&\frac{1}{2}(\|W\|^2+b^2)+\frac{\gamma}{2}\sum_{i}^{l}\varepsilon_i^2+\frac{\theta}{2}(\|\varphi(x)W-XZ\|^2\\&+\mathrm{Tr}(Z^TX^TRXZ))-\sum_{i}^{l}\alpha_i(\varphi(x_i)W+b+\varepsilon_i-y_i)\end{aligned} \tag{5.22}$$

根据 KKT 条件，对其求一阶导数可得：

$$\begin{cases}\nabla_w L=W-\varphi^T\alpha+\theta\varphi^T\varphi W-\theta\varphi^TXZ=0\\ \nabla_z L=\theta X^TXZ-\theta X^T\varphi W+\theta X^TRXZ=0\\ \nabla_b L=b-\sum_{i}^{l}\alpha_i=0\\ \nabla_\varepsilon L=\varepsilon_i-\gamma^{-1}\alpha_i=0\\ \nabla_\alpha L=-(\varphi(x_i)W+b+\varepsilon_i-y_i)=0\end{cases} \tag{5.23}$$

将其转化为下述线性方程组：

$$\begin{bmatrix}e+\theta\varphi^T\varphi & -\theta\varphi^TX & 0 & 0 & -\varphi^T\\ -\theta X^T\varphi & \theta X^TX+\theta X^TRX & 0 & 0 & 0\\ \varphi & 0 & \vec{1} & e & 0\\ 0 & 0 & 1 & 0 & -\vec{1}^T\\ 0 & 0 & 0 & \gamma e & -e\end{bmatrix}\begin{bmatrix}W\\ Z\\ b\\ \varepsilon\\ \alpha\end{bmatrix}=\begin{bmatrix}0\\ 0\\ Y\\ 0\\ 0\end{bmatrix} \tag{5.24}$$

$Y=(y_1, y_2, \cdots, y_l)^T$，$\varphi=(\varphi(x_1), \varphi(x_2), \cdots, \varphi(x_l))^T$，$\alpha=(\alpha_1, \alpha_2, \cdots, \alpha_l)^T$，$\vec{1}=(1, 1, \cdots, 1)^T$，其中，e 为单位阵，为列向量，通过 MATLAB 求解上述线性方程组，可得到集成算子（W^*，b^*）的表达式，由此可进行组合预测。从上面构建过程来看，图近似最小二乘向量回归机可转化为一个无约束非线性规划问题，与标准支持向量机相比，求解速度更快。

第二节　量化多因子资产选择

一、APT 定价理论及量化多因子模型

APT 套利定价理论是在 CAPM 的基础上拓展而成的均衡状态下的模型，如果市场未达到均衡状态，市场上就会存在无风险套利机会。套利定价理论用多个因子来表征资产的收益和风险情况，其均衡收益可通过多因子近似的线性关系来表达。本章依循 APT 套利定价思路，并将其扩展为非线性多因子定价模型，通过神经网络、支持向量机和时间序列等模型进行集成学习，最后综合集成得到最终预测结果。其多因子定价模型总体架构如图 5.1 所示。

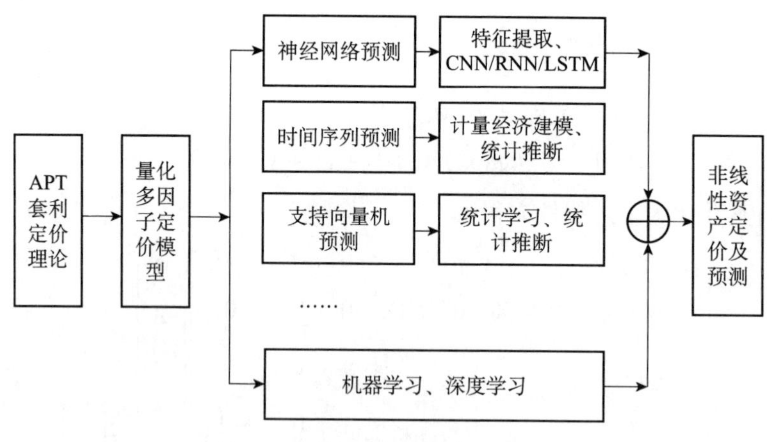

图 5.1　非线性多因子集成定价模型

二、量化多因子库构建

宏观经济变化及经济周期等因素从不同的方面对金融市场的供求关系产生影响，甚至决定行业的获利能力和资产收益率。因此，指标选择显得非常重要，同时，指标选取对集成预测模型分类结果的准确度也会产生影响。本章综合分析宏观、微观基本面和市场技术面等情况，深度挖掘具体行业的信号与趋势，有效构建适合金融市场的量化多因子库。特别选取如表 5.2 中所示的指标构建特征指标样本集，进而根据集成预测的方法进行组合预测，以便达到最佳的预测效果。

表 5.2　量化多因子及其类型

因子类型	因子名称	因子类型	因子名称
盈利	净利润增长率、资本回报率、息税前利润与营业收入比	质量	总资产报酬率、股东权益比率、利息保障倍数、PE、PB
现金流	主营业务收现比率、经营活动产生的现金流量净额比营业收入	规模	流通市值、持股集中度、账面市值比、自由流通市值
成长	每股净资产增长率、净利润增长率、总资产增长率	营运能力	总资产周转率、存货周转率、应付账款周转率
技术面	MACD、KDJ、SAR、WR、BOLL、ROC、PSY、OBV、TRIX	宏观	GDP、CPI、PPI、10 年期国债收益率、固定资产投资增速等

第三节　实证研究

一、数据预处理及投资目标选择

本章将宏观因子、基本面因子和技术面因子相结合，形成多因子备选库，然后对其进行数据预处理，即对股票因子数据中的异常值、缺失值及边界极值进行相应处理后，为了使得不同时段不同因子具有可比性，采取 Z-SCORE 方法标准化因子，并将待处理的资产价格数据均转换为对数收益率数据，形成对应给定时间段的训练数据集，分别对归一化的带标签数据进行单一预测；然后，根据稀疏低秩集成学习策略将各种预测结果组合起来，从而输出最后的预测结果。本章通过 Python 3.6 开发平台进行机器学习、训练和预测。其中，XGBoost 模型、CNN 和 RNN 神经网络分别通过平台自带的 XGBoost 模块以及 TensorFlow 等模块实现，SVM 则借助 Sklearn 模块，经过与柯西函数核、线性核、拉普拉斯函数核相比，选择高斯核函数，并通过交叉检验，参数为 $\sigma = 0.00125$，$C = 512$，$\varepsilon = 0.214$ 时预测效果最优。本章选择沪深300 指数中的成分股作为被选目标股票，选取时间段 2008 年 11 月 3 日至 2015 年 8 月 27 日期间的每日走势数据为训练样本，2015 年 8 月 28 日至 2017 年 11 月 15 日期间数据为测试数据。和其他单一预测方法相比较，经过集成预测的收益率相对偏差的对比结果如表 5.3 所示（10 只股票）。

表 5.3　神经网络等方法与集成预测的资产收益率的相对偏差（按月折算）

名称	XGBoost	SVM	CNN	ARIMA	RNN	集成预测
华友钴业	0.02231	0.02305	0.02213	0.02187	0.02212	0.01977
泸州老窖	-0.04104	-0.03325	-0.03154	-0.03175	-0.03012	-0.02941
五粮液	-0.05132	-0.05287	-0.05501	-0.05333	-0.05613	-0.05012
中国平安	0.06926	0.07114	0.07013	0.07116	0.07196	0.06162
福耀玻璃	0.06054	0.05879	0.05911	0.06114	0.06101	0.05847
万华化学	0.09276	0.09531	0.09421	0.09618	0.09188	0.08865
格力电器	0.07174	0.07256	0.07134	0.07301	0.05824	0.07144
伊利股份	-0.02283	-0.02076	-0.01983	-0.02513	-0.01993	-0.02017
上汽集团	-0.02113	-0.02241	-0.02124	-0.02455	-0.02066	-0.01919
新华保险	-0.79821	-0.08023	-0.08102	-0.08089	-0.07881	-0.07782

其中，相对偏差 =（预测收益率 - 实际收益率）/ 实际收益率，从上面预测的准确性和相对误差可以看出，多因子集成预测的准确率均高于单一模型的预测，进一步体现出集成预测的优越性。另外，本章将图稀疏低秩的集成预测结果与其他组合预测结果进行对比研究，采用 10 折交叉策略进行验证，将图最小二乘支持回归机的预测结果与 SVM & RNN 等其他 5 种采用熵值法组合的混合预测策略的结果进行比较和评估，以便验证图集成预测模型的有效性。即将数据集按时间长度分成 10 等份，随机选取其中 1 份为测试集，其余 9 份为训练集，根据正类点和负类点分别计算每次折叠试验的准确率，其中准确率的评价采用精确度 P、召回率 R 等评价指标，召回率和准确率根据混淆矩阵定义为：召回率 = 预测为正例的样本/实际正例样本；

准确率表示在所有判别为正例的结果中，真正正例在其中所占的比例。其中，TN 代表样本的真实类别和模型预测均为负例；FP 代表样本的真实类别和模型预测分别为负例和正例；FN 代表样本的真实类别和模型预测分别为正例和负例；TP 代表样本的真实类别和模型预测均为正例。指标计算公式如下所示，图稀疏低秩集成预测与其他组合预测的比较结果如表 5.4 所示。

$$P = \frac{TP}{TP + FP}, \quad R = \frac{TP}{TP + FN}$$

表 5.4　　混淆矩阵

Real Value	Prediction	
	Defective	N-defective
Defective	TP(true)	FN(false)
N-defective	FP(false)	TN(true)
index	P = TP/(TP + FP)	R = TP/(TP + FN)

从表 5.5 可以看出，各种方法总体上精确度和召回率都比较高，总体错误率的标准差比较小，结果表现比较平稳。在诸多模型中表现最好的模型均是图集成预测模型，说明经过稀疏分类、低秩集成后可以有效提取数据集的特征结构。本章提出的图近似最小二乘支持回归机在对资产进行有效分类的基础上，充分挖掘隐藏在风险资产数据背后的潜在数据特性，获得了较好的预测结果。

表 5.5　　图稀疏低秩集成预测与其他组合预测比较

模型	上汽集团		格力电器		伊利股份	
	P	R	P	R	P	R
SVM & RNN	0.7112	0.7155	0.7295	0.7354	0.7311	0.7401
ARIMA & SVM	0.7086	0.7102	0.7212	0.7333	0.7411	0.7539
ARIMA & CNN	0.6914	0.7092	0.7318	0.7381	0.7426	0.7512
ARIMA & RBF	0.6983	0.6991	0.7529	0.7642	0.7688	0.7733
ARIMA & RBF & RNN	0.7125	0.7215	0.7721	0.7811	0.7792	0.7813
图集成预测	0.7668	0.7821	0.7801	0.7995	0.7816	0.7922

二、多因子预测模型的业绩归因分析

本章采用扩展的 Fama-French 多因子模型，对集成预测组合的业绩进行检验，并构建量化多因子组合与其他组合比较，其构建策略为每周首个交易日执行调仓换股策略，按照等比例的资产配置策略进行分配，等到下一周交易日检测原投资池中的股票和新形成的投资池中的股票有何异同，相同者留下，不同者剔除，从而保证与集成预测的投资标的一致。采用等比例方式旨在从资产选择的重要性方面考量组合的绩效，重在强调资产选择的影响而非组合优化配置的影响。然后，将其与随机等权组合的比对结果引入多因子模型，进一步验证图集成预测策略选取资产的优越性。扩展多因子模型如下：

$$E(R_t) - r_f = \alpha + \beta_m E(r_{mt} - r_f) + \beta_1 SMB_t + \beta_2 HML_t + \beta_3 GIF_t \tag{5.25}$$

其中，R_t为集成预测组合收益率，r_{mt}为市场组合收益率，Alpha 表征资产选择能力。SMB_t为 t 时期小规模组合减去大规模组合的收益率，HML_t为 t 时期高账面市值比组合减去低账面市值比组合的收益率，GIF_t为 t 时期集成学习组合减去随机等权组合的收益率。采用 OLS 回归得到结果如表 5.6 所示，Alpha 恒大于零意味着组合的资产选择能力比较强，具有稳定超越市场基准的卓越表现，组合在业绩表现和稳健性方面取得了较好效果。SMB_t表现负相关，HML_t和GIF_t呈正相关，显示小盘股效应逐渐减弱，价值投资理念正在形成，市场投资者日趋成熟。

表 5.6　归因分析

因子	β_m	β_1	β_2	β_3	Alpha
参数值	0.753	-0.188	0.116	0.781	0.223
T 值	(23.216)	(-1.373)	(0.927)	(2.899)	(0.827)
P 值	(0.0013)	(0.0161)	(0.0157)	(0.0146)	(0.0015)
回归方程R^2（%）为 86.75					

第四节　本章小结

本章通过深度融合 CNN、SVM 等机器学习方法研究集成预测的资产选择问题，利用低秩稀疏的图近似最小二乘回归集成策略将不同单一预测方法组合起来，在吸收各种预测方法优点的基础上进行集成预测，研究发现，集成预测策略相比其他传统策略其资产选择能力更强。本章的创新点如下。

其一，深度融合的集成学习模型，能够获得更好的资产定价和预测效果。其二，金融市场是复杂的非线性系统，表征资产价格的随机变量存在波动集聚等现象，其分布往往呈现尖峰、厚尾状态，采用图集成预测方法更有利于描述金融系统的非线性复杂特性。另外，投资组合的风险收益水平还受组合资产配置能力的影响，如何在不确定性环境下通过最优化方法获取最佳组合配置，进一步研究随环境变化的递推决策策略，深入研究动态情形下的最优资产配置策略是未来研究的重点。

第六章　超高维环境下超指数膨胀的连续时间组合风险管理

马科维茨（1952）开创性地揭开均值—方差组合理论研究的序幕，为后续现代投资组合理论的发展奠定了基础。毋庸置疑，在过去几十年里，均值方差组合理论在研究和实践中一直发挥着举足轻重的作用，相关成果层出不穷。均值方差理论对收益与风险的刻画主要取决于资产收益的预期均值和协方差矩阵，在实际投资活动中只能通过样本均值和样本协方差作为代理变量来渐进替代。一些学者提出准贝叶斯和线性收缩估计方法，使用先验方法调整预期收益的估计，通过最大化效用函数来提高组合收益。然而，这种通过修正均值和方差更好估计得到的最优投资组合在样本外的预测性能很差。另外，单期投资组合选择远不足以描述资产配置的动态变化。因此，将静态组合理论推广到多阶段甚至连续时间情形是当务之急，虽然这方面的研究已经获得了一定成果，但在面对多期或连续时间情形时，对终端财富的刻画多以期望效用函数最大化为主。事实上，效用的描述使投资决策缺少透明性、明晰性和直观性，即使经济学家也不能通过效用函数准确表达投资者对收益和风险的态度。现代投资组合通常面临更复杂的投资环境，投资者往往需要在不确定性环境下动态选择最优策略，寻求提高投资组合的表现。

本章主要考虑不确定条件下多期动态决策的连续时间资产配置策略，假设资产价格服从超指数膨胀的随机布朗运动，利用定向循环支持向量机提取特征因子并对资产组合进行分类识别，从而获得优质资产，通过梯度下降和卷积神经网络逼近值函数的信赖域混合智能算法构建最优组合，获得强化学习下超指数膨胀的连续时间资产配置优化策略，以期对投资组合管理和资产配置过程中的不确定决策问题提供重要指导。本章创新点在于：其一，定向循环 SVM 不仅能够通过长短期记忆特性有效处理长程相关数据，而且能够很好地进行特征选择，能够更好地捕捉时间序列的动态特性并达到有效的分类和预测效果；其二，强化学习和神经网络函数逼近方法能够较好地解决马尔可夫决策过程中含随机过程约束的最优投资策略，基于梯度下降和信赖域的混合智能算法可以有力地处理不确定环境下面临的投资决策问题；其三，神经网络等人工智能方法可用于解决大规模的参数估计问题，其样本外预测能力更有利于解决金融市场非高斯非线性的资本资产定价问题。

第一节　超高维风险资产的非线性集成降维策略

本章采用线性和非线性组合降维的集成方法，对超高维风险资产数据进行非线性处理，综合集成降维策略具有许多优良的特性，对具有非线性复杂结构的数据集合非常有效。综合集成降维策略指的是通过线性和非线性相结合的组合形式来降低维数，这种降维方式优势众多。通常的降维方式很难处理非线性的高维数据，如超高维风险资产数据，那么利用该方法来处理可以取得良好的效果。其中，多维尺度变换、局部保留投影和神经网络等方法都属于这种结合了线性和非线性的方法。

在实际分析数据的工作中，对于高维数据本身的分析很难使我们得到理想的结果，不过其内在的信息及特点是可以通过周围的事物来体现的，这也是 MDS 方法分析相似数据的本质思想，该方法分析的范围很广，无论是实际中使用的距离，还是主观上对相似性的设想皆可，数据的相似性可通过数据间的相似之处或者数据间的内部规律来分析处理，该方法中数据指标的使用更为简化是一大优势。对线性数据进行降低维数的处理，常用的方法之一是多维尺度变换法，这个方法的本质思想是：高维样本点以样本点与样本点间的相似性为基础，得到一个非相似性矩阵，构造出恰当的低维空间并筛选出与高维数据相应的一组数据，这样就可以保证在降维后的空间中可以与初始数据在样本点的距离上最大限度地保证相似性。但是，通过这种筛选出对应数据得到的非相似度矩阵很难与初始数据集中样本点对的非相似矩阵相匹配，这也是 MDS 方法的困难之处。为了使 MDS 获得更好的降维效果，学者们对其进行了更加深入的研究和发展。例如，非计量的 MDS 技术，带权重的多维尺度变换奇异值挖掘算法。其本质是以数据重构的误差为基础，对不同的样本点附加不同的权重，对于样本点分布在低维流形空间上的数据，计算得到局部权重，样本点的置信度就用局部权重的数值来表示，判断样本点的奇异性，利用的就是样本点的置信度。整体数据中包括正常数据和非正常数据，对于其中的非正常数据，研究显示本书给出的算法处理效果非常理想，条件是整体数据中的其他部分在低维流形空间中。相比于之前用的奇异值挖掘算法，该算法运算速度更快，还可以通过置信度来优化流形学习算法，加强稳健性。对于线性投影映射，可以利用局部保留投影来降低其维数。

LPP 则主要针对线性问题，它不只用来处理数据，还可以从多方面多角度对其进行定义。该方法的运行流程为构建邻接图、构建权值矩阵、特征映射。当处理体量很大的数据时，LPP 会花费极大的计算和存储成本。张悦（2009）以当下降低数据维数的方法为基础，对那些使用较广的流形学习方法进行了研究，研究的方面分两种类型，分别是局部和全局保持流形学习。该研究从流形学习当下的发展状况和数据的组织结构入手，对流形学习方法进行了优化。归纳整理了该方法的运行模式、运算时间成本和几何特性；通过对 LPP 的进一步研究，加入指定的线性映射关系，建立吸引向量矩阵，形成一种新的方法 RLPP，该方法在对脸谱图片数据进行分析时，对高维数据的降维有着良好的效果，可以增加对脸谱识别的准确率和速率。RLPP 对初始 LPP 的改进表现在：当人的面部表情有所改变时，无监督学习法就不能对脸谱数据信息进行有效的分析，无法充分地发挥当前样本的类型特征的实验研究作用。优化后的算法最终输出不再受数据方位变化、面部旋转缩放以及首饰佩戴等变化的影响。研究表明，优化后的算法优点有：明显提高了识别的效率并超过了其他的算法；算法的精确度优于当前的算法；提高了对大规模数据的研究能力。

线性降维方法对其对应的数据的降维效果非常理想，但是实际应用效果却不能令人满意，因为现实中线性的数据较少，多数时候我们需要处理的是非线性的数据，这时线性的降维方法就很难让我们再从中得到数据的本质信息。常用的线性降维方法通常能够较好地适用于全局线性的高维数据，可以取得较好的降维效果，但对于现实中的非线性高维数据，就很难再得到相同良好的效果。因此，现在学者们都非常热衷于研究如何降低非线性数据的维数，期望能找出适当的方法。非线性降维方法针对的是线性降维方法不能有效处理的非线性数据，它的一个重要的假定是数据的任一部分都能近似线性化。线性降维方法在处理非线性数据时的局限在于初始高维数据线性不可分，为了解决这个问题，非线性降维方法利用核函数转换高维数据的思想，使得初始数据集能在某个更高的维度上线性可分，即把高维非线性数据转换为更高维的线性数据，那么再使用线性的方法来降低维数就能取得理想的效果了。以核为基础和以流形学习方法为基础的降维方法是典型的非线性降维方法。其中，以核为基础的降维方法的原理是：通过核的方法，把初始数据用隐式映射的方式转换至维度更高的空间中，从而使得原本线性不可分的高维数据可以转换为线性可分的数据，最终使用线性的方法来进行维度降低的处理。通过这种方式，以利用核为基础，可以把大部分的线性方法自然而然地衍生成为非线性的方法，如核主成分分析、核线性判别分析等。然而以核为基础的非线性降维方法并非是完美的，还存在无法忽视的缺陷。其一，由于该方法是以核为基础，那么，如何确定核函数的形式以及如何估计核函数的参数就是该方法最大的困难。如果选择的核函数合适，那么数据的分析结果就是理想的，但是不同的数据所要求的核函数却是不同的，通常情况下，核函数的形式是人们通过对问题的理解以及现实的经验相结合而确定的，人们如何认识现实，决定了核函数如何选取。其二，因为在该办法中采取的映射函数是隐函数，无法具体地写出数据的函数表达。李海棠（2011）提出了基于 BP 神经网络并结合主成分分析的思想。其具体做法是先通过主成分分析法将初始样本数据集平稳化处理，再将结果放在 BP 算法中运算，最终可通过估计出的 BP 模型来预测未来较短时间内的粮堆温度。研究结果显示，将两种方法相结合的综合形式能够精确地进行预测运算，是一种有效预测粮堆温度的手段。牛亚茜和冀小平（2013）也是基于此思想得出了一种图像检索法，但是与上述方法有所区别。首先构造出一种不同于以往的卷积神经网络构造，经过一定的学习训练后，能够更好地展示信息，并且容易区分；其次结合主成分分析法，不但最大限度保留了图像信息，还避免了维数灾难对于数据分析带来的困难；最后的检索依据图像距离来完成。研究显示，上述方法的能力超过了对比方法，在表现图像信息方面能力显著提高，并且具有较好的检索能力。

利用神经网络对数据进行降维处理的理论不断在发展，在许多地方都能够适用。有学者将自编码网络与稀疏算法相结合，用来提取高维数据的重要信息，消去无关变量，最终实现降低数据维数的目的。在脸谱图像识别的实验中，该方法不但有效地降低了高维数据的维数，而且将脸谱图像的主要信息留存下来，使其具有较好的识别效率，这说明稀疏自动编码网络也是一种良好的数据降维方法。针对高维异常检测问题，有学者利用 AE 算法和 DBN 算法来降低高维数据的维数，再使用 OCSVM 理论对处理后的数据进行异常检测。该方法可以快速精准地识别出异常情况，大大节约了算法的运行和计算成本。高维数据的分析会有许多问题，其中异常检测是一个重点问题，本章重点对该问题进行研究，分析研究了解决该问题的方法，通常使用的方法有两种：一种是神经网络；另一种是支持向量机分类。第一种方法的核心技术是深度神经网络技术，该技术是基于神经元模型和神经网络模型来对数据进行降维，该技术使用的重要方法之一是自动编码器，编码器根据功能的不同分为过完备与欠完备自动编码器，根据降维时不同的特征分为栈式自动编码器和降噪自编码器，各有优点和缺陷；本章最后对深度信念网络作了说明，对其基本组成部分受限玻尔兹曼机进行了说明，推导了其以对比散度为基础的运算流程。实验结果显示，相比于之前的传统方法，本章的优化方法性能更好，体现在运算成本更低、检测的精准度更高。

总体来看，神经网络的应用在各个领域中都有着杰出的表现，选择恰当的神经网络模型，能够很容易地解决之前传统方法难以解决的问题。但是到目前为止，人们还没有提出一套成体系的理论来支持神经网络技术，人们在使用该技术时更多依靠对问题和实际的先验经验对模型提出假设，再利用已知样本数据对模型进行检验和修正。因此，神经网络的未来在理论发展方面前景仍然比较广阔。降维方法除了传统上的线性降维方法和非线性降维方法之外，还有其他比较受欢迎的方法，例如，如果考虑数据的类别标签信息使用情况，那么还可以将降维的方法分为无监督数据降维方法、半监督数据降维方法和有监督数据降维方法。无监督数据降维方法指的是样本集的标号信息不对降维造成影响，只是操作数据自身，详细来讲就是只需要对未标记数据进行分析，从而获取到计算数据类别标签的分类模型，其分析的重点在于数据结构。传统的无监督降维方法有 k-聚类、PCA、ISOMAP、LLE 等。由于无监督降维法只是关心未标记的数据，因而对于数据的利用十分不充分，其得到的分类结果精确度较低，可靠性不高。有监督数据降维方法相比于无监督数据降维法对数据的利用而言比较充分，除了数据自身外，还利用了数据的类别信息，重点筛选出了数据样本判别信息，其重点在于构建样本数据和类别标记的关系，使得标记与数据特征一一对应，从而得到能够通过标记反映出数据特征的模型。如果构建的是类别标签与实值之间的关系，我们将其命名为回归。有监督降维方法包括线性判别分析、支持向量机、局部保持判别投影等。半监督数据降维对数据的利用最为充分，相比起有监督数据降维，对于已知对应的少量类标信息的利用更加充分，不但使得降维后的数据更容易进行判别，还能充分分析数据的结构，使得降维前后的结构信息能够保持一致。

目前，学界中热衷于研究半监督降维方法，如半监督线性判别分析、SSDR 等。一些学者从多视角子空间学习和降维方法相结合的角度出发研究如何降维，并将该技术应用于高光谱图像分类问题中，对于其中存在的问题，可以使用较为恰当的监督学习方法来解决。这些方法主要研究在降低数据的维数后，怎样使多视角数据公共信息和互补信息一起保留，在局部近邻对齐的基础上，得到了无监督多视角数据降维方法。该方法主要针对多视角数据，依赖于这种数据的特性，以低维空间为起点，学习多视角低维充分空间。多视角数据不同的近邻关系有着不同的特点，以这些特点为基础，保证初始数据的近邻关系能够一致，提高低维数据的判别性。为了解决空间判别性的问题，又可以再融入低维充分空间来解决。在考虑使用类别标签信息的情况下，该方法认为应该将同类和异类邻近近邻分开，使得低维空间更容易进行判别。经过大量的实验数据检验，该方法分类效果较好，并且运算简单。对于标记数据不够充分的困难，可以采取半监督学习和多视角数据降维相结合，利用半监督法可以分析未标记数据的特点来优化该方法。如果能够使得标记数据散布在分类中心的四周，那么空间的判别性将会更佳。大量实验数据显示，该方法处理标记数据较少的问题时精度要高于其他方法，也能够更好地对地表物质数据进行区分。如果处理的数据标记不足，可以借鉴纯半监督学习来降低数据的维数。想要筛选高维的未标记数据，可以利用蕴含了样本近邻信息的空间信息。若想对维数相对比较高的数据进行分类，关键就在于它的空间信息。大量数据表明，结合了空间信息后，标记数据的多少变化较小，在处理标记数据较少的问题时，分类最为精确。本章将该方法用来解决资产估值与分类的问题，采用综合集成降维模型并通过稀疏优化的交替乘子算法获得非线性降维结果，即：

$$\min \left\| x - [\varphi W]\begin{bmatrix}\alpha \\ f\end{bmatrix} \right\|^2 + \lambda_1(\|\alpha\|^2 + \|\alpha\|_1) + \lambda_2(\|f\|^2 + \|f\|_1) \qquad (6.1)$$

其中，x 为原超高维数据集，φ、W 分别代表线性降维、非线性压缩估计，该集成降维措施旨在吸取线性和非线性的诸多经典降维方法的优点，以获得良好的集成结果。

第二节 基于定向循环支持向量机的多因子资产分类模型

一、ε-不敏感函数的支持向量机

SVM 具有很强的核函数映射和特征提取能力，可以很好地捕捉到关键因子。本章在循环神经网络中嵌入 SVM 分类模型，通过 ε-不敏感函数的 SVM 进行预测和分类学习以便增强其对于时间序列长程相关的处理能力。ε-不敏感函数的 SVM 引入松弛变量 ξ_i 强化软间隔约束，其损失函数为：

$$L(f(x), y, \varepsilon) = \begin{cases} 0, & |y - f(x)| \leq \varepsilon \\ |y - f(x)| - \varepsilon & |y - f(x)| > \varepsilon \end{cases} \qquad (6.2)$$

SVM 根据损失最小化和结构风险最小化准则建立软间隔约束的最优化问题来获得支持向量，即：

$$\begin{aligned}&\min \frac{1}{2}\|w\|^2 + C\sum_{i}^{l}(\xi_i + \xi_i^*)\\&s.t.\ \ y_i - w \cdot \varphi(x_i) - b \leqslant \varepsilon + \xi_i\\&-y_i + w \cdot \varphi(x_i) + b \leqslant \varepsilon + \xi_i^*\\&\xi_i \geqslant 0,\ \xi_i^* \geqslant 0\end{aligned} \tag{6.3}$$

其中，参数 C 表示模型复杂度、结构风险度和经验误差之间的协调因子，通过求解其对偶问题可得到该优化问题的最优支持向量，若核函数表示为 $K(x_i, x_j) = \varphi(x_i)\varphi(x_j)$，最终回归函数为：

$$\begin{aligned}f(x) &= W^* \cdot \varphi(x) + b^* = \sum_{i=1}^{l}(\alpha_i - \alpha_i^*)\varphi(x_i)\varphi(x) + b^*\\&= \sum_{i=1}^{l}(\alpha_i - \alpha_i^*)K(x_i, x) + b^*\end{aligned} \tag{6.4}$$

所求问题的支持向量即为（$\alpha_i - \alpha_i^*$）不为零对应的样本。

二、基于定向循环支持向量机的深度神经网络

循环神经网络由于内含自反馈的神经元，具有良好的循环反馈激励机制，对相当长度的时间关联数据序列有很好的胜任能力。因此，在循环神经网络中定向植入 SVM 不仅可以抓住数据序列的主要特征，而且能够利用其特有的回路结构进行长短时记忆建模。定向循环 SVM 能够隐式地根据历史信息、当前信息和所处状态进行时序关联性学习，从而提升神经网络的特征选择能力和全局泛化性能。其循环和定向植入反馈结构如下：

$$\begin{cases}s_t = \sigma(U \cdot x_t + W \cdot s_{t-1} + b)\\r_t \sim \text{Bernoulli}(p)\\y_t = \sum_{t=1}^{T}\alpha_t \cdot k(x_t, x)\\\acute{o}_t = V \cdot s_t + \acute{V} \cdot (r_t \odot y_t) + c\\o_t = \text{softmax}(\acute{o}_t)\end{cases} \tag{6.5}$$

式（6.5）表示嵌入 SVM 自循环结构的神经网络，其中，$k(x_t, x) = \langle \varphi(x_t), \varphi(x) \rangle$ 表示 SVM 的核函数，⊙为相应元素相乘；伯努利分布的离散值 1 表示成功，0 表示失败，用概率响应来确定网络节点是否植入 SVM；W 为滤波器；b 是偏置；s_t 是本层的自循环输出，也是下层网络节点的输入，它联合 SVM 共同构成定向循环结构，强化网络的特征选择和时序相关性，一定程度上提升神经网络的全局表征能力。

综上所述，定向循环 SVM 的深度神经网络首先用 SVM 核函数映射功能进行特征提取，通过定向植入循环神经网络的不同隐含层并进行滤波操作来强化、激励和突现特征因子，以便有效甄选出资产价格的影响因素；其次在神经网络的关键节点处引入自循环和反馈激励机制，使得网络的输入输出具有时序上的依赖关系，从而使网络拥有"记忆"功能，进而可以根据上下文内容进行推断和预测；最后综合集成，形成因子特征识别的资产分类结果，为构建连续时间超指数膨胀的最优资产组合打下坚实基础。定向循环支持向量机特征提取及分类模型结构如图 6.1 所示。

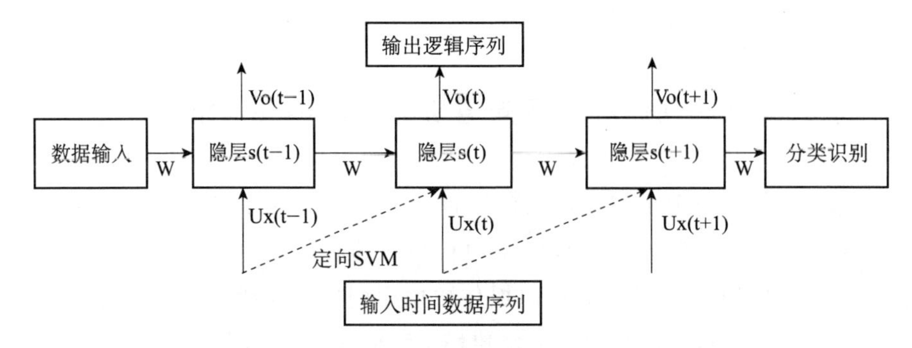

图 6.1　定向循环支持向量机特征提取及分类模型

第三节　超指数膨胀的连续时间投资组合优化模型

一、超指数膨胀的资产组合选择

金融市场供需力量的变化常常会扩大资产价格的随机波动，这种波动是股票市场最根本的非线性特性和影响资产价格的最大变量。因此，证券市场表示的虚拟经济运行周期比实物经济周期更快和更为提前，资产价格在市场参与者投资行为的非理性推动下表现出偏离基本面更高速的指数膨胀。一些学者对 Black-Scholes 股价模型进行推广，提出 SB 模型来描述超指数膨胀的股价模型。

$$dS = \alpha(S)S^m dt + \sigma(S)S^m dW - kdj \qquad m > 1 \tag{6.6}$$

其中，W 为维纳过程，j 为跳跃过程，反映股票价格的急速涨跌状况，k 为跳跃幅度；$\alpha(S)$ 和 $\sigma(S)$ 分别为该随机过程的漂移变量和波动率变量；m 为正反馈指数，其值为 1 且漂移率和波动率为常数时退化为标准几何布朗运动，该模型尝试通过引入正反馈系数表征资产价格的超指数膨胀程度。然而，股票价格在加速上涨过程中会出现剧烈波动的周期震荡现象，市场参与者的“羊群行为”、非理性情绪都会不同程度地放大指数的膨胀效应，单纯从价格视角无法对投资行为作出合理解释，也不能对金融异象、正反馈理论进行准确描述。事实上，成交量在股价的涨落过程中起到很大的促进作用，成交量是股价的原动力，成交量与股价涨跌有密切关系，成交量和股价会互相影响、互相作用。成交量推动股价上涨，上涨的股价反过来激发投资冲动，助长成交量的攀升。针对以上模型的不足，本章引入成交量的动力机制来刻画股票价格快于指数增长的超指数膨胀现象，试图从微分动力学方程角度揭示超指数膨胀的生成机理，即：

$$dS_i(t) = \alpha_i(t)S_i(t)^m[1 + \delta_i(\bar{S}_i(t), M_i(t), t)]dt + \sum_{j=1}^{l} \sigma_{ij} S_i(t)^n dW^j(t) \tag{6.7}$$

其中，$W(t) = (W^1(t), \cdots, W^l(t))'$ 为标准维纳过程，$\alpha_i(t)$ 为漂移项，刻画布朗运动的主要趋势，σ_{ij} 为波动率，且 $dW^j(t)$ 为两两正交的扩散过程，m、n 分别为正反馈指数，$\delta_i(\bar{S}_i(t), M_i(t), t)$ 为超指数膨胀程度的反馈激励函数，它是成交量和股价的线性表达，δ_{i0}、δ_{i1}、δ_{i2} 为其系数，可由成交量和股价的动力学方程来描述，即：

$$\begin{cases} \delta_i(\bar{S}_i, M_i, t) = \delta_{i0} + \delta_{i1}\bar{S}_i + \delta_{i2}M_i \\ \dfrac{d\bar{S}_i}{dt} = c\bar{S}_i M_i \\ \dfrac{dM_i}{dt} = b\bar{S}_i \end{cases} \tag{6.8}$$

其中，$\bar{S}_i(t)$ 和 $M_i(t)$ 分别为一定周期内股价和成交量的平均值，式（6.8）描述了成交量推动股价涨落的必然性。一方面，从长期来看，股票价格应该服从价值规律。另一方面，成交量与股价相互作用、相互促进，两者相辅相成、相互影响。股价上升，成交量也随之上升，成交量持续增加又会继续推动股价上升；成交量直接作用于股价，引起股价变化，股价变化又会强化投资预期，间接带动股价和成交量的变化，其中骤增的成交量还会引起股价快速的超指数增长变化，两者之间相互影响的正反馈作用正是上述动力学方程所要表达的。从上述方程组不难得出其相轨迹为：

$$2b\bar{S}_i = cM_i^2 + k \tag{6.9}$$

式（6.9）反映了股价和成交量的渐进关系，进而可以得到反馈激励函数表达式为：

$$\delta_i(\bar{S}_i, M_i, t) = \delta'_{i0} + \delta'_{i1}\bar{S}_i + \delta'_{i2}\bar{S}_i^{\frac{1}{2}} \tag{6.10}$$

其中，δ'_{i0}、δ'_{i1}、δ'_{i2}为待定系数，可通过超指数膨胀的资产价格参数估计获得其值，将其代入上述股价的布朗运动方程，可以得到完整的股价动力学随机微分方程。

不失一般性的，资产组合的构建包括风险资产和无风险资产，假设市场上有 $n+1$ 种资产，其中无风险证券的价格满足如下随机过程：

$$\begin{cases} dS_0(t) = r(t)S_0(t)dt, \ t \in [0, T] \\ S_0(0) = s_0 \end{cases} \tag{6.11}$$

其中，$r(t)$ 为无风险利率，假设在有限时域内，证券无限可分；投资过程中不追加资金，不提取资本利得，也不分红；不允许卖空；投资过程连续。t 时期投资者分配资金份额于 n 种风险资产，$\hat{\theta}_{tj}$表示 t 时期风险资产 j 的投资比例，$l_j \leqslant \hat{\theta}_{tj} \leqslant h_j$为投资比例限制，$t=1, \cdots, T$，由其构成 t 期策略组合向量$\theta_t$；风险资产价格满足超指数膨胀的随机动力学微分方程，其价格的对数收益率形式为$r_t = \ln(S_t/S_{t-1})$，设 $r=(r_{t1}, \cdots, r_{tn})$ 表示风险资产在 t 时期的收益率向量，则可通过风险资产的收益率向量和投资比例得到资产组合的均值 $E(\tilde{r}_t) = \theta^T r$ 和方差 $Var(\tilde{r}_t) = \theta^T \sum \theta$，其中，r、$\sum$ 和 $\tilde{r}_t$分别表示收益率向量、协方差矩阵和平均收益率。由于资产价格受连续时间的随机过程约束，且投资组合选择需要根据不同的市场环境在不确定条件下动态改变其优化策略。因此，本章拟采用基于马尔可夫过程的序贯决策来刻画投资过程的动态变化，通过强化学习算法进一步捕捉投资策略对组合风险收益性能的影响，从而找到更好的资产配置策略。马尔可夫过程下的学习策略是解决决策优化问题的有力工具，即面对特定状态，采取何种最优行动方案，才能使收益回报最大。基于动态规划和 Bellman 最优性原理的值函数分析方法恰好可以有效地刻画投资决策过程的动态适应性变化，能够充分运用于动态多期的长期投资决策。记$V(\theta_t)$为 t 时期资产组合在投资策略 θ 状态下的值函数，则动态投资决策的依据是根据当前状态采取最优投资策略 $\arg\max(V(\theta_{t+1}))$ 获得最优投资回报R_t，即在时刻 t，当前状态下，选择策略θ_t，获得回报R_t，并在下一状态连续选择投资策略以使投资回报最大，然后按照每次获得的最优回报值同步更新值函数，同时根据执行后获得的反馈信息及时修正优化路径，保证优化的高效性。值函数$V(\theta_t)$的更新方式如下：

$$V(\theta_{t+1}) = V(\theta_t) + \alpha[R_t + \gamma \cdot \max(V(\theta_{t+1})) - V(\theta_t)] \quad (6.12)$$

其中，α 和 γ 分别为状态松弛因子和回报函数的折扣因子，R_t为回报函数，通过收益型效用指标$R_t = E(\tilde{r}_t)/Var(\tilde{r}_t)$表示，以便反映投资组合的单位风险收益特性。即通过序贯决策不断调整投资策略来提升最优回报，最终使得动态资产组合的总体收益型效用最大。同时，资产组合净值波动也是反映投资组合业绩优劣的重要标准，控制整个投资阶段资产组合的业绩波动不宜过大是组合管理追求的主要目标之一，本章主要通过信赖域优化策略调整组合头寸的变化来限制组合波动率。另外，组合投资策略的调整应该使其熵的不确定性程度越小越好。根据以上假设，考虑投资者属于风险厌恶类型，追求最大化收益并且极小化投资过程面临的风险，即投资者的最优策略是求解以下多目标最优化问题：

$$\begin{cases} \min\left[-E(V(\theta_{t+1})) + C_1\dfrac{1}{T}\sum\limits_{t=1}^{T}\|V(\theta_{t+1}) - V(\theta_t)\|^2 - C_2\sum\limits_{t=1}^{T}\|\theta_t\log(\theta_t)\|^2\right] \\ \qquad \text{s.t. } V(\theta_{t+1}) = V(\theta_t) + \alpha[R_t + \gamma\cdot\max(V(\theta_{t+1})) \\ \qquad - V(\theta_t)]\ \|V(\theta_{t+1}) - V(\theta_t)\|^2 \leqslant \varepsilon_t \\ dS_i(t) = \alpha_i(t)S_i(t)^m[1 + \delta_i(\bar{S}_i(t), M_i(t), t)]dt + \sum\limits_{j=1}^{l}\sigma_{ij}S_i(t)^n dW^j(t) \\ \qquad l_j \leqslant \hat{\theta}_{tj} \leqslant h_j;\ l_j, h_j \geqslant 0;\ \varepsilon_t > 0;\ j = 1, \cdots, n;\ t = 1, \cdots, T \end{cases} \quad (6.13)$$

其中，l_j和h_j为组合资产配置比例的限制，ε_t为信赖域半径，目标函数可分为三部分：第一部分表示在资产价格满足随机微分方程约束下，动态资产组合的总体收益型效用回报最大；第二部分控制投资过程中资产组合的业绩波动不要太大，对值函数的变化量设定上确界，$\|V(\theta_{t+1})-V(\theta_t)\|^2\leqslant\varepsilon_t$，即通过增加信赖域约束的优化调整策略间接实现优化目标；第三部分表示策略熵的不确定性，越小越好。本章利用策略梯度和信赖域约束的神经网络函数逼近方法求解相应优化问题，从而得到基于动态规划的值函数意义下的最优投资策略。

二、基于值函数逼近的强化学习算法

上述优化目标显含值函数，其函数形式难以通过具体形式确定下来，通过 Bellman 最优性原理转化为 HJB 方程的经典方法一般不能获得解析解。本书考虑不确定性条件下的随机过程约束，采用基于策略梯度下降的神经网络充分逼近该值函数，通过信赖域优化策略直接在可行域中搜索最优投资策略获得多目标最优解。函数逼近过程是一个监督学习过程，其数据和标签对为$(y_t, V(\theta_t))$，其中$y_t=R_t+\gamma\cdot(V(\theta_{t+1}))$，则训练的目标函数为：

$$\arg\min_{\theta}\|y_t-V(\theta_t)\|^2 \tag{6.14}$$

由式（6.14）不难得到参数的随机梯度更新为：

$$\theta_{t+1}=\theta_t+\alpha\left[R_t+\gamma(V(\theta_{t+1}))-V(\theta_t)\right]\nabla V(\theta_t) \tag{6.15}$$

本章采用策略梯度下降的更新算法直接在可行域中通过逐步缩放信赖域半径来搜索最优投资策略，从而获得多目标最优解。首先利用神经网络对目标值函数进行非线性逼近，值函数的参数为待求策略组合θ，在神经网络里对应的参数是每层网络的权重，更新值函数其实就是更新参数θ，通过对θ的不断迭代更新，可获得最优投资策略使得$\|y_t-V(\theta_t)\|^2$最小，神经网络经过充分训练后便可充分逼近相应的值函数。值得一提的是，为了使深度神经网络在值函数的逼近过程中避免出现不稳定的情况，利用经验回放训练强化学习过程，通过经验回放打破数据间的关联性，尽可能使训练数据保持独立同分布，在强化学习过程中，宜将数据存储到事先准备好的数据库中，利用均匀随机采样方法进一步降低数据间的关联性，然后抽取

“平均意义”下的回放数据训练神经网络即可达到强化学习的目的。此时值函数的更新变成监督学习的更新过程，梯度下降公式为：

$$\theta_{t+1} = \theta_t + \alpha [R_t + \gamma \cdot \max(V(\bar{\theta})) - V(\theta_t)] \nabla V(\theta_t) \tag{6.16}$$

其中，$\bar{\theta}$为均匀随机抽取的策略回放数据。综上所述，该算法先优化目标函数的第一部分，利用策略梯度下降方法训练卷积神经网络逼近该值函数；第二部分主要通过资产组合头寸的调整使得值函数变化不要发生过大的“抖动”，以便使整个投资期内组合收益率等业绩指标不致发生大起大落的变化，为了便于处理，对值函数的变化量设定上确界，并将其作为约束条件，通过信赖域方法有效控制该上确界，从而达到值函数平均累积误差最小的目标；最后运用遗传规划算法获得整体目标最优解。

（一）超指数膨胀的资产价格最优参数估计

对风险资产价格满足的随机过程离散化可得：

$$S_{i+1}(t) = S_i(t) + \alpha_i(t) S_i(t)^m [1 + \delta_i] \nabla t + S_i(t)^n \sum_{j=1}^{l} \sigma_{ij} \varepsilon \sqrt{\nabla t}, \varepsilon \sim N(0, 1) \tag{6.17}$$

其中，参数 $\alpha_i(t)$、δ_i、m、n、σ_{ij} 与$S_i(t)$ 表示超指数膨胀的资产价格递推关系，由于 ε 服从正态分布，因而式（6.17）表征参数变量到资产价格的不确定性映射关系，通过蒙特卡罗随机模拟训练神经网络可以较好地刻画资产价格超指数分布的非线性关系，即根据大规模随机采样产生大量模拟资产价格参数的训练数据，用非线性映射的方式逼近该不确定函数。然后，将遗传算法嵌入训练好的神经网络，对参数变量采取遗传、变异等操作，设 $\min \|\nabla S(t)\|^2$为适应性函数，通过最小化 $S_i(t)$ 和实际值的误差平方和计算适应度，采用旋转赌轮的方式多次更新，获得的最优解即为参数最优估计。

（二）信赖域约束下基于策略梯度的值函数逼近算法

步骤一，经过上述步骤处理后，涉及资产价格的参数 $\alpha_i(t)$、δ_i、m、n、σ_{ij} 等已经获得，资产价格满足的随机微分方程便可确定，可将价格转化为对数收益率形式$r_t = \ln(S_t/S_{t-1})$，并计算收益率的方差和协方差矩阵，进而

引入策略向量 θ 即可求得资产组合的均值 $E(\tilde{r}_t)=\theta^T r$,方差 $Var(\tilde{r}_t)=\theta^T\sum\theta$ 和收益型效用指标$R_t=E(\tilde{r}_t)/Var(\tilde{r}_t)$，其中，r、$\sum$、$\tilde{r}_t$分别表示收益率向量、协方差矩阵、平均收益率，收益型效用指标R_t为回报函数。步骤二，根据均值回复的 OU 随机过程 $d\theta=(\beta-\alpha\theta)dt+\sigma dW$ 模拟生成投资策略的初始化输入数据，其中，β、α、σ 分别为均值回复系数、漂移率、波动率，利用贪婪策略选择当前值函数最大的策略组合$\theta^*=argmax(V(\theta_t))$，并存储策略到回放记忆区。步骤三，根据 Bellman 最优性原理，运用上述值函数递推公式，设 $y_t=R_t+\gamma max(V(\theta_{t+1}))$，运用神经网络优化目标函数 min $\|y_t-V(\theta_t)\|^2$，即执行梯度下降法使其最小化，从而获得策略梯度变化的更新方式为 $\Delta\theta=[R_t+\gamma max(V(\theta_{t+1}))-V(\theta_t)]\nabla V(\theta_t)$。步骤四，利用信赖域方法确定最优学习率，设 Δf_t为实际下降量，$\Delta f_t=\|V(\theta_{t+1})-V(\theta_t)\|^2$，$\Delta q_t$为对应策略调整的下降量，$\Delta q_t=\|y_t-V(\theta_t)\|^2$，定义比值$r_t=\Delta f_t/\Delta q_t$，它衡量近似目标函数的程度，其值越接近 1，表明近似程度越好。如果$r_t<0.25$，则$\varepsilon_{t+1}=\varepsilon_t/4$；如果$r_t>0.75$，则$\varepsilon_{t+1}=2\varepsilon_t$；否则，置$\varepsilon_{t+1}=\varepsilon_t$，确定信赖域半径后，步长便可通过值函数改变量和约束半径进行调整，由此可以求得，$\alpha=argmin(\|V(\theta_{t+1})-V(\theta_t)-\varepsilon_{t+1}\|^2)$；随后更新值函数的策略梯度 $\theta=\theta+\alpha\Delta\theta$，同时也更新神经网络参数，即策略更新量沿着梯度方向进行一定量的缩减，使之满足约束条件，并控制适当步长在信赖域范围内确保优化目标得以实现，这样便可通过自适应调整策略改变信赖域的范围ε_t，并且在使ε_t尽可能大的同时减小值函数累积误差。其中，在神经网络的优化阶段，每隔一定步骤，从策略回放区取到策略 θ，进行均值化处理，更新一次目标网络权重，以使神经网络获得更好的优化效果。最后为重复迭代更新投资策略，直到值函数目标值变化达到既定精度或循环完成给定次数，由此获得基于策略梯度下降的值函数卷积神经网络。对于目标函数的策略熵部分，通过蒙特卡罗随机模拟投资策略，产生大量训练数据，采用 BP 神经网络逼近，利用训练好的两个神经网络，从中嵌入遗传算法，对策略组合实施遗传、交叉、变异等操作更新其对应染色体，经过多次迭代和种群更新，获得最小目标函数值对应的染色体即为资产组合的最优投资策略。

第四节　实证研究

一、基于特征因子选择的资产组合

本章从盈利能力、企业质量、规模、估值等诸多因素入手，建立因子特征指标集，通过定向循环支持向量机挖掘特征因子，然后利用 SVM 良好的分类能力识别核心投资目标，从而构造具有多因子特征的最优投资组合以达到提高收益的目的。特征指标因子集合及其描述如表 6.1 所示。

表 6.1　特征指标因子

因子类型	因子名称	因子描述
盈利	ROE	净资产收益率
现金流	经营活动现金流量净额比营业收入	评价企业盈利质量
估值	EP、EPS、股息率	EP 市盈率倒数
成长	ROE 同比增长率、净利润同比增长率	资产、利润同比增长
质量	速动比率	速动资产与流动负债比率
规模	流通市值、持股集中度、账面市值比	收益风险影响因子
技术	乖离率、MACD、RSI、KDJ、ROC、CCI、BOLL	买入卖出选择
流动性	成交量、换手率、成交金额	买卖频率、股票流通性强弱
宏观	贷存款增速差、PMI、CPI、PPI	宏观经济景气指数

二、预处理及目标成分股选择

先采用 Z-SCORE 方法对因子指标集合进行归一化处理，消除不同因子间的量纲影响。然后选取表 6.1 中每个大类的第一个细分因子，其他因子作为候选，并将其与资产价格形成数据和标签对 $\{x^{(t)}, y^{(t)}\}_{t=1}^{N}$，其中，$x^{(t)}$ 为特征因子向量，$y^{(t)}$ 为股票收盘价。定向循环 SVM 分类过程是一个监督学习过程，即从标记好的训练数据来推断资产价格的未来表现，监督学习中的实例由输入对象（因子向量）和期望的输出值（股票收盘价）组成。由于因子向量涉及盈利、质量、规模、估值等多个维度，SVM 采用径向基核函数的非线性变换将输入数据映射到特征空间，充分运用定向循环 SVM 的监督学习算法推断和映射新的实例，从而在特征空间准确实现线性不可分问题。定向循环 SVM 分类学习过程由两条主线构成：一方面，循环神经网络通过自身特有的循环结构和记忆功能进行监督学习，在循环神经网络的隐藏层节点施行自循环和远程反馈以便挖掘资产价格的演进模式，运用因子变量对资产价格的映射关系，依据资产价格的当前状态和历史信息推断未来趋势；另一方面，通过 SVM 提取因子特征并利用核函数变换预测新的期望价格，然后定向嵌入循环神经网络，强化因子、动量和反转效应对当前资产价格的影响，从而利用循环 SVM 来快速学习当前市场的动态特性，最终获得有价值的投资标的。

图 6.2 显示了定向循环 SVM 的网络结构及分类流程，定向循环 SVM 对归一化的带标签数据预处理后进行训练，通过 SVM 进行特征选择，同时循环神经网络 RNN 根据时间周期植入循环和远程反馈结构反复强化特征，之后 SVM 和 RNN 互换角色，交叉执行，使得有代表性的重要因子更能深刻反映资产价格未来走势。两条主线的处理流程分别为：I1→R2→R3→R4（S2)→R5→R6→@ 和 I1→S2→S3→S4(R4)→@→O，其中 R4(S2）和 S4（R3）为循环网络和 SVM 互相嵌套结构，自循环节点可安置日历效应等重要事件，最后通过分类器获得优选结果。图 6.2 中 I 为输入层，R 为循环神经网络的处理单元，S 为 SVM 单元，R3、R4 为自循环反馈，@ 为非线性集成，O 为最后输出。

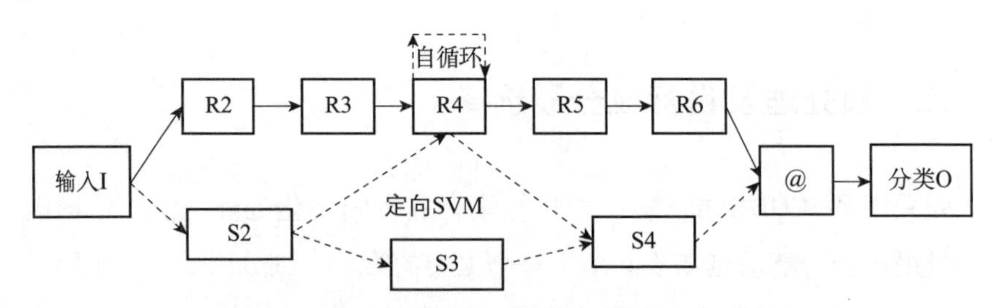

图 6.2　定向循环支持向量机网络结构及分类流程

本章选取上证 50 指数的成分股作为候选目标股票，以 2007 年 3 月 16 日至 2013 年 6 月 24 日时间段的日数据为训练样本，选取 2013 年 6 月 25 日至 2018 年 5 月 30 日时间段的日数据为测试数据。按照上述构建的定向循环深度 SVM 网络交替进行 SVM 特征提取、RNN 自循环等流程处理，最后分类输出。

三、超指数膨胀的连续时间投资组合优化结果

本章从资产价格服从超指数膨胀的随机布朗运动出发，利用定向循环 SVM 的深度神经网络优选目标成分股，然后采用梯度下降和卷积神经网络逼近值函数的信赖域混合智能算法寻找最优投资组合。其中，卷积神经网络采用 3 个卷积层、1 个池化层再加上 2 个全连接层的网络结构，算法的惯性率为 0.5，动量因子为 0.8，学习速率为 0.1，通过动量梯度下降函数 traingdm 进行训练，最大步数为 10000 步，目标为 0.01；成分股的投资比例参考指数成分股的市值加权比，债券投资范围为［0，0.95］；多目标间的协调参数 C 根据夏普比率设定；无风险利率以二年期定存为基准。通过遗传规划的混合智能算法，模拟 6000 代，10000 次迭代，最终得到超指数膨胀的连续时间投资组合如表 6.2 所示。

表 6.2　　连续时间投资组合的资产配置　　单位：%

贵州茅台	南方航空	中国中铁	中国交建	招商证券	上汽集团
9.10	8.13	6.77	6.62	1.77	5.28
中国建筑	招商银行	中国中车	中国铁建	康美药业	万华化学
5.18	5.13	4.57	3.86	1.53	3.84
中国电建	华泰证券	宝钢股份	中国太保	交通银行	中信证券
3.54	3.52	3.38	3.33	1.52	2.62
中国人寿	中国平安	中国联通	新华保险	光大银行	中国石化
2.48	2.42	2.23	2.21	1.39	2.03
工商银行	农业银行	大秦铁路	浦发银行	中国银行	保利地产
1.36	1.35	1.31	1.09	1.49	0.95

另外，投资组合的性能不仅简单考虑单个资产的预期收益和风险，更

重视所选资产组合的整体表现。为了对连续时间组合的总体收益和风险以及市场表现进行评价，选择有代表性的风格指数进行对比分析，以突出显示不同组合的差别。表 6.3 从组合评价指标 VaR 损失、夏普比率等方面揭示连续时间超指数膨胀策略优于等权重法和市值加权法等策略，其中组合收益与风险经过德菲尔法进行加权调整。实证研究表明，连续时间超指数膨胀策略能够较好地捕捉资产价格的运动状态并有效配置资产组合，表现出更出色的风险收益特性，鲁棒性更强。

表 6.3　测试期不同投资组合的稳健性及收益风险比较

组合类别	组合收益	组合风险	夏普比率	重大回撤	超越 HS300	VaR（95%）
连续时间	2.33	0.59	5.01	0.44	1.61	2.49
等权重法	1.72	0.36	4.20	0.48	1.01	2.51
市值加权	2.21	0.55	4.80	0.45	1.49	2.54

第五节　本章小结

本章从静态投资组合入手，突破了单期均值—方差模型的静态构建方法，重点考虑不确定情形下根据不同市场环境动态改变资产配置的优化策略，将静态投资组合模型推广到连续时间情形，基于资产价格服从超指数膨胀的随机布朗运动假设，较准确地表征了复杂市场状态下资产价格的变化情况，通过定向循环支持向量机有效识别优质资产，获得了强化学习下超指数膨胀的连续时间最优投资组合，运用卷积神经网络和梯度下降的信赖域混合智能算法构建的资产配置策略稳健性更强，组合性能的优越性更明显。实证结论对依赖递推决策的资产配置和连续时间投资组合管理具有重要的指导意义。另外，连续时间投资策略与市场发展变化、是否完备等因素有关，资产价格演化的动力学机制尚不明确，金融异象时有发生，直接导致投资组合的优化策略在遭遇金融危机等重大事件时多少显得有些力不从心。因此，发掘更加有效的资产配置模型依然需要不懈努力，相关策略仍需进一步研究。

第七章　基于深度学习的超高维连续时间资产组合管理策略

马科维茨（1952）开启了投资组合选择问题研究的先河，夏普（1964）在资产组合理论和资本市场理论的基础上发展了资本资产定价模型，研究均衡价格的形成以及资产预期收益率与风险之间的关系，在投资决策和公司理财领域得到广泛应用；考克斯和罗斯（Cox and Ross，1979）根据资产价格运行的长期趋势，用广义均衡资产定价模型分析长期利率期限结构，提出具有均值回复特性的随机利率模型；李仲飞等（2001，2004）研究不确定性环境下的最优投资组合选择问题，给出原始市场无套利性刻画的最优投资组合策略的充分和必要条件及其应用背景；杨瑞成和刘坤会（2005）根据最优化原理建立含跳跃过程的投资组合模型，导出最大消费效用期望值和最优消费及策略满足的方程组；陈国华和房勇（2009）在考虑模糊流动性的基础上发展多目标模糊投资决策模型；柏林（2017）研究投资者观点的多阶段投资组合选择模型，并与传统投资组合模型作比较，验证资产配置策略的有效性。长期以来，国内外学者在投资组合、资产配置和金融风险管理方面做了大量的研究，从单期到多阶段、从静态到动态以及连续时间组合优化，资产组合选择理论的发展取得了丰硕的成果。

近年来，人工智能、机器学习等技术已广泛应用于各行各业的方方面面，在金融领域，人工智能与量化交易联系越来越紧密，大量强大而有效的机器学习算法诞生并应用于金融实践，人工智能在投资组合、资产配置、风险管理及投资决策等方面逐步深入金融经济行业的各个领域。国外研究中，利用机器学习和技术分析来进行预测的研究主要去拟合单个技术指标和股价或收益率之间的关系，并利用拟合所得的关系来进行预测。马超和梁循（2014）使用关键词和聚类方法进行新闻分类，研究了事件驱动的支持向量机价格预测模型；于志军等（2015）提出了基于EGARCH模型的灰色神经网络模型，通过误差修正的新方法对灰色神经网络模型优化，对上证指数单日收益率进行预测；陈艳和王宣承（2015）运用遗传网络规划和Lasso方法以及强化学习方法预测价格走势并构建交易策略，以此获取市场收益；李斌等（2017）通过预测证券价格和进行证券交易，提出一套基于机器学习和技术分析的量化投资算法以期指导投资实践。

综上所述，国内外学者对预测和组合分析的理论与方法进行拓展，为进一步研究金融市场的内生机理、运行机制以及多层次资本市场的健康发展打下良好基础。但总体来看，现有技术分析研究主要关注资产价格波动及其走势预测、技术指标能否在股票市场上获利，且预测方法单一、过拟合，不能有效捕捉到复杂系统内部的非线性特征；神经网络的结构静态、呆板、全连接，不能较好地反映变量间的逻辑联系；连续时间的组合优化往往为了研究问题方便，其目标效用函数构造简单、不切实际，研究结论不深刻，而实际问题常常复杂很多，目标函数既不连续又不光滑，可行集也时常处于非凸状态。整体而言，缺乏对连续时间金融优化全方位的整体性研究，特别是极少从集成预测的角度去研究资产估值、择时选择、组合配置等综合性问题。本章将结合实际情况，站在该领域前沿，通过人工智能研究连续时间的最优资产组合配置策略，同时把集成预测和多目标优化的混合智能优化方法引入模型，以期显著提高该模型的适用性和应用价值。

第一节　深度融合网络的多因子资产组合选择模型

多因子模型一直是量化投资领域的重要方法，其理论基础是CAPM和APT理论，法玛（Fama，1996）三因子模型就是从实证金融角度将抽象APT模型具体化的成功尝试。多因子模型中，因子之间往往相互联系、互相影响，许多常用因子逐渐失去了对股票收益率的解释能力，为了使投资组合模型保持稳定的结果，从多因子中提取出有效资产组合，使模型具有更好的解释能力，本章综合集成卷积神经网络、PCA神经网络和深度SVM

等非线性预测方法，首先用深度 PCA 神经网络进行特征提取，其次通过卷积神经网络的多层滤波器学习方法精选有效因子，最后利用深度 SVM 网络出色的非线性预测能力综合集成，形成非线性多因子资产分类选择结果，从而优选较好的投资目标，进一步构建有效投资组合以适应不断变化的不确定性市场。

一、高维环境下基于深度 PCA-CNN-SVM 的因子特征选择

本章主要采用嵌入线性组合的方法对超高维环境中的非线性数据进行处理。线性降维作为最常用、最早的降维方法，有着别的方法不可比拟的优势，该方法有很多的优点，如计算简单、易于解释、可以通过解析解来实现降维方面的便利性，还专门针对具有线性结构的数据集使之更加有效等。对于当下最常用的对具有线性结构的样本数据进行降低维度的操作，PCA 方法是目前应用最广泛、使用最频繁的降维方法。PCA 是一种无监督学习降维方法，在很多领域都被广泛应用，如压缩数据领域、数据可视化领域、预处理数据领域。PCA 作为应用最广泛的方法，因其计算简单、易于解释等优点，在各个领域得到了广泛的认可。从本质上来讲，PCA 其实是一个坐标变换过程。它借助投影矩阵，在高维度样本数据空间中寻找其中最佳的投影方向，也就是样本数据方差最大的方向，接着将高维空间中的坐标在寻找出来的方向上直接映射，从而得到新的坐标。具体来说，假设原始数据空间中的数据是线性的是 PCA 的主要思想，而空间流形可以被看作线性或近似线性，这样原始数据空间中数据的协方差结构就可以尽可能地被保持，并通过计算中心化样本的协方差矩阵得到最大的数据总体方差，即在低维度空间通过线性投影映射得到原始数据空间的数据表征；降低维度的过程也可以看作是将变量数量减少的过程，将多个变量转化得到数量较少的综合变量，这些综合变量就可以看作是提取出来的主成分，这样就可以实现对于高维度数据降低维度的最终目标。数据方差作为 PCA 的一个非常重要的特征，是衡量信息的主要标准。在 PCA 方法中，可以利用样本数据的方差指标来判断包含信息的数量，其中样本数据的方差越大，

表示其所包含的信息量越多；反之，样本数据的方差越小，所提供的信息量就越少。PCA 方法有助于实现复杂的多维数据指标到几个综合变量的转化。为了达到降低维度且分析综合变量的目的，PCA 所选择的几个主成分应该使原始数据信息损失较少。部分国内学者将银川市作为研究对象，研究样本涵盖十份气象资料以及六类大气污染资料，基于贝叶斯网络（BN）构造出一种数量模型，以达到预测空气质量的目的。相关研究结果显示，他们利用所引入的模型可以得到更好的预测效果，即能够拟合出精度更高的预测值，与此同时，PCA 有效缩小了数据的维度，使模型整体结构更加精简、清晰，具有较大的实际意义。还有学者从降维技术与归纳分类两种途径出发，探索食品安全数据的效率提升问题，对于先前文献提及的研究细则，从多种角度分析了彼此之间的联系与区别。进一步，根据现存的不足与缺陷，建立了基于信息可信度的降维模式，提出互信息综合可信度的概念。第一，采取互信息综合可信度以识别数据矩阵的特征，进而采取 PAC 分析法缩减数据维度，从而增加这种模型的提炼空间。该方法的主要特点就是将 PCA 算法作为基础算法，测算不同类别之间以及每个类内部的距离来进一步分析。利用极值距离，提升数据投影矩阵的效率，使信息熵 PAC 法得到升级。这一过程既保留了高维数据降维后的精确性，又不会忽略低维数据带来的边际影响。

LDA 是早期广泛应用的线性降维统计分析方法，作为有监督学习的降维方法，LDA 方法的原则是寻找正确的投影方向，以达到使同一种类样本尽可能聚集、不同种类的样本尽可能分散的目的。投影作为 LDA 方法的基础操作，寻找特征向量是首要的。首先，利用原有高维度数据转向低维度的操作。其次，进一步利用类别的不同决定投影点的距离位置，也就是使同一类型的样本数据的投影点尽可能接近，使其位于邻近的位置上，不同类型样本数据的投影点尽可能分离，处于较远的位置上。再次，对新数据进行分类，即要将新数据朝着同一方向进行投影，再根据投影点的位置进行分类。LDA 方法的基本原则主要是基于两个层面：第一个层面是要最大化类间间距；第二个层面是要最小化类内间距。将两个层面有效结合，以实现各类数据有效地分离。尽管作为应用最为广泛的 PCA 方法可以实现有效地降低维度的目的，但其仍在该过程中存在缺陷，即所提取的主成分不能实现不同类型数据的区分。这是因为PCA寻找的是数据主轴的有效方向，而不是数据的结构层次信息。这也就不难解释在某些识别和分类问题中PCA不能很好地被应用了。与PCA不同的是，LDA在寻找投影方向的基础上，主要是在降维的过程中寻找便于数据分类的最有利的方向。而便于数据分类最有利的方向主要根据数据的类别信息来实现。因此，由该映射获得的低维数据容易区分。基于此，一般认为LDA在分类上优于PCA。然而，LDA并不总是优于PCA的，就像在某些特殊情况下，结果会截然相反。学者们在对其现状分析的基础上，发现由于传统技术在相关分析中没有考虑到缺失值，为了更好地应对这一问题，他们提出了一种基于在线评论和改进的LDA模型。该模型主要是利用余弦距离计算所研究问题的关联度，然后利用LDA模型设定阈值进行预测。基于以上操作，选择最大的相似用户群并得到其特征词权值，然后利用协同方法将该值代入推荐模型中生成推荐结果，从而完成了基于在线评论和改进的LDA模型在其研究领域的设计。有关数据集的分类，学者们普遍将数据集划分为训练集和测试集两部分。在每个实验中的具体步骤如下。首先需要随机选取用户数据，从测试集中随机选择10组用户数据。其次将最后15条记录作为实验数据列示出来。最后需要得到测试集，将所引入的技术与早期技术结合起来，对推荐结果的覆盖率进行测试。由最终得到的结果可以看出，该技术的覆盖率较好，满足设计要求。部分学者提出了改善后的线性判别分析方法，该方法同样适用于非高斯分布的数据。新模型借助测量样本对彼此间的欧几里得距离来实现样本对彼此间的差异区分，在这里需要考虑样本数据的内部几何结构，因而在高维度空间的样本数据转换嵌入低维度空间时，要对该结构进行分析。因此，新模型可以实现对处理高斯分布的数据和非高斯分布的多模态数据的处理。大量实验表明，改进后的方法能够解决经典LDA无法处理的非高斯数据问题。PCA方法和LDA方法可以看作是现存的各种降维方法的基础，很多方法都是在这两种经典的降维方法下衍生出来的。这两种方法在处理样本数据的过程中，都基于全局正态分布的假设。当所选取的样本不满足这种分布假设时，其性能会被影响。这两种方法不适合处理高维非正态数据。

20世纪70年代，PP方法被大量使用，从而解决了高维非正态数据的降维问题。该方法具有良好的适用性，它的基本思想是将复杂的事物简单化，即使用简单的方法实现对复杂事物的研究，也即通过线性投影的方式，这里针对投影的方式需要注意两个方面：一方面是高维度数据；另一方面是多维度数据。我们所理解的降维操作即在低维度空间中寻找最佳投影向量，这里就是对多维数据的概念，也就是需要寻找代表多维数据特征的投影向量，进而实现对多维度数据研究的目的。该方法主要通过以下两个步骤进行。第一步是投影，从不同方向实现评价指标数据的观察。能最大限度地体现评价指标数据信息和特征的最佳观测方向是“最佳投影方向”。通过投影来显示信息，同时也方便用普通方法实现分析计算。第二步是寻找几乎无干扰的合适的投影方向，而且对于样本数据的内部特征也应该相对应，这主要是借助对投影的样本数据点具有何种方式的几何分布的研究来实现的。PP 分析方法利用不同的投影等级作为依据，对指标函数进行构造，进一步找到评价指标的最优方向，可以更加清晰地得到与高维度数据相同结构的特征量。PP 分析方法可以有效应对多维度数据在计算操作中带来的难度，这也是其最明显的特点。在许多多维数据中，即使有大量的原始数据，也会在多维空间中十分分散，使得数据样本在结构方面的相关程度表现得很弱。PP 分析方法在多维到低维的投影中显示出了用来评价的指标的相关特征值，可以使那些非正态分布的样本数据采用相关的投影指标函数进一步操作。学者们引入了利用多个指标的评价方法，即可以解决降低维度目标的人机系统方案，使该方案中用于评价的指标数量多、权重难以确定的问题有了处理办法。这个方法的使用是在指标权重未知的条件下，搭建投影函数，并将高维度的样本指标数据进行整理，找到最佳投影方向后映射到一维度，通过高维度数据的比较，得到较好的降低维度的操作方案。同时，针对搜索速度慢、最优投影方向难以保证全局收敛的问题，学者们提出了一种实数编码的加速遗传方法。先要构建目标函数，找到数据的标准差及密度值，将这两个指标相乘的结果作为目标函数，然后寻找最佳投影方向的步骤，这个过程可以将投影后的向量作为优化向量，从而实现评价结果的快速获取。PP 方法与实数编码加速遗传方法相组合，为人机系统方案评价提出了一种新的路径选择。还有学者将核主成分分析网络（KPCANet）和 LDA 相结合，提出了一种表情识别方法，使当下许多基于浅层特征的表情识别效果不明显的问题得到了解决。另外，当提取的表情特征维数较高时，KPCANet 网络存在识别时间长、分类效率低的问题。首先，以 KPCANet 模型为基础，得到训练样本和测试样本的深层特征；其次，通过 LDA 监督层对 KPCANet 模型得到的深层特征进行监督和投影，从而实现对表情特征的分类；最后，将 LDA 投影的特征矩阵输入支持向量机（SVM）中融合表情特征以实现模型的训练与分类，其中，KPCANet-LDA 模型在人脸表情数据库 CK + 和 JAFFE 上进一步测试，实验结果显示，该方法具有相对较好的稳健性，较其他方法识别率相对较高。对于目前在核方法基础下的人脸识别方法所呈现的不足之处，学者们探讨了人脸识别方法中存在的非线性难题。所进行的主要工作如下。首先，需要在投影空间中重新定义一个新的度量，而且这个空间是要基于核 Fisher 判别方法的局部空间，并在高维度空间中运用新定义的度量来搜索在样本数据不明确条件下的近邻表示基，进一步提出一种协同近邻表示方法，该方法主要基于核局部投影度量。其次，为所有样本找到协同近邻的表示，在核方法的基础上引入协同近邻表示方法。最后，根据样本数据在高维特征空间中的散落情况，找到数据的局部流形区域，此区域主要通过流形学习来实现的，再将类标签在样本中嵌入。局部流形结构由数据在近邻类搭建而成，在编码操作时，先构造约束限制项，主要通过局部流形结构来构造，并引入了一种类间约束编码人脸识别方法。进一步，在 AR、Extended Yale-B、FERET 和 CMU Multi-PIE 等数据库上进行验证，结果表明，该方法对提高人脸识别的效果非常显著。可以看出，在列分块模式下的核独立成分分析法实现了数据高维、小样本问题的解决，这主要是基于样本维数的降低和样本数量的增加。与早期的核独立成分分析方法相比，此类方法在对人脸的局部特征进行提取分析时可以达到较好的结果。对这些方法进行改善，首先主要是依据不同的行和列，对人脸图像进行分块和重组，进一步产生一个新的样本空间。其次是在行和列的不同模式下分别进行核独立分析，利用得到的左右解矩阵的结论，对人脸部的关键特征进行提取。实验结果表明，行与列不同模式划分下的核独立成分分析方法可以通过减少或化解数据样本间的相关性而表示出很好的效果，在识别和保持稳健性方面有较好的效果。通过分析和处理低维流形，可以实现对原始高维数据集内在规律的挖掘。流形学习方法作为处理高维数据问题的新视角，成功避开了由于局部极小优化问题所带来的问题，更有利于对具有非线性结构的高维度数据进行分析研究。同时，许多研究者对神经网络降维技术也有了越来越浓郁的兴趣，神经网络降维操作也越来越普及。许多学者实现了神经网络与传统线性降维技术的结合，并在实践中证明了该算法的有效性。对于网络入侵中早期的机器学习方法不能有效解决大量、维度高、数据烦琐无用的问题，学者们对数据进行清洗和分类，从而引入了一种在 PCA 和卷积神经网络（CNN）基础下的入侵检测算法。先要对原始入侵数据降维处理，这就需要用 PCA 的方式以达到消除冗余信息，实现所输入数据的维数降低的目的。然后分别划分正常与异常数据，这主要是利用卷积神经网络。实验结果表明，PCA 与 CNN 相结合是有效的。对如 CNN 等的机器学习方法作对比可以发现，PCA-CNN 模型可以得到有效的结果，有利于提高数据测量结果的精度，实现误报率的降低。然而，当今的网络环境复杂多变，攻击类型种类繁多。在之后的工作中，除了通过对模型的精度进行优化以达到多类别处理外，还需要将其进一步应用到现实网络，并通过现实反馈不断实现方法的改进。

（一）最小化重构误差 PCA 滤波器

PCA 是特征选择的常用方法，可以实现高维特征向量到低维特征向量的映射。在尽可能多地保留原始变量信息的同时，最大限度地降低转换损失，使得同一主成分组内元素尽可能相似，而不同主成分元素之间的差异尽可能大，提取不同主成分之间相互独立的共性部分构成信息的新特征，以便充分抽取有效特征，降低分析问题的复杂度。研究深度 PCA 主要用于提取有效特征并初始化卷积网络无监督学习的卷积滤波器参数。先通过最小化重构误差提取主要特征获得待识别问题的隐式表示，再利用 PCA 从数据集中非监督训练获得卷积神经网络滤波器的初始化权值，进而学习到具有主成分特征的滤波器集合。同时，尽量避免采样对特征损失的影响并增强稳健性，引入损失误差修正项，最后提取到有效特征。

假设卷积神经网络的输入训练数据有 N 个大小为 Q 的训练数据块，卷积滤波器的大小为 $k1 \times k2$，对训练数据经过去均值和向量化处理后，得到训练数据块的向量表示形式为 $X = [\bar{X}_1, \bar{X}_2, \cdots, \bar{X}_n] \in R^{k1k2 \times Nmn}$，利用最小化重构误差和损失项的增强 PCA 方法可求得特征向量：

$$\begin{cases}\min \|X - V V^T X\|^2 + \lambda \|X X^T - V V^T\|^2 \\ s.t. \ V^T V = I\end{cases} \tag{7.1}$$

其中，V 为协方差矩阵 $X X^T$ 的前 L 个特征向量，式（7.1）中第一项保证提取主成分后误差最小，第二项控制特征提取过程中信息的损失程度。经过优化后得到的主成分初始化卷积神经网络的滤波器可表示为：

$$W_l = m_{k1k2}(q_l(XX^T)),\ l = 1,\ 2,\ \cdots,\ L \tag{7.2}$$

其中，$m_{k1k2}(v)$ 表示将向量 $v \in R^{k1k2}$ 映射到特征矩阵 $W \in R^{k1k2}$，从而提取到主成分。这些主要特征能够最大限度地表征主要信息之间的特性变化，为滤波器捕捉数据的局部特征和有效信息做好充足准备。本章对 PCA 进行了增强，通过增加原矩阵与特征矩阵信息损失项的约束，最大限度地提取特征并保留了原始信息的有效成分，将高维的多指标集成为少数综合指标，很好地简化数据结构和降低问题复杂度，改进 PCA 性能。

（二）卷积神经网络

卷积神经网络是近年发展起来可以有效降低反馈神经网络复杂性的独特网络结构，在图像识别和模式分类等领域得到了非常广泛的应用。CNN 的基本结构包括特征提取层和特征映射层，网络的计算层通过卷积核由多个特征映射组成，层层相连的局部接受域经卷积网络的激活函数激活后可有效提取局部特征。此外，CNN 的神经元共享权值，减少了网络自由参数的个数，其特有的池化操作和两次特征提取结构避免了特征提取和分类过程中数据重建的复杂度，其布局更接近于实际的生物神经网络，特别是在语音识别和图像处理方面有着独特的优越性。本章构建 DropOut 随机策略动态选择网络，隐式地从训练数据中进行学习，降低了网络的复杂性和过拟合的风险，强化了 CNN 神经网络的全局性能。

$$\begin{cases} r_i^{(l-1)} \sim \text{Bernoulli}(p) \\ x_i^{(l-1)} = r_i^{(l-1)} \odot x_i^{(l-1)} \\ x_j^{(l)} = f\left(\sum_{i \in M_j} x_i^{(l-1)} * W_{ij}^{(l)} + b_j^{(l)}\right)\end{cases} \tag{7.3}$$

其中，⊙为相应元素相乘，* 为卷积操作；伯努利分布的离散值 1 表示成功，0 表示失败，用概率来随机确定网络节点是否成功响应；$x_j^{(l)}$ 表示第 l 层卷积后第 j 个神经元的输出；$x_i^{(l-1)}$ 表示第 l 层的输入数据；$W_{ij}^{(l)}$ 为滤波器；$b_j^{(l)}$ 为偏置；非线性函数使用了 DropOut 随机策略动态选择网络连接使得下层采样输出在避免全连接的同时更加全局化，进一步约束相似隐藏层单元同质节点的激活特性，更符合生理神经网络外侧膝状体到初级视觉皮层的稀疏相应特性，一定程度上优化了神经网络的支撑结构。

（三）基于卷积神经网络的 SVM 分类模型

虽然经典的卷积神经网络在特征选择方面具有非常强大的优势，通过卷积核运算和池化操作可以很好地捕捉到主要成分和显著特征，但是仅依靠一个全连接层进行分类，直接导致其泛化能力大打折扣。本章提出深度卷积神经网络 SVM 分类模型，先充分利用卷积神经网络进行特征提取，然后摒弃传统的线性分类函数，对全连接层进行深入改进，引入非线性核映射的基于 ε-不敏感函数的 SVM 进行非线性集成学习，从而提高卷积神经网络的分类能力，大大增强了 CNN 的识别能力。

ε-不敏感函数的支持向量机主要通过引入松弛变量 ξ_i 解决噪声干扰，ε-不敏感损失函数通常定义为：

$$L(f(x),\ y,\ \varepsilon)=\begin{cases}0, & |y-f(x)|\leqslant\varepsilon\\ |y-f(x)|-\varepsilon, & |y-f(x)|>\varepsilon\end{cases} \tag{7.4}$$

根据软间隔条件和结构化风险最小化准则即可转化为如下最优化问题：

$$\begin{aligned}&\min \frac{1}{2}\|w\|^2+C\sum_{i}^{l}(\xi_i+\xi_i^*)\\ &\text{s. t. } y_i-w\cdot\varphi(x_i)-b\leqslant\varepsilon+\xi_i\\ &\quad -y_i+w\cdot\varphi(x_i)+b\leqslant\varepsilon+\xi_i^*\\ &\quad \xi_i\geqslant 0,\ \xi_i^*\geqslant 0\end{aligned} \tag{7.5}$$

该优化问题可以通过其对偶问题求得原问题的支持向量，式（7.5）中 C 表征训练误差的惩罚程度，通过调节结构风险度、模型复杂度和经验误差之间的匹配程度来获得较强的泛化能力。

二、基于深度融合网络的非线性集成

由于金融市场的复杂性、资产价格波动的不确定性，单一时序预测、阶段性趋势预测往往存在过度拟合、局部最优、非线性逼近能力差等缺陷，泛化能力不强。因此，本章采用深度融合网络进行机器学习并通过非线性集成学习达到分类识别和预测目标。首先，利用增强 PCA 非监督训练初始化卷积神经网络，通过最小化信息损失和重构误差获得特征选择的隐藏层表示，同时构建随机优化的策略网络，更稳健地学习到含有训练数据统计特性的滤波器集合。其次，为减小特征提取带来的信息损失，可嵌入深度 SVM、深度极限学习机、深度森林等，生成回归预测数据，强化核心池化层。最后，将所有特征图输入全连接层，通过支持向量机的良好分类能力进行目标识别。基于深度融合网络的特征提取及分类模型如图 7.1 所示。

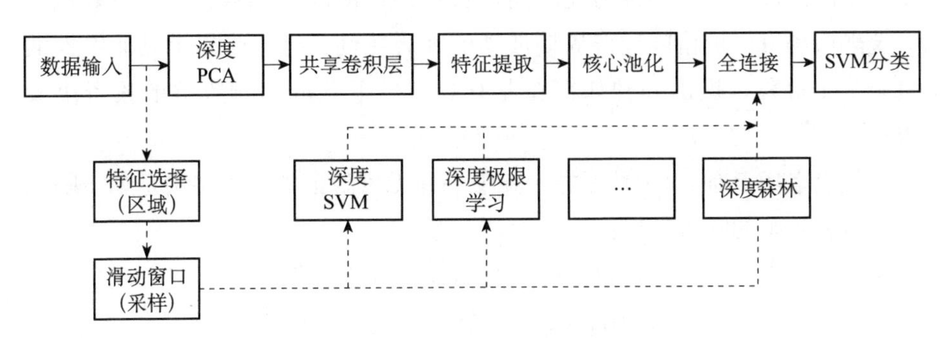

图 7.1　基于深度融合网络的特征提取及分类模型

综上所述，多因子资产组合选择模型综合集成 PCA、CNN、SVM 等机器学习方法，构成深度融合神经网络，并且采用随机优化的可扩展变结构动态调适网络，自组织地通过预先确定的优化准则把“好”节点保留下来，提高网络的传输效率和质量，优化网络结构，最大限度地提高网络效能，这种动态自适应深度集成神经网络具有非常强的非线性预测和分类能力，尤其对量化投资策略的设计具有重要的实际意义。

第二节　均值—方差—熵的连续时间组合风险管理模型

一、连续时间投资组合模型的建立

经典几何布朗运动假设波动不随时间变化，收益服从正态分布，然而真实金融市场中资产价格的收益具有更高的峰度和厚尾，同时伴随更大的价格波动。资产价格的走势往往受经济周期的影响，经济运行中周期性出现的循环往复、交替更迭的经济扩张与经济紧缩现象常常导致宏观经济、资产价格、金融市场的波动。因此，本章引入周期几何布朗运动更准确地刻画资产价格满足的随机过程，改进了几何布朗运动模型中漂移趋势项固定不变的假设，拟将其设为随时间增长周期性波动的函数，以便更好地研究金融市场资产价格随经济周期波动的客观特性，进一步揭示其非线性的复杂演化过程，提出一种如何在非有效市场下获取超额收益的投资决策方法。

假设市场上有 $n+1$ 种证券，其中一种无风险证券，价格满足如下随机微分方程刻画的随机过程：

$$\begin{cases} dS_0(t)=r(t)S_0(t)dt,\ t\in[0,\ T] \\ S_0(0)=s_0 \end{cases} \tag{7.6}$$

其中，$r(t)$ 是无风险资产的利率，另外 n 种风险资产价格满足周期几何布朗运动的随机过程：

$$\begin{cases} dS_i(t)=[\alpha_i(t)+A_i\omega_i\cos(\omega_i t+\varphi_i)]S_i(t)dt+\sum_{j=1}^{l}\sigma_{ij}S_i(t)dW^j(t) \\ S_i(t)=s_i>0,\ l+m=n,\ i=1,\ \cdots,\ n \end{cases} \tag{7.7}$$

其中，$W(t)=(W^1(t),\ \cdots,\ W^l(t))'$ 是 l 维标准维纳过程，$\alpha_i(t)$ 表示平均收益率，A_i 为收益率变动的敏感因子，$A_i\omega_i\cos(\omega_i t+\varphi_i)$ 刻画收益率随经济周期

变化的相位扰动情况，σ_{ij}为波动率，且 $dW^j(t)$ 是两两正交的扩散过程。

假设投资者的初始财富为 X_0，投资者在不允许卖空的条件下进行投资：投资于各风险证券所占比例为 $u_i(t)$；剩余部分买进无风险证券，投资在时刻 $t(t \in [0,T])$ 的总资产 $X(t)$ 满足如下随机微分方程刻画的随机过程：

$$\begin{cases} \dfrac{dX(t)}{X(t)} = \left\{ r(t) + \sum_{i=1}^{m} [\alpha_i(t) + A_i\,\omega_i \cos(\omega_i t + \varphi_i) - r(t)]\, u_i(t) \right\} dt \\ \qquad\qquad + \sum_{j=1}^{l} \sum_{i=1}^{n} \sigma_{ij}\, u_i(t)\, d\,W^j(t) \\ X_0(t) = x_0 > 0 \end{cases} \tag{7.8}$$

金融市场是高度复杂的不确定性系统，投资者对未来预期的不一致性及其有限理性下的交易行为极有可能加剧这种不确定性，这就要求投资者构建的投资组合不仅要考虑收益和风险特性，还要充分衡量不确定性带来的影响。熵就是一种系统不确定性程度的度量，系统越混乱，熵就越高，反之，系统越有序，熵就越低；变量的不确定性越大，熵也就越大。这里给出高斯分布的连续信源熵，假设随机变量 $X(t)$ 的取值范围为整个实数域，概率密度函数 $p(x)$ 呈正态分布，其均值和方差分别为 (μ, σ^2)，则不难得到该随机变量 $X(t)$ 的高斯连续信源熵为 $H(x) = -\int_{-\infty}^{\infty} p(x)\log p(x)dx = \frac{1}{2}\log(2\pi e\sigma^2)$。考虑到金融市场的非完备性、时变特征以及投资者的主观意愿、对未来市场判断的边界模糊性，本章引入均值—方差—熵的连续时间模型来确定最优投资策略。

根据以上假设，在充分考虑金融市场复杂性和投资者风险厌恶特性的情况下，最大化收益、极小化风险的同时尽可能减少未来不确定性的影响，即投资者的最优策略是最大化期望终端财富 $EX(T)$、同时使得终端财富的风险 $VarX(T)$ 和熵 $HX(T)$ 达到最小，也就是求解以下的多目标均值—方差—熵最优化问题：

$$\begin{cases} \min(-EX(T),\ VarX(T),\ HX(T)) \\ X(t),\ \pi_i(t) \text{satisfy}(8) \\ l_i \leqslant \pi_i(t) \leqslant h_i,\ l_i,\ h_i \geqslant 0 \end{cases} \tag{7.9}$$

其中，l_i、h_i 为投资份额的限制，上述优化问题由于约束条件的限制并不是标准的随机最优控制问题，本章通过神经网络的数值逼近方法求解相应问题，以便得到多目标金融优化问题的最优投资策略。

二、专家学习的资产组合二次优化模型

事实上，人类在完成复杂任务时具有很强的反馈学习能力，专家通过对不确定性环境的潜移默化学习，经过时间的累积和不断探索，其投资决策往往接近最优，当市场套利行为逐渐吞噬普适投资策略所产生的收益时，市场投资回报期望并不比专家学习策略提供的累积回报期望更大，因此，在资产组合决策中引入专家学习是提高投资组合回报的自然选择，即通过专家学习、不断靠近专家策略间接提高资产组合的收益回报，基于专家学习的资产组合二次优化模型如下：

$$\begin{cases} \min \|\beta^T Z - Xu\|^2 + \lambda(\|u\|^2 + \|\beta\|_1 + \|\beta\|^2) \\ s.t.\ 1^T\beta = 1,\ 1^T u = 1 \end{cases} \tag{7.10}$$

其中，u 是经过均值—方差—熵优化策略获得的资产组合权重，β 是专家学习策略，其通过示例库 Z 的不断优化来实现，Z 由一系列学习字典组成，$\|\beta\|_1$是稀疏控制项，用以保留专家字典库中的最优成分，即专家通过不断积累对市场的认知，从市场实例中学到其背后的内在逻辑形成先验信息，不断完善形成字典而保存下来，以便使得二次优化后的组合配置更加接近最优策略，Z 学习字典结构如式（7.11）所示，D_k为第 K 类专家指导学习字典。

$$Z = [D_1, D_2, \cdots, D_k] \tag{7.11}$$

不难看出，资产组合通过调整均值—方差—熵的组合配置获得局部最优，然后根据专家学习策略捕捉市场的动态变化再次优化组合以便逼近全局最优，其通过多种策略的协调共生、良好协作实现合意的投资策略。

第三节　BP 神经网络的函数逼近算法及二次优化

对于上述优化问题，经典的解决办法通过最优控制理论、Bellman 最优

性原理，依据动态规划方法转化为 HJB 方程，进一步猜测价值函数形式，分离变量，求解偏微分方程获得原问题的解；或利用变分思想，将偏微分方程恰当变换为代数方程，根据微分动态规划方法求解。本章考虑到该优化问题为多目标优化，再加上约束条件的多态性，采用 BP 神经网络逼近函数的 PSO 梯度法求解其最优投资策略，直接在可行控制域中搜索最优解。其中最关键的步骤是值函数逼近，常用的逼近形式采用伪谱法线性逼近，即在正交配置点处插入基函数将连续控制问题离散化，通过切比雪夫、勒让德多项式或高斯径向基函数逼近随机最优控制问题，采用非线性最优化方法间接获得原问题的解。然而对于复杂的函数，事先确定有限个数的基函数无法达到良好的逼近效果，且存在维数灾难和计算量过大的问题，制约了这方面的优化能力。使用 BP 神经网络非线性逼近方法，采用两阶段优化策略可以很好地克服这些困难，特别对不确定规划问题具有更强的非线性优化能力。两阶段优化策略如下。

一、风险资产价格相关参数估计

离散化风险资产价格满足的随机过程可得：

$$S_{i+1}(t) = S_i(t)\Big\{1 + [\alpha_i(t) + A_i\,\omega_i\cos(\omega_i t + \varphi_i)]\,\nabla t + \sum_{j=1}^{1}\sigma_{ij}\varepsilon\sqrt{\nabla t}\Big\},\ \varepsilon \sim N(0,\ 1) \tag{7.12}$$

式（7.12）反映了资产价格的递推关系，即主要参数$\alpha_i(t)$、A_i、ω_i、φ_i、σ_{ij}与$S_i(t)$的映射关系，据此可采用蒙特卡罗随机模拟技术为式（7.12）所表示的不确定函数产生输入输出数据。然后根据产生的输入输出数据训练神经网络逼近该不确定函数，在神经网络里嵌入遗传算法，对参数$\alpha_i(t)$、A_i、ω_i、φ_i、σ_{ij}经过遗传、变异和交叉操作更新其对应染色体，通过最小化 $\min\|\nabla S(t)\|^2$ 即预测值和实际值的误差平方和，获得最好的染色体作为最优参数估计。

二、PSO 混合智能算法及二次优化

离散化总资产 $X(t)$ 满足的随机微分方程，令：

$$\begin{cases} U_1(u) = X_t + (r(t) + U_2(u)) X_t \Delta t + U_3(u) X_t \varepsilon \sqrt{\Delta} t, \varepsilon \backsim N(0, 1) \\ U_2(u) = \sum_{i=1}^{m} [\alpha_i(t) + A_i \omega_i \cos(\omega_i t + \varphi_i) - r(t)] u_i(t) \\ U_3(u) = \sum_{j=1}^{l} \sum_{i=1}^{n} \sigma_{ij} u_i(t) \end{cases} \tag{7.13}$$

其中，$\alpha_i(t)$、A_i、ω_i、φ_i、σ_{ij}等参数经过上述过程处理后其值已知。然后通过蒙特卡罗随机模拟为不确定性函数 $U: u \to (U_1, U_2(u), U_3(u))$ 产生输入输出数据，其中，u 是投资策略中资产分配组合的向量表示形式，即通过大量的训练数据实现从输入空间到输出空间的非线性映射。

步骤一，根据产生的输入输出数据训练深度神经网络逼近该不确定函数。

步骤二，经过多层深度神经网络训练后会产生财富增值的序列数据 $[X_1, X_2, \cdots, X_n]$，将其转化为对数收益率形式$R_t = \ln(X_t/X_{t-1})$，这样便得到收益率的方差和协方差矩阵，进而可以求得整个资产组合的均值 E(X)、方差 Var(X) 和熵 H(X)。

步骤三，在神经网络中嵌入 PSO 粒子群形成混合智能算法，对策略组合施以增强 PSO 的粒子群变换和交叉更新，即根据 PSO 迭代公式多次迭代寻优，目的是找到最优投资组合策略，然后通过训练好的神经网络计算目标值 $-E(X) + \gamma_1 Var(X) + \gamma_2 H(X)$，化多目标为单目标，其中$\gamma_1$、$\gamma_2$可根据风险中性的定价原理，参考历史夏普比例得到，同时也可借此消除量纲影响。

步骤四，重复以上步骤直到完成给定的循环次数或目标值不能再减小，便得到均值—方差—熵的最优组合策略。

步骤五，得到组合策略的局部最优解后，通过 Lasso 回归方法求解资产组合的二次优化策略。将均值—方差—熵的组合策略解 u 代入目标方程 (7.14)，固定 u，用 Lasso 回归方法获得 β 估计值$\hat{\beta}$；然后在给定$\hat{\beta}$的情况下，求解下述最优化问题，其最优解 u 即为资产组合二次优化的最终策略。

$$\begin{cases} \min \|\hat{\beta}^T Z - Xu\|^2 + \lambda \|u\|^2 \\ s.t.\ 1^T u = 1 \end{cases} \tag{7.14}$$

第四节　实证研究

一、组合中投资目标的选择

本章采用经济基本面和市场技术分析相结合的方法择优选择投资组合中的优质资产。基本分析理论认为，资产价格的内在价值由其盈利潜力决定，盈利潜力取决于经济周期、行业景气、公司业绩、财务结构、市场环境等；技术分析则与投资者情绪、信念、预期和心理认知有关，常用历史数据来预测资产价格的未来变动。本章主要根据因子分析法构建特征因子库，从规模、盈利、成长、估值、宏观等方面选取规模因素、账面市值比、动量因子、营业利润率、净资产收益率、每股经营现金流、资产报酬率、CPI、PPI 等重要变量，通过卷积神经网络等机器学习方法提取特征，利用 SVM 优越的非线性分类能力识别优质资产，达到构造最优投资组合的目标。

（一）因子库构建

宏观经济变化及经济周期等因素从不同的方向直接或间接地对金融市场的供求关系产生影响，甚至决定了不同行业的获利能力和资产收益率。因此，对指标的选择显得非常重要，同时，指标的选取对 PCA-CNN-SVM 模型分类结果的准确度也会产生影响。本章综合分析宏观、微观基本面和市场技术面等情况，深度挖掘具体行业信号与趋势，有效构建适合中国金融市场的量化多因子库，以便深刻揭示股票价格形成机制及其演变规律。特别选取如表 7.1 所示的 25 个指标构建特征指标样本集，进而根据卷积神经网络和 PCA 方法对这些指标进行特征提取和降维处理，从而达到最佳的预测效果。

表 7.1　　　量化投资因子及其分类

因子类型	因子名称	因子类型	因子名称
盈利	ROE、ROA、净利润增长率、资本回报率、息税前利润与营业收入比	质量	总资产报酬率、股东权益比率、利息保障倍数、速动比率、PE、PB

续表

因子类型	因子名称	因子类型	因子名称
现金流	主营业务收现比率、经营活动产生的现金流量净额比营业收入	规模	流通市值、持股集中度、账面市值比、自由流通市值
成长	每股净资产增长率、净利润增长率、总资产增长率	营运能力	总资产周转率、存货周转率、应付账款周转率

（二）数据预处理及投资目标选择

对股票因子数据中的异常值、缺失值及边界极值进行相应处理后，为了使得不同时段不同因子具有可比性，采取 Z-SCORE 方法标准化因子，输入输出均采用离散变量，对应给定时间段的训练数据集，将每段时间的数据根据因子大类按列分组，类别相近的可以归并成一个组，即将训练数据以如下形式存储，$\{x^{(t)}, y^{(t)}\}_{t=1}^{N}$，其中，$x^{(t)} \in R^{n\times m}$为输入，$y^{(t)} \in [+1, -1]$，$y^{(t)}$为二值型变量，表示输出的分类结果，对应的类别为“好”“坏”。然后对归一化数据根据特征指标转化为元胞数组$I_i \in R^{n\times m}$，并分别对元胞数组中的元素以窗口大小为 $k1\times k2$ 的滑块进行矢量化处理，这样就得到矩阵块$x_{i,1}$，$x_{i,2}$，…，$x_{i,mn} \in R^{k1k2}$，元胞数组I_i中的第 j 个矢量块用$x_{i,j}$表示。然后，通过对矢量块的均值移除操作，得到$\bar{X}_i = [\bar{x}_{i,1}, \bar{x}_{i,2}, \cdots, \bar{x}_{i,mn}]$。对全部样本数据施以相同的步骤，最后可得 $X = [\bar{X}_1, \bar{X}_2, \cdots, \bar{X}_n] \in R^{k1k2\times Nmn}$。接下来，根据最小化重构误差方法提取 PCA 的主特征向量，该误差的优化可转化为求解矩阵特征值及特征向量，即求解协方差矩阵 XX^T 的前 L 特征向量就是所求滤波器。将此层的第 L 滤波器与输入进行卷积运算，其结果作为深度神经网络下一层的输入数据。

$$I_i^1 = I_i \times W_1^1, \ i = 1, 2, \cdots, N \tag{7.15}$$

总之，对归一化的带标签数据进行训练，并选择其余数据用作测试；训练第一层深度 PCA 网络并初始化卷积神经网络；然后构建 CNN 隐藏层，进行卷积运算和特征池化，其中卷积核可通过深度 PCA 获得并进行逐层训练；最后嵌入并训练 SVM 分类器。深度 PCA-CNN-SVM 神经网络每层执行卷积滤波和池化处理，全连接层采用 SVM 非线性分类处理。其网络结构为：I0→C1→S2→C3→S4→C5→S6→C7→S8→F9→@，其中，I 表示输入层，C

表示卷积层，S 表示池化层，F 表示全连接，@ 表示最后非线性集成输出。

本书选择沪深 300 指数中的成分股作为被选目标股票，选取时间段 2008 年 11 月 3 日至 2015 年 8 月 27 日期间的每日走势数据为训练样本，2015 年 8 月 28 日至 2017 年 11 月 15 日期间数据为测试数据。首先，将基于基本面和技术面分析的相关因子指标按类别分成 5 ×5 的矩阵块，并根据先验信息标注训练输出数据 $y^n \in \{0, 1\}$，形成训练数据集和测试训练数据集：

$$\begin{cases} \{x^n \in R^{5\times5},\ y^n \in R^2\}_{n=1}^{N} \to \text{Train Data} \\ \{x^n \in R^{5\times5}\}_{t=1}^{T} \to \text{Test Data} \end{cases} \tag{7.16}$$

其次，利用增强 PCA 提取因子主要成分作为卷积神经网络滤波器，每个滤波器的大小为 5 ×5 ×3，通道数为 3，池化半径为 2，按照上述构建的深度 CNN 网络结构依次进行最小化重构误差特征提取、卷积、池化，同时采用随机优化策略扩展网络结构，更稳健地学习具有明确因子特征的集合。另外，在 CNN 全连接层之前，植入深度 SVM 回归机生成预测数据，补充整个网络的信息损失，强化优化性能。

最后，将所有特征数据输入全连接层，通过 ε-不敏感函数的支持向量机进行分类识别。

二、连续时间投资组合的优化结果

本章通过神经网络进行函数逼近和采用改进的 PSO 混合智能优化方法寻找最优投资组合策略。粒子群优化部分的神经网络采用 30-256-64-30 的 4 层网络结构，算法的学习速率为 0.4，惯性率为 0.8，训练函数采用 Levenberg-Marquardt 算法对网络进行训练，训练循环终止条件为输出精度达 0.001 或训练步数达到最大训练步数 1000 步。PSO 算法采用收缩因子方法进行优化，取粒子个数为 80 个，加速因子 c1 和 c2 分别取值 1.49 和 2，迭代次数为 1000，个体和速度的最大最小值分别为 2.5、−2.5 和 0.01、−0.01。组合策略中股票投资的比例范围为 [0, 0.95]，债券的投资比例为 [0.2, 0.95]。梯度随机算法中均值回复的平方根扩散过程的各参数值为 $\sigma = 2\beta = 2\alpha$，其中，σ 可取 100 次粒子群位置移动的平均波动率，通过随机抽取部分样本数据、随机试验次数和多次迭代并进行交叉验证获得。目标函数中权重参数的设定参考最近市场的夏普比例，将风险和熵的重要程度同等对待，$\gamma_1=\gamma_2$，无风险利率取一年期定期存款利率按月折算后的结果。通过执行PSO混合智能算法，模拟5000代，3000个训练样本，1000次迭代，得到最终的投资策略如表7.2所示。

表7.2 连续时间投资组合的资产配置 单位：%

华友钴业	中国建筑	赣锋锂业	泸州老窖	五粮液
9.13	6.66	6.14	5.16	4.78
世纪华通	大族激光	顺丰控股	福耀玻璃	长城汽车
4.29	4.02	3.53	3.47	3.38
中国平安	格力电器	信维通信	科大讯飞	万华化学
3.34	3.34	3.03	3.02	2.92
中兴通讯	万科A	洋河股份	中国太保	京东方A
2.79	2.74	2.60	2.40	2.38
青岛海尔	上汽集团	华域汽车	美的集团	新华保险
2.37	2.30	2.30	2.28	2.13
伊利股份	复星医药	申通快递	陕西煤业	山东黄金
2.11	2.06	1.96	1.75	1.62

另外，为进一步反映本章连续时间投资组合策略的具体表现，针对市场上有代表性的各种不同风格指数作了对比分析，以便综合揭示不同投资组合间的差别。从表7.3可以看出，基于深度学习的连续时间组合策略在VaR损失、组合风险、组合收益、夏普比率、重要回撤损失等方面都优于等权重法和市值加权法。实证研究表明，连续时间深度学习组合策略相比其他传统组合策略收益率更高，相对风险更低，稳健性更强，进一步验证了该投资组合策略的优越性。

表7.3 测试期不同投资组合的稳健性及收益风险比较

组合类别	组合收益	组合风险	夏普比率	重要回撤	超越HS300	VaR（95%）
连续时间	1.58	0.41	3.85	0.30	1.37	2.27
等权重法	1.31	0.35	3.71	0.27	1.09	1.96
市值加权	1.23	0.33	3.72	0.23	1.02	1.89

第五节　本章小结

本章通过深度融合 PCA、CNN、SVM 等深度学习方法研究资产价格满足周期几何布朗运动的连续时间投资组合选择的最优化问题，利用改进 PSO 梯度随机优化算法得到终端财富最大、熵及其风险最小的多目标优化问题的最优投资策略，用实证方法与传统投资组合策略以及国内证券市场上的代表性指数进行对比研究，发现基于深度学习的连续时间组合策略相比其他传统策略风险调整收益性能更优、稳健性更强。实证结论对优化资产配置和投资组合管理具有重要的指导意义。

本章的创新点在于：其一，集成 PCA、CNN、SVM 等深度学习方法，构成深度融合神经网络，能够获得更好的分类和预测效果，使得模型更贴合实际，借助神经网络函数逼近方法得到不确定优化问题的最优投资策略。其二，突破效用函数的分析方法，构建连续时间动态均值—方差—熵的投资组合问题，运用多目标优化方法得到随机过程约束下的最优数值解。其三，金融市场随机变量的分布往往不符合正态分布，资产收益率存在波动集聚等现象，其分布呈现尖峰、厚尾状态，采用机器学习的非线性预测方法更有利于揭示金融市场非线性的复杂本质。另外，实际投资环境中，投资决策常常面临更加复杂的不确定性环境，组合策略需要随着时间、环境的变化而快速做出调整。因此，进一步研究随环境变化的递推决策策略，资产价格满足的随机过程还应该考虑利率、通货膨胀等宏观因素的影响，深入研究不确定情形下的最优资产配置问题依然需要长期的努力，相关研究仍需进一步加强。

第八章　金融网络风险下多因子矩阵回归的资产组合与定价

随着国际经济全球化进程的加快，金融市场之间的联动性进一步加强。2008 年以美国为首的次贷危机在整个金融体系中迅速扩散，导致金融市场、房地产市场及大宗商品价格剧烈波动，房利美和房地美股价暴跌，许多金融机构面临风险，甚至引发全球金融动荡。金融风险以网络形式的蔓延具有复杂的系统性、爆发性和传染性。2008 年金融危机之后，许多国家将整个金融系统作为一个复杂网络系统纳入宏观审慎的监管体系。因此，从复杂网络的风险管理角度来看，通过金融风险的网络传染路径和传导机制研究金融市场的资源配置和资产定价有着至关重要的意义。

近年来，大量学者利用网络研究风险的跨市场传导机制和溢出效应，将金融体系看作一个庞大的复杂网络，采用系统风险度量的相关技术，用于研究金融网络架构与传染导致系统性失败的可能性之间的关系，提出了预测金融机构在互联网络中的系统影响方法。刘海云和吕龙（2018）利用因子多元随机波动模型和社会网络方法，分析国际股票市场风险溢出的非对称性整体特征；林宇等（2017）通过 Copula 模型刻画多维金融资产的复杂相依结构，研究了主要市场之间的双向风险溢出效应；刘晓星等（2011）构建 EVT-Copula-CoVaR 模型，研究了全球主要经济体股票市场的风险溢出效应；周孝华和陈九生（2016）分析了我国中小板与创业板市场之间的风险溢出效应，为风险监管提供了建议；徐晓光等（2017）研究了跨境资本市场间的联系及风险的波动溢出和传染等问题，为资本市场的开放政策提供更为全面的评估；梁琪等（2015）采用有向无环图和溢出指数方法，研究了股市信息溢出的阶段性、不对称性和区域性等特征。投资组合方面经历了从静态均值方差模型、多阶段随机规划模型到连续时间的组合优化过程，如默顿（Merton，1969）、法玛（Fama，1970）、郭范勇和潘和平（2019）、周忠宝等（2019）在马科维茨的均值方差模型基础上做了不少推广。但以往对组合风险的度量仍然囿于静态分析框架，没有从全面风险管理的角度去衡量资产组合的构建质量和水平。因此，将金融网络风险纳入资产组合评价和资产定价体系势在必行。本章引入基于最小生成树的网络风险来刻画投资组合内部资产之间的相依性、传染性以及非线性叠加特性，通过复杂网络理论来深入研究金融风险的网络传导机制以及对资产定价的影响，从而深刻揭示了金融市场资源配置和资产定价的客观规律。

第一节　基于最小生成树的网络风险叠加模型

本章从上市公司内在的不确定性出发，重点分析公司自身的资产、负债和运营情况，使用违约概率模型和违约损失风险度量方法，构建一个非线性风险叠加网络，为全面风险管理和有效规避网络风险传染提供有力工具。即根据 BS 期权定价模型，将公司股权视为看涨期权，借助期权定价模型计算企业预期违约概率，通过可观测的股权价值及其波动性间接计算公司资产价值和波动性，从而获得企业预期违约的可能性。BS 模型假设资产价格服从几何布朗运动，其价格的自然对数满足如下关系：

$$d(\ln S) = \left(\mu - \frac{\sigma^2}{2}\right)dt + dB(t) \tag{8.1}$$

其中，S 表示 t 时刻的资产价格，μ 为其预期收益率，σ^2 为其方差，B（t）表示标准布朗运动。可以看出，资产价格服从对数正态分布，即：

$$\ln S(T) \sim N\left(\ln S(t) + \left(\mu - \frac{\sigma^2}{2}\right)(T-t),\ \sigma^2(T-t)\right) \tag{8.2}$$

由此，根据风险中性概率下期望的贴现值，导出资产价格为 S、期权协议价格为 K 的欧式看涨期权价格 C(S，t) 为：

$$C(S, t) = e^{-r(T-t)}E(\max\{S_t - K, 0\}) = SN(d_1) - K\,e^{-r(T-t)}N(d_2) \tag{8.3}$$

如果将公司股权看作欧式看涨期权，由以上假设可得到预期违约概率模型为：

$$V_E = V_A N(d_1) - De^{-r\tau}N(d_2) \tag{8.4}$$

其中，$d_1 = \frac{\ln\left(\frac{V_A}{D}\right) + \left(r + \frac{\sigma_A^2}{2}\right)\tau}{\sigma_A\sqrt{\tau}}$；$d_2 = d_1 - \sigma_A\sqrt{\tau}$；$V_E$为股权价值，$V_A$为资产价值，D 为债务账面价值，$\sigma_A$为资产波动率，$\tau$ 为债务期限，r 为无风险利率；由 Ito 定理对式（8.4）求微分可得到股权价值波动率与资产价值波动率之间的关系为：

$$\sigma_E = \frac{V_A}{V_E}N(d_1)\sigma_A \tag{8.5}$$

由此，联立上述方程组，通过 σ_E、V_E、τ、r、D，利用迭代法可求得 σ_A、V_A。其中，V_E 股权价值的计算公式为：股权价值V_E = 流通股价格 × 流通股股数 + 非流通股价格 × 非流通股股数，且流通股价格为年末收盘价，非流通股价格为年末每股净资产。假设公司资产价值服从对数正态分布，借此可估计预期违约概率 PD 为：

$$PD = Prob(\ln V_A \leqslant \ln D) = 1 - N(DD) \tag{8.6}$$

其中，$DD = \frac{\ln\left(\frac{V_A}{D}\right) + \left(\bar{\mu} - \frac{\sigma_A^2}{2}\right)\tau}{\sigma_A\sqrt{\tau}}$，$\bar{\mu}$为公司资产的预期收益。获得违约概率 PD 后，即可计算企业 i 和 j 之间的 PD 相关性如下：

$$\rho(i, j) = \frac{Cov(PD_i, PD_j)}{\sqrt{Var(PD_i) \cdot Var(PD_j)}} \tag{8.7}$$

由于相关系数可看作两向量夹角的余弦值，由其几何性质可得到其欧式距离为：

$$D_{ij} = \sqrt{2(1 - \rho(i, j))} \tag{8.8}$$

由此，可以利用违约距离建立最小生成树 MST，由 T = < V，TE > 表示，V 和 TE 分别是顶点和边的集合，最小生成树是一个含有其所有顶点的无环连通子图，由网络中 n 个节点和 n - 1 个最小加权边的树结构组成，最小生成树可由 Kruskal 算法实现，先按照边的权重大小排序，然后按照升序顺序依次将边加入最小生成树中，并且确保新加入边后的图不会形成环，循环加入直到树中边的总数达到 n－1 条为止。最小生成树表示无向图中最强的连接，网络风险的爆发常常导致其风险以最快的速度沿着 MST 路线扩散，且这种金融风险的传播具有非线性叠加的网络特性。因此，全面风险管理的重要意义之一在于切断传染路线、隔离风险源，即通过重构风险网络的物理结构，最小化非线性叠加风险，最大限度减少金融网络受到的外部冲击。本章通过网络节点边值的压缩变换和图稀疏优化技术删除最小生成树中潜含的风险关联较强的边和节点，从而达到有效防范风险的目的，即：

$$\min\sum_{i,j} W_{ij}D_{ij}+\sum_{i}\left\|\beta_i-\sum_{j}W_{ij}\beta_j\right\|^2=\min Tr(WD^T)+Tr(\beta^TR\beta) \tag{8.9}$$

其中，Tr(·) 为矩阵的迹，β_i为 i 资产的组合配置权重，D_{ij}为最小生成树的违约距离，W_{ij}为节点之间边值的权重，与β_i和β_j有关，σ(＊) 为反映资产配置权重关系的连接函数，$\sigma(\beta_i,\beta_j)=\beta_i-W_{ij}\beta_j$，引入矩阵 $R=(I-W)^T(I-W)$，则 $\sum_{i}\left\|\beta_i-\sum_{j}W_{ij}\beta_j\right\|^2=Tr(\beta^TR\beta)$，表明资产$x_i$和$x_j$联系得越紧密，其通过网络传染风险的可能性就越大；通过连接函数对关联资产头寸压缩得越多，潜在风险被消除的机会就越多；同时，增加$\|\beta\|_1$的L_1范数，为稀疏控制项，也就是把组合中风险级别高的资产对应的权重设为 0，借助风险权重的压缩变换实现风险最小化的目标，从而减弱网络中资产之间风险互相传染的非线性叠加效应，并通过最小生成树的风险度量方式总体上控制风险的影响程度，规避风险就是要有效隔断中心节点的连接和阻止风险沿着 MST 阻力最小方向传播。网络风险控制模型如下：

$$\begin{aligned}&\min\sum_{i,j}W_{ij}D_{ij}+\lambda_1\sum_{i}\left\|\beta_i-\sum_{j}W_{ij}\beta_j\right\|^2\\&+\lambda_2\|\beta\|_1+\lambda_3\|\beta\|^2\\&s.t.\ \beta\geqslant 0,W\geqslant 0\end{aligned} \tag{8.10}$$

第二节　多因子矩阵回归的组合优化

资本资产定价理论的核心是 CAPM 模型，其给出均衡时刻，有效投资前沿上的切点资产组合就是市场证券组合，由此，根据市场风险中性的定价原理有：

$$\frac{E(r_m)-r_f}{\sigma_m}=\frac{E(r_p)-r_f}{\sigma_p} \tag{8.11}$$

其中，市场组合的期望收益率和风险为（$E(r_m)$，σ_m），无风险资产收益率为r_f，投资者组合 P 的期望收益率和风险为（$E(r_p)$，σ_p），式（8.11）表明，完备市场的风险溢价遵循无套利思想，其风险收益满足一价定理，市场没有免费的午餐。令$\bar{\beta}=\frac{\sigma_p}{\sigma_m}$，可得：

$$E(r_p)=\bar{\beta}(E(r_m)-r_f)+r_f \tag{8.12}$$

由于 CAPM 是建立在一系列完美假设的基础上，尤其对投资者同质性的假设，太过严苛，缺乏经验验证的有力支持，后来研究者做了不少拓展，实证检验了市场因素、规模因素和价值因素强大的解释力。类似的经验证据在新兴股票市场也得到检验。本章放宽了相关假设条件，根据无风险套利思想，扩展三因子到多因子定价模型，并将深刻影响投资决策的多种因素加入多因子模型中，建立风险非线性叠加等对资产价格影响的扩展模型，试图解释宏观经济、金融市场以及企业自身发展状况和投资者行为偏差对资产价格的影响，扩展的资产定价模型如下：

$$E(r_p)-r_f=\alpha+\bar{\beta}(E(r_m-r_f))+\sum_{j=1}^{J}\gamma_j z_j+\varepsilon \tag{8.13}$$

其中，r_p为资产组合，r_m为市场组合，r_f为无风险利率，z_j为宏观经济及投资者行为偏差对资产价格的影响因子，γ_j为其系数，式（8.13）表达了资产组合与市场组合及影响资产价格的多因子之间的线性关系，将r_m与r_p进行方程左右移项处理后发现，市场组合r_m同样可以利用资产组合和多因子的最优线性关系来表征。因此，将市场效率组合设为跟踪锚，运用多目标矩阵回归的方式将均值方差意义下的资产配置模型转化为回归方程，求解最优锚定情形下的自适应回归系数即可达到投资组合优化的目的，从而构建资产组合收益率的多因子模型如下：

$$y=\langle B, X\rangle+z\gamma+\varepsilon \tag{8.14}$$

其中，X 为资产收益率矩阵；B 为资产配置权重；z 为影响资产价格的多因子；γ 为其权重；y 为资产组合的多因子收益率矩阵，用它来逼近

市场效率组合的水平；〈B，X〉为内积运算且与目标 y 采用单响应模式；ε 为残差序列。假设市场效率组合可由其市场指数或代表性指数基金的线性组合来渐进表示，因而将 y 设为多指数、多目标收益率矩阵来逼近市场组合r_m，即通过最小化二者的误差$\|r_m - y\|^2$来间接达到优化投资组合的目的。

一、多目标、多因子矩阵回归

假设市场投资者为有限理性人，共有 m 种风险资产可供投资。组合优化目的是如何将有限资金合理地配置到不同的风险资产，令 Y 为多指数构成的市场效率组合，且为 n 行 q 列的收益率矩阵。X 为 n 行 m 列的风险资产的收益率矩阵，B 为资产配置比例 m 行 q 列矩阵，也称投资策略。本章首先选择重要代表性指数组成多指数跟踪目标，旨在通过多指数组合逼近市场效率组合，利用多目标矩阵回归的资产配置预分配策略，对拟构建的投资组合进行预优化配置，优化结果存放在预分配投资策略 B 中，再采用最小生成树最小化不确定性风险的方式构建内聚类外稀疏的多目标回归组合，最后基于二次优化方法将预配置策略矩阵 B 转化为最终资产配置比例，以向量形式存储在策略 β 中，在充分逼近跟踪锚定目标基础上尽可能提高多目标回归资产组合的投资回报。根据上述假设，构建多目标矩阵回归的投资组合优化模型如下：

$$\min \|Y - XB - Z\gamma\|^2 + \lambda_1 \|B\|^2 + \lambda_2 \|\gamma\|^2 \tag{8.15}$$

其中，λ_1和λ_2为待定参数；$Y \in R^{n\times q}$为多目标响应矩阵，由跟踪目标的收益率矩阵构成；$X \in R^{n\times m}$为风险资产的收益率矩阵；$B \in R^{m\times q}$为投资权重的预配置矩阵，表示风险资产之间资金的拟配置比例；Z 为多因子矩阵，由影响风险资产的宏观因素、企业财务指标以及市场博弈因素组成；γ 为因子配置权重；$\|B\|^2$和$\|\gamma\|^2$为L_2范数的正则项约束。应用拉格朗日乘数法求解上述优化问题，最优解满足的一阶条件为：

$$\begin{aligned} -X^T(Y - XB - Z\gamma) + \lambda_1 B = 0 \\ -Z^T(Y - XB - Z\gamma) + \lambda_2 \gamma = 0 \end{aligned} \tag{8.16}$$

应用交替方向迭代法可得到最优解（B，γ）的更新公式为：

$$
\begin{aligned}
B^{k+1} &= (X^TX + \lambda_1 I)^{-1}(X^TY - X^TZ\gamma^k) \\
\gamma^{k+1} &= (Z^TZ + \lambda_2 I)^{-1}(Z^TY - Z^TXB^{k+1})
\end{aligned}
\tag{8.17}
$$

先给定γ^k，更新B^{k+1}；固定B^{k+1}，再更新γ^{k+1}，交替进行直至满足终止条件。式（8.17）采用多目标预优化的矩阵回归方式尽可能缩小跟踪误差，并在此基础上，针对资产分布的聚集性、非线性风险叠加等因素，利用内聚类外稀疏、最小生成树等优化方法对预配置权重矩阵进行再优化，最终获得多目标矩阵回归的多因子最优资产组合。

二、内聚类及外稀疏的组合优化

本章投资组合中资产分配的优化策略基于系统聚类思想，实现同类资产内部的聚类和外部不同资产的稀疏分散，使得投资组合中同类优质资产的配置尽量集中，非同类资产配置尽可能分散，从而最大限度降低不同资产的相关性。即通过投影矩阵 β 使得不同类资产投影后数据分布的散度尽可能大，同类资产的散度尽可能小，即：

$$\max Tr(\beta^T(\Omega_b - \Omega_a)\beta) \tag{8.18}$$

其中，$\Omega_b = \sum_{k=1}^{K} N_k(\bar{x}_k - u)(\bar{x}_k - u)^T$ 表示不同类资产的散度，$\Omega_a = \sum_{k=1}^{K}\sum_{x\in X_k}(x - \bar{x}_k)(x - \bar{x}_k)^T$ 表示同类资产的散度，N_k为第 K 类资产样本的个数，u 为全部资产的均值，$\bar{x}_k$为 K 类资产的均值。由此构造内聚类外稀疏的投资组合稀疏分散优化模型如下：

$$\min Tr(\beta^T(\Omega_a - \Omega_b)\beta) + \lambda(\|\beta\|_1 + \|\beta\|^2) \tag{8.19}$$

三、网络风险下的最优资产组合

由于最终资产组合的投资策略是向量的表现形式，须将多目标矩阵回归的预配置策略矩阵 B 转换为投资策略的向量存储形式。设 $\beta \in R^m$ 为资产组合的最终配置比例，本章通过再优化方式将预配置策略 B 转换为最终投

资策略存储在 β 中。将 B 矩阵分解为资产配置基向量的线性组合，即将 β 分解为潜在最优资产配置权重向量 β 和系数连接矩阵 U 的乘积，即 $B\approx\beta U$，以便得到最终投资策略。综上所述，在全面考虑资产配置的内聚类外分散以及 MST 非线性叠加风险等因素的基础上，投资组合的资产配置策略变成求解以下最优化问题：

$$\begin{cases}\min \frac{1}{2}\|B-\beta U\|^2+\frac{\lambda_1}{2}(\|U\|^2+\|\beta\|^2)+\lambda_2\|\beta\|_1 \\ +\frac{\lambda_3}{2}[\mathrm{Tr}(\beta^T(\Omega_a-\Omega_b)\beta)+\mathrm{Tr}(W D^T)+\mathrm{Tr}(\beta^T R\beta)] \\ \text{s. t. } \beta\geqslant 0,\ U\geqslant 0,\ W\geqslant 0\end{cases} \tag{8.20}$$

其中，$\min \frac{1}{2}\|B-\beta U\|^2$ 为最小化转换损失，$\|\beta\|^2$ 和 $\|\beta\|_1$ 分别表征投资组合配置的均衡性和稀疏性，旨在减少组合中不必要的风险资产。令 $\Omega=\Omega_a-\Omega_b$，引入拉格朗日乘子 φ、π、δ，构建拉格朗日函数如下：

$$\begin{aligned}L(\beta,U,W)=\min \frac{1}{2}\|B-\beta U\|^2+\frac{\lambda_1}{2}(\|U\|^2+\|\beta\|^2)+\lambda_2\|\beta\|_1 \\ +\frac{\lambda_3}{2}[\mathrm{Tr}(\beta^T\Omega\beta)+\mathrm{Tr}(W D^T)+\mathrm{Tr}(\beta^T R\beta)]+ \\ \mathrm{Tr}(\varphi^T\beta)+\mathrm{Tr}(\pi^T U)+\mathrm{Tr}(\delta^T W)\end{aligned} \tag{8.21}$$

考虑到 $\beta\geqslant 0$，$U\geqslant 0$，$W\geqslant 0$，上述函数对 β、U、W 求一阶导数：

$$\begin{aligned}\frac{\partial L}{\partial\beta}&=-BU^T+\beta UU^T+\lambda_1\beta+\lambda_2 I+\lambda_3\Omega\beta+\lambda_3 R\beta+\varphi \\ \frac{\partial L}{\partial U}&=-\beta^T B+\beta^T\beta U+\lambda_1 U+\pi \\ \frac{\partial L}{\partial W}&=D-2\beta\beta^T+2W\beta\beta^T+\delta\end{aligned} \tag{8.22}$$

根据 KKT 条件，即 $\varphi_{ij}\beta_{ij}=0$，$\pi_{ij}U_{ij}=0$，$\delta_{ij}W_{ij}=0$，可得如下关系式：

$$\begin{aligned}(-BU^T+\beta UU^T+\lambda_1\beta+\lambda_2 I+\lambda_3\Omega^+\beta-\lambda_3\Omega^-\beta+\lambda_3 R^+\beta-\lambda_3 R^-\beta)_{ij}\beta_{ij}=0 \\ (-\beta^T B+\beta^T\beta U+\lambda_1 U)_{ij}U_{ij}=0 \\ (D-2\beta\beta^T+2W\beta\beta^T)_{ij}W_{ij}=0\end{aligned} \tag{8.23}$$

其中，矩阵 Ω、R 分解成两部分以保证迭代过程非负，即 $\Omega^+_{ij}=$

$\frac{\Omega_{ij}+|\Omega_{ij}|}{2}$，$\Omega^-_{ij}=\frac{|\Omega_{ij}|-\Omega_{ij}}{2}$，$R^+_{ij}=\frac{R_{ij}+|R_{ij}|}{2}$，$R^-_{ij}=\frac{|R_{ij}|-R_{ij}}{2}$，由此得到$\beta_{ij}$、$U_{ij}$、$W_{ij}$的乘性迭代法则如下：

$$\beta_{ij}\leftarrow\beta_{ij}\frac{(BU^T+\lambda_3\Omega^-\beta+\lambda_3R^-\beta)_{ij}}{(\beta UU^T+\lambda_1\beta+\lambda_2I+\lambda_3\Omega^+\beta+\lambda_3R^+\beta)_{ij}}$$

$$U_{ij}\leftarrow U_{ij}\frac{(\beta^TB)_{ij}}{(\beta^T\beta U+\lambda_1U)_{ij}} \tag{8.24}$$

$$W_{ij}\leftarrow W_{ij}\frac{(2\beta\beta^T)_{ij}}{(D+2W\beta\beta^T)_{ij}}$$

通过上述公式不断迭代更新β_{ij}、U_{ij}、W_{ij}，检查收敛条件，如果$\|\beta^{k+1}-\beta^k\|_\infty\leqslant\in$，$\|U^{k+1}-U^k\|_\infty\leqslant\in$，$\|W^{k+1}-W^k\|_\infty\leqslant\in$，则循环迭代结束并归一化$\beta$，即可获得最终投资策略。

第三节　实证研究

一、稀疏聚类组合的优化

本章选取沪深300成分股作为最小生成树非线性叠加风险，拟构建投资组合的投资标的，甄选代表性指数上证50和上证指数构成矩阵回归的多目标、多指数跟踪组合。选取2006年9月16日至2014年10月15日的股票收益率数据为训练样本，选取2014年10月16日至2018年12月22日的收益率数据为测试数据。首先，利用基于最小二乘向量机LSSVM的多因子定价模型对拟构建资产组合的投资标的进行预优化，其中定价因子包括换手率、收盘价、市盈率、营业利润率、基本每股收益及MACD等技术因子，LSSVM核函数为高斯核函数，经过交叉验证与反复试验获得其参数$C=512$，$\sigma=0.00098$，$\varepsilon=0.157$。由此，通过LSSVM回归预测得到排名前30的股票作为组合的备选成分股。其次，利用违约距离构建最小生成树，其中参数的确定为：股权价值采用流通股价格和非流通股价格的加权计价方式；一年期定期存款利率为无风险利率；债务期限取一年；股权波动率的计算假设股价服从对数正态分布，将股价日波动率换算成年波动率；公司债务参考 KMV 对违约点的定价公式，即债务 = 流动负债 + 0.5 × 非流动负债。最后，依照最小生成树非线性风险叠加的多目标矩阵回归方式进行稀疏聚类的投资组合优化，最终从 30 支 LSSVM 预优化成分股中得到稀疏聚类的多目标矩阵回归组合的资产分配策略如表 8.1 所示。

表 8.1　　　　多目标回归的稀疏聚类资产配置

中国中车	美的集团	长安汽车	中国平安	万科 A	中国神华
0.046902	0.045047	0.036446	0.050991	0.039857	0.037643
中国人寿	伊利股份	云南白药	中天科技	上海电气	中国建筑
0.039322	0.042254	0.038307	0.042872	0.04116	0.039834
建设银行	同仁堂	海康威视	上海医药	用友网络	中信证券
0.041408	0.042559	0.042216	0.042179	0.049492	0.03545
中联重科	贵州茅台	福耀玻璃	中国联通	三一重工	大秦铁路
0.028276	0.049283	0.041825	0.042566	0.03653	0. 047581

本章设计最小生成树风险组合及稀疏聚类组合的对照组，从而显示稀疏聚类效应及网络风险对资产配置的影响。图 8.1 和图 8.2 分别显示多因子组合、最小生成树组合等对照组的投资前沿变化情况，聚类后的投资组合其有效前沿曲线位于左上方，其表现优于聚类前的投资组合，单位风险收益性能相对较高；稀疏后组合的有效投资曲线位于图中顶部位置，组合的风险得到较好的分散，提高了组合的风险回报；最小生成树组合由于考虑了风险的非线性叠加效应其有效前沿朝右下方滑落，单位风险收益有所降低，由此可见，忽略风险叠加效应的资产配置方式有可能减记投资组合的风险估计，从而对资产组合的整体收益形成高估。总体来看，采用稀疏聚类优化的资产配置策略可以集中配置资源，投资组合的整体收益有提高迹象，组合的有效前沿向左上方移动，单位风险收益等指标得到了增强和提高。多目标矩阵回归的跟踪策略可以有效盯住多个目标，采用稀疏聚类的优化方式有效捕捉市场信息，解决了不确定性环境下的组合优化和资产选择问题，为指数基金、ETF 基金以及资产定价提供了合理的决策依据。

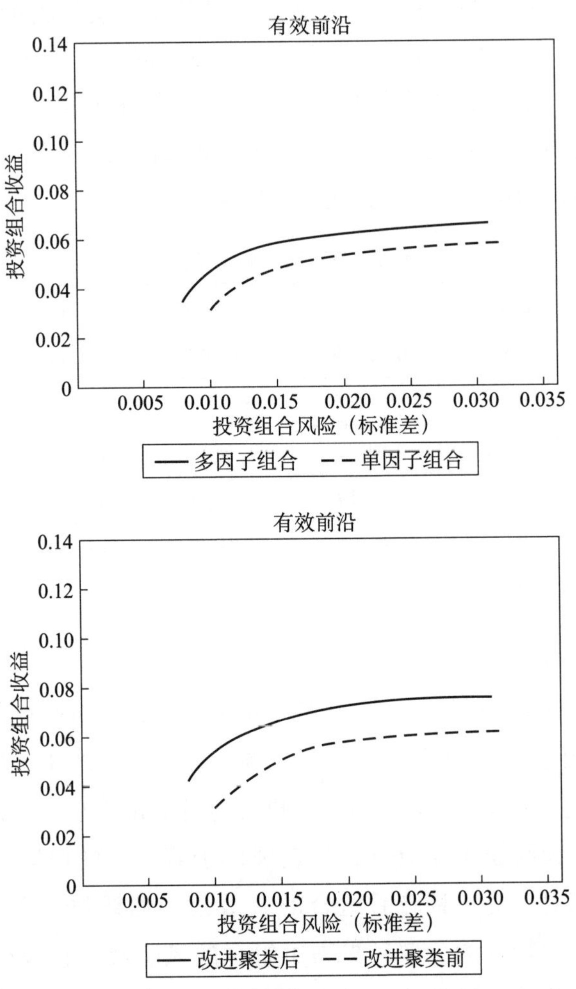

图 8.1　因子组合及聚类前后组合的有效前沿变化示意图

由此可见，多目标矩阵回归的投资组合经过最小生成树的网络风险最小化和稀疏聚类的优化调整后，对组合内投资标的进行了选择性舍弃，有助于通过最小生成树减缓甚至切断风险在网络中的传播，有效降低了资产之间风险以网络方式互相传染的非线性叠加效应，对复杂网络环境下的资产配置和全面风险管理进行了有益补充，为长期投资基金提供了合意的投资策略和决策依据。

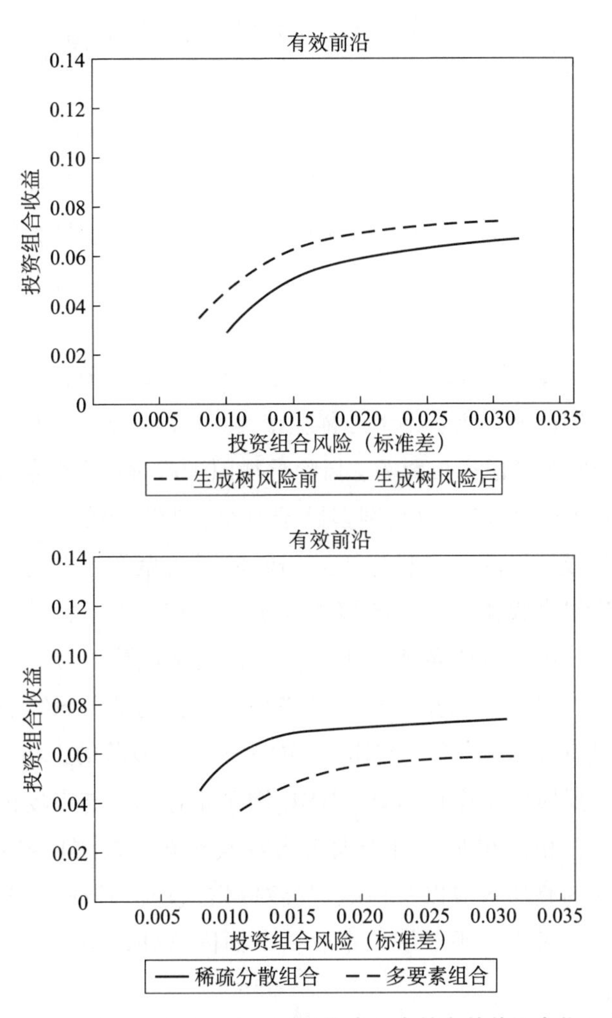

图 8.2　最小生成树风险组合及稀疏聚类组合的有效前沿变化示意图

二、多因子资产定价

本章将影响组合收益的稀疏聚类及网络风险等因子加入 Fama-French 三因子模型，采用多因子资产定价模型对多目标矩阵回归的投资组合进行扩展分析，定价模型如下：

$$E(R_p)-r_f=\alpha+\bar{\beta}E(r_m-r_f)+\gamma_1SP_1+\gamma_2D_1SP_1+\gamma_3MST_2$$

$$+\gamma_4 D_2 MST_2+\gamma_5 SMB_3+\gamma_6 HML_4+\gamma_7 MOM_5+e_t \tag{8.25}$$

其中，R_p为矩阵回归的资产组合收益率；r_f为无风险收益率；r_m为市场组合的基准收益率；α和$\bar{\beta}$分别为超额收益获取能力和遴选优质标的能力；SP_1为稀疏聚类前的组合收益率；D_1为虚拟变量，不考虑稀疏聚类效应时定义为0，否则为1；MST_2为不考虑最小生成树风险叠加的组合收益率；D_2为虚拟变量，不考虑风险叠加效应时定义为0，否则为1；SMB_3、HML_4和MOM_5分别为市值因子、账面市值比因子和动量因子；e_t为随机误差项。γ_1、γ_3分别为多目标矩阵回归组合不考虑稀疏聚类、风险叠加因子的敏感度，$\gamma_1+\gamma_2$、$\gamma_3+\gamma_4$分别为考虑稀疏聚类、风险叠加因子后对资产组合的影响程度。

本章采用OLS回归方程判别多因子对组合收益率的贡献情况。表8.2列示了最小生成树风险下多目标矩阵回归的稀疏聚类组合的回归结果，可以看出，资产组合收益率与稀疏聚类因子有正相关关系，最小生成树表示的不确定性风险则表现为负相关关系，考虑网络风险的传染性和非线性叠加效应后，资产组合的收益率有下降趋势，组合的部分风险被忽略掉，其单位风险收益有可能被高估，SMB_3、MOM_5表现出显著的正相关，显示小盘股和超买超卖反转效应比较明显；HML_4因子不显著，与市场价值投资理念并不成熟有关。由此可见，对于大盘指数及综合性较强的指数定价问题，网络风险带来的叠加效应以及稀疏聚类对组合收益的影响不容忽视，投资组合的优化除了考虑宏观经济、企业基本面因素外，还应综合考虑多因子的共同影响。

表8.2　多目标矩阵回归组合的基本回归结果

项目	γ_1	γ_2	$\gamma_1+\gamma_2$	γ_3	γ_4	$\gamma_3+\gamma_4$	γ_5	γ_6	γ_7
1	0.325** (0.0051)	0.121** (0.0047)	0.446**				0.267** (0.0035)	0.312 (0.0056)	0.327** (0.0034)
2				-0.226 (0.0032)	-0.121** (0.0042)	-0.347	0.311** (0.0043)	0.224 (0.0033)	0.325** (0.0061)
3	0.313** (0.0033)	0.112** (0.0062)	0.425**	-0.138 (0.516)	-0.215** (0.516)	-0.353	0.216** (0.0025)	0.266 (0.0036)	0.325** (0.0041)

注：**代表5%程度的显著水平，括号内为标准差。

本章采用数据缩尾的方式对上述回归结果进行稳健性检验，即将所有变量观测值进行1%缩尾处理，以消除异常值的影响，然后将所有变量值处于1%和99%分位数以外的数据值替换为1%和99%分位数值，并使用该缩尾结果对上述模型进行回归检验，结果如表8.3所示。

表8.3　　稳健性检验

项目	γ_1	γ_2	$\gamma_1+\gamma_2$	γ_3	γ_4	$\gamma_3+\gamma_4$	γ_5	γ_6	γ_7
1	0.303 ** (0.0062)	0.109 ** (0.0053)	0.412 **				0.317 ** (0.0041)	0.298 (0.0062)	0.361 ** (0.0041)
2				−0.237 (0.0039)	−0.133 ** (0.0039)	−0.370	0.276 ** (0.0055)	0.312 (0.0029)	0.411 ** (0.0058)
3	0.309 ** (0.0041)	0.107 ** (0.0066)	0.416 **	−0.204 (0.447)	−0.198 ** (0.602)	−0.402	0.196 ** (0.0047)	0.291 (0.0042)	0.337 ** (0.0054)

注：** 代表5%程度的显著水平，括号内为标准差。

从表8.3可以看出，回归系数的正负方向与表8.2的分析结果基本一致，稀疏聚类因子对资产组合收益率产生正向影响，最小生成树表示的不确定性风险则降低了资产组合的收益率，网络风险的传染性和非线性叠加效应与收益率表现为负相关关系，另外，采用极大似然估计也得到回归系数方向一致的结论，检验结果没有改变之前的判断。

第四节　本章小结

本章从网络风险的非线性叠加效应出发，利用稀疏聚类算法和最小生成树的网络结构深入挖掘资产特征并捕捉其间的相依关系，通过多目标、多指数自适应权重学习的稳健矩阵回归策略动态跟踪市场趋势，最终获得最小生成树风险下投资组合的稀疏聚类优化策略，进一步扩充了资产定价多因子模型。基于最小生成树的组合优化模型深入地刻画了网络风险在资产之间存在的双向风险溢出效应，其非线性叠加效应比单纯均值方差意义下对组合配置的总体风险影响更大，不考虑网络传染特性的风险计量方式有可能高估投资组合的单位风险收益性能。

由此，本章提出建议如下。第一，建立健全合意的网络风险分摊策略。位于网络中心位置的资产，其风险的传染力、爆发力比较强，宜从风险、收益、不确定性等多维度评估其重要性，避免风险和收益的严重失衡。第二，金融市场是风险高度集中的溢出网络，网络中节点在任何时候都可能受到其他节点带来的巨大风险冲击，利用稀疏聚类的优化方式尽可能地减弱风险的非线性叠加和波动集聚影响已刻不容缓。第三，从全面风险管理角度完善资产配置策略，在宏观审慎监管体系下构建以系统性风险和传染网络为核心的组合评价模型，在全面风险监测基础上构筑更合理的资产定价体系，避免网络传染对资源配置信号造成的失真。

第九章　超高维稀疏网络重构的资产组合选择策略

指数投资就是以跟踪和复制指数为目的，依据一定的资产配置方式构建股票投资组合，力求组合收益率与指数收益率之间的跟踪误差最小化，以达到分散风险、降低成本和提高收益的目标，其实质是把股票投资选择的权力交给市场，让市场“无形的手”发挥作用，以市场综合力量的推动决定投资组合的资产配置，最终以被动方式分享市场长期收益并承担市场风险。目前市场上主流的价格指数是市值加权指数，自 20 世纪以来，随着市场逐步健全，有效性越来越高，以复制和跟踪市值加权指数为目标的指数投资方法已成为当今主要市场最重要的投资方法之一。其低廉的管理成本、无须更多投入的被动式管理投资理念越来越受到市场青睐。

法玛提出的有效市场假说，无疑为低成本、无须主动管理、追求平均市场收益的被动式指数投资提供了“资产价值认知论”的基础。在这样的背景下，有些学者对长期试图战胜市场的以均值方差为主的有效市场组合提出质疑，积极寻求更好的指数投资方式也越来越为实务界与学术界所重视。国外研究中，一些学者从基本指数的构建出发，提出多样化的股票加权优化方案，将基于特征的库存筛选与其复杂的加权方案相结合，获得了稳定 ROE 投资组合的另类股票指数策略。国内研究中，鹿坪（2015）、李俭富（2014）、荣喜民（2007）、潘之君（2012）等基于 VAR 模型，采用优化复制指数的加权方法得到 CVaR 约束、规模控制下 p-范数逼近的指数跟踪策略，并对相应的优化模型做了实证分析；在使用启发式分析和机器学习的技术方面，杨宝臣（2005）、王立芹（2005）、张琰（2015）等将动态聚类和遗传算法运用于证券指数投资分析，以实现最小化跟踪误差的最优指标组合，达到较好的模拟效果；胡春萍（2014）、陈荣达（2014）等依据结构风险最小化思想，利用SVM理论构建基于启发式算法的支持向量机指数优化复制模型。不难发现，大量以指数基金为代表的指数化消极型投资策略稳健获得了市场平均收益，其指数投资理念和模型越来越得到理论界和业界的认可与追捧。

然而，金融市场的进化是个渐进过程，强式有效市场并不是短期可以达成的，这也引来许多经济学家的质疑之声，如席勒和法玛就持有完全不同的学术观点，后者认为市场是有效的，而前者则坚信市场存在缺陷，投资者并非完全理性，市场披露的信息并不能总是反映真实情况；行为金融学中的“投资者心态”理论也对其形成了极大挑战，投资者不只偶然偏离理性，而是经常以同样的方式偏离理性，犯同样的判断失误的错误，且他们的错误又具有相关性；套利行为也不会完全消除非理性投资者错误定价对市场造成的影响。实证研究更是带来了对有效市场的挑战。这无疑从另一层面揭示了采用更加积极的增强型指数投资策略可能获得比完全被动指数复制策略高于市场平均水平的投资回报。本章从资产价格满足的周期几何布朗运动出发，利用KL散度发掘更多股票收益随机变量的未知分布信息，通过稀疏分散回归的指数投资方法，采取多因子特征选择的稀疏策略部分复制目标成分股，在控制最小化跟踪负向误差的基础上，建立增强型指数投资组合，在尽力扩大期望超额收益正向误差的条件下，研究基于深度学习的多因子增强型指数跟踪策略，从而获得更多投资收益。

第一节　基于CNN-RNN-SVM深度学习的多因子资产选择模型

一、超高维稀疏网络重构的链路预测模型

近年来，国内外非常多的学者和科研人员从非线性优化的角度出发，开始利用流形学习的非线性方法进行高维数据的降维，取得了相当不错的

可观成果。流形学习的目标就是发现数据集中的非线性流形结构，假设分布在高维空间中的样本点处于或者近似地处于非线性流形上，并在降维的同时尽可能地保持这些结构信息，尤其在包括计算机视觉、数据挖掘、图像分析和机器学习等多个领域都引起了学者们的广泛关注。

LE、ISOMAP、LTSA、LLE 等均是目前具有代表性的流形学习方法。其中，ISOMAP 的理论基础来源于 MDS 方法，传统的欧氏距离被基于流形学习的测地线距离代替，由此计算数据点之间的非欧氏距离矩阵作为输入得到高维数据在映射低维空间的低维嵌入，其保持特征平移不变的特征使得在低维空间的嵌入能够尽量保留原始高维空间上物理结构内部数据点之间的近邻结构，当高维空间的样本数据进行整体上的旋转、平移时，其任意两点之间的距离位置、空间布局关系不会发生根本性变化，由此得到降维后的数据空间位置等结构也不会发生大的改变。ISOMAP 方法通过等距映射来获取高维原始数据空间中的数据样本在低维空间中的最优表示结构，当原始空间中的数据样本具有流形结构时，这种全局意义上的测地线距离依然能够保持原始数据空间中的近邻结构。显而易见的是，ISOMAP 在样本数量大的情况下，基于高维到低维的等距映射关系，需大量计算每一个样本点与所有其他样本点之间的测地线距离，时间复杂度和空间复杂度极高，需要消耗大量的时间来寻找最短路径，由此产生了不少改进算法以进一步提高 ISOMAP 的降维性能。一些学者在 ISOMAP 方法的基础上，从方法的思想、流程和策略分析等方面深入研究高维数据的降维方法，针对非线性降维方法对噪声敏感和不适用于多流形数据的特性，利用数据的密度信息展开研究，针对 ISOMAP 方法在测地距离计算过程中的困难问题，提出了有监督的多流形数据方法和基于密度缩放因子的噪声处理方法。其中，基于密度缩放因子无监督的方法可以有效解决测地距离计算时对噪声敏感的问题，增强了方法的稳健性，减少了噪声对降维的影响，有利于实施高效的降维数据的聚类任务。ISOMAP 方法根据数据的密度信息和标签信息，改进了非线性无监督的降维策略，对目标函数添加基于特征提取的标签学习项，以便形成其特有的多流形有监督（DMM-ISOMAP）方法，非常有效地消除了 ISOMAP 方法在遭遇多流形数据时出现短路边的情况，使降维后的数据更具有判别性能，相比其他降维方法，DMM-ISOMAP 方法在数据分类任务上取得了明显的优势，提高了实际应用的有效性和良好性能。还有一些学者将整体的流形划分成一个个非常小的局部线性区域，通过不断重叠但始终保持彼此之间相互连接的信息来逼近、构造全局整体流形域上的非线性几何结构，并在考虑保持局部关系的基础上，实施非线性映射后尽可能保持局部领域的几何结构不变，以便在低维空间中将本来隐含在高维数据中的局部领域性的几何结构信息保持下来，以此把高维空间的数据样本点非线性映射到一个低维流形空间，从而实现高维数据降维的目的。该方法重点考虑领域的局部信息，计算参数较少，是典型的非线性流形学习降维方法，空间复杂度和计算复杂度相对较低，可以高效地挖掘出原始数据空间中潜在的流形结构。

有学者针对模拟电路故障诊断工程中难以处理的特征维数高的问题，利用 LLE 方法进行特征降维和特征提取，从复杂高维数据降维的角度，通过基于克隆选择方法的故障诊断研究了故障特征数据降维技术，为工程应用提供了合理的参考依据，以两级四运放低通滤波器电路为研究对象，提出了一种基于小波包分解和 LLE 方法相结合的特征数据降维策略，提高了模拟电路故障诊断特征降维问题的适用性。肖传乐和曹槐（2010）通过计算类内距离和类间距离，科学合理地评价数据降维的效果，采用非线性流形学习方法对两个典型基因芯片数据集（结肠癌基因表达谱数据集和急性白血病基因表达谱数据集）进行降维分析，以此来解决低维投影空间中基因表达谱的降维数据可视化问题，提高了流形学习方法在表达谱降维中的普遍性和适用性，获得了比经典传统的降维方法更好的可视化效果。潘纪情和付冬梅（2010）将最佳预测速率所对应的维度作为最优维度，依次采用 PCA、MDS 和 LLE 等不同降维策略对大气腐蚀数据进行降维处理，使用相对百分误差绝对值的平均值（MAPE）对不同的降维方法和近邻点个数计算的预测结果进行评价，最后通过合理确定数据降维的最优维度，集成各种不同线性和非线性流形学习方法，建立综合预测模型，在不同的降维方法和近邻参数作用下，通过对 MAPE 进行对比分析获得的最优维度相比其他线性降维方法，效果明显提升。张振跃等（2004）利用低维的空间结构来逼近整体的非线性空间结构，提出利用局部问题来考虑全局问题的局部切空间方法。该方法通过找到样本数据的一些近邻点，并选择合适的高维数据样本点的切空间来近似，由此提取局部的低维空间特征，最后通过变换的矩阵，将局部的各个数据点的邻域切空间投影到相同的整体坐标上，从而达到理想的降维目的。对于绝大多数的空间流形处理方法来说，该方法是流形学习中非常出色的一种方法，具有很好的通用性和解释性。杨剑等（2006）通过增加增量学习能力改进了 LTSA，减少了空间复杂度和时间复杂度，获得了较好的降维效果。吕志超（2008）发现，经典降维方法都是采用全局固定的邻域大小，严重影响高维环境下的数据降维效果，存在短路和噪声干扰、局部邻域信息量不足等问题，在实际应用的高维数据处理中遭遇瓶颈，由此对 LTSA 方法和 LLE 方法进行改进，同时优化邻域组成元素，构建自适应最优子空间的“收—放”非线性缩放感知模型，运用压缩感知技术对高维空间目标点近邻进行压缩采样，使得数据的整体降维效果更加稳定。由于该方法采用全局信息和局部信息的缩放自如的提取机制，基于压缩感知的邻域优化策略不仅克服了线性降维方法在处理高维数据时的诸多弊端，如统计特性的渐进性难以实现、算法稳健性低等问题，而且精炼了经典流形学习中的固定邻域分析框架并改进相应解决方法，取得了较好的稳定性和有效性，利用神经网络进行降维的策略如火如荼地发展起来，如深度信念网络的机器学习方法，采用自动编码器进行图片的特征提取，由于深度信念网络具有强大的深度学习能力，实验发现，神经网络降维策略比 PCA 等经典算法在性能、绩效等方面有大幅度提升，推动了非线性降维方法的快速发展，大大提高了降维算法的适应性。

由此可见，非线性降维方法可以胜任比线性降维更复杂的高维数据局面，其降维策略大大提高了非线性数据处理能力。然而，高维数据之间普遍存在“稀疏性”，依据高维空间中数据间普遍相互联系的分析方法，并不能准确地刻画高维数据间的相依关系。因此，本章基于传统经典高维数据的非线性降维方法依然不能达到理想效果的情况，深入研究神经网络降维技术，开发非线性综合集成降维策略以便较好地解决传统降维方法普遍遭遇的一些降维难题。张鑫和郭顺生（2019）结合流形学习与深度学习的思想，利用少量昂贵的有标签样本和大量廉价的无标签样本，将低维流形特征输入 DBN，针对机械设备故障诊断过程中有标签样本不足，运用 LE 方法直接对原始高维振动信号进行特征提取，提出了基于拉普拉斯特征映射和深度置信网络的半监督故障识别模型。该模型应用于轴承故障和齿轮裂纹的识别中，构建半监督 Softmax 分类器二次挖掘故障特征，并最终识别出机械设备的故障模式，由此得到了更好的特征表示，增强了特征提取的智能性，有效降低了模型的时间复杂度，在不平衡的训练标签下实现了很好的诊断效果，提高了诊断效率和分类精度，具备实际应用的价值。

如何使资产合意地分配到正确的组合中，而不是简单地“把鸡蛋放到不同篮子里”，这是投资组合管理面临的重要问题，它将直接影响投资组合的性能和绩效。因此，资产组合的分配策略应尽可能使资源集中配置于核心资产，保持同类资产内部的聚集，非同类资产配置尽可能地稀疏分散。本章借助流形学习的基本思想，在 LE 方法和 LLE 方法基础上进行改进，改进的拉普拉斯方法采用关系型数据分析策略代替简单的欧氏距离度量方式，根据数据的亲疏关系先构建一个关系型近邻的无向加权图，如果两个样本点属于祖先—儿子型的近邻关系，则用边与之相连，且边权值赋为 1，不是家族族谱的近邻样本点对之间的边权值赋为 0，然后引入家族族谱参照物，并以此通过求解家族图谱的拉普拉斯算子广义特征向量来保证关系型样本在低维空间中尽可能地接近。本章在此基础上构建关系型拉普拉斯策略，用无向图的网络结构刻画资产之间的互相联系、互相影响的关系，用邻接矩阵表示资产结构的拓扑信息，即 $G=\{F_{ij}\}_{i,j=1}^{n}$，F_{ij}表示边与边的连接关系，定义$F_{ij}=\frac{1}{Q}e^{-\frac{\|x_i-x_j\|^2}{\sigma}}$，σ 表示核参数，Q 为归一化算子，$Q=\sum_{i,j}e^{-\frac{\|x_i-x_j\|^2}{\sigma}}$，即将其转化为概率表示，当$F_{ij}=0$ 或小于设定的阈值时表示不相连。由于金融资产往往具有波动集聚效应，资产之间存在互相传染风险的影响，表现在网络结构上就是不同类资产之间有较强的连边。本章把资产组合构造的网络看作为社团结构，同类资产连接比较紧密，具有重叠性，形成的结构称为“簇”，“簇”与“簇”之间若有连接产生，会衍生出“团”。因此，从网络结构的分布形式可以看出，由资产表示的节点可能同时属于多个社团，其隶属程度完全由连边的权重决定，该权重可以由图网络结构中点与点连接的概率表示。即资产组合网络首先由联系紧密的同类资产形成的“簇”构成，其内部连接用 F(i，M) 表示，节点 i 隶属于该类资产的概率；其次用 F(M，N) 表示不同类资产代表的社团 M 和社团 N 的节点形成连边的

概率。由此可以形成整个资产组合近似表示的网络结构，其连边概率表达式如下：

$$F(i, j) \approx \sum_{M, N} F(i, M) \times F(M, N) \times F(j, N) \tag{9.1}$$

其中，F 表示资产节点的连边概率矩阵，其元素为 F(i, j)，同类资产内部节点连边的概率矩阵为 U，其元素为 F(i, M)，非同类资产之间节点连边的概率矩阵为 S，其元素为 F(M, N)，由此，式（9.1）可转化成矩阵，表示形式如下：

$$F \approx USU^T \tag{9.2}$$

由于矩阵 F 中元素的值越大表明连边概率越大，资产通过网络互相影响的作用越强，风险传染机会越大。因此，这样的社团网络内蕴资产风险的几何结构，本章采用内聚类外稀疏的组合优化策略重构资产的网络结构，最大限度强化同类资产的内部聚集性和降低不同资产的相关性。由此转化为下述优化问题：寻找合意的同类资产的簇结构和非同类资产的社团结构以便构造资产组合的稀疏网络结构。

$$\begin{cases} \min \|F - USU^T\|^2 + \lambda_1 \|U\|^2 + \lambda_2 \|S\|^2 + \lambda_3 \|S\|_1 \\ \text{s. t. } S \geqslant 0, \ U \geqslant 0 \end{cases} \tag{9.3}$$

其中，$\| * \|^2$ 和 $\| * \|_1$ 为正则项约束，$\|S\|_1$ 主要用来稀疏化不同类资产之间的连接，旨在寻找最优的稀疏网络结构，引入拉格朗日乘子构建目标函数如下，其中，φ、π 为拉格朗日乘子。

$$\begin{aligned} L(U, S) = \min \|F - USU^T\|^2 + \lambda_1 \|U\|^2 + \lambda_2 \|S\|^2 + \lambda_3 \|S\|_1 \\ + Tr(\varphi^T U) + Tr(\pi^T S) \end{aligned} \tag{9.4}$$

考虑到 $U \geqslant 0$，$S \geqslant 0$，$S = S^T$，分别对 U、S 求其一阶导数：

$$\begin{aligned} \frac{\partial L}{\partial U} &= -2FUS + 2\, USU^TUS + 2\, \lambda_1 U + \varphi \\ \frac{\partial L}{\partial S} &= -2\, U^TFU + 2U^TUS\, U^TU + 2\lambda_2 S + \lambda_3 I + \pi \end{aligned} \tag{9.5}$$

根据 KKT 条件，$\varphi_{ij} U_{ij} = 0$ 和 $\pi_{ij} S_{ij} = 0$ 有：

$$\begin{aligned} (-FUS^T - F^TUS + US^TU^TUS + USU^TUS^T + \lambda_1 U)_{ij} U_{ij} = 0 \\ (-2U^TFU + 2U^TUS\, U^TU + 2\lambda_2 S + \lambda_3 I)_{ij} S_{ij} = 0 \end{aligned} \tag{9.6}$$

由此得到 S_{ij} 和 U_{ij} 的乘性迭代法则如下：

$$U_{ij} \leftarrow U_{ij} \frac{(FUS^T + F^T US)_{ij}}{(U S^T U^T US + USU^T US^T + \lambda_1 U)_{ij}}$$
$$S_{ij} \leftarrow S_{ij} \frac{(2U^T FU)_{ij}}{(2U^T USU^T U + 2\lambda_2 S + \lambda_3 I)_{ij}} \tag{9.7}$$

上述迭代达到终止条件，即可获得矩阵 S 和 U 的具体表示。令重构矩阵 $\rho = USU^T$，此矩阵潜含资产分布的稀疏结构。可以看出，重构矩阵通过稀疏优化的方式可以删除本来不必要连接的资产节点，也可以发现连边概率比较大的节点，但在原始构造的网络中不存在连接的节点，由此实现网络结构的链路预测，借此可通过链路预测方法来构建带网络结构的稀疏资产组合模型。

二、基于长短期记忆的自循环和远程反馈机制的因子特征选择

卷积神经网络是高效提取特征、获得良好特征映射的复杂网络结构。学者们通过反馈循环改进卷积神经网络进行反思学习，在模式识别领域得到很好的应用。在卷积神经网络中引入循环和远程反馈机制不仅能抓住主要特征而且可以对长短时记忆特性的信号建模，它是处理时间序列数据预测和分类的有力工具，循环和远程反馈网络可以对历史输入信息、当前信息和系统状态相关信息进行反馈记忆，并基于卷积神经网络当前特征层的卷积、池化所处的状态通过反馈回路计算当前输出。本章将 RNN 自循环和远程反馈结构策略性地植入卷积网络，隐式地从训练数据中进行时间序列相关性学习，强化 CNN 神经网络的信息反馈功能，提升网络对时空信息的全局表征性能。其循环和远程反馈结构如下：

$$\begin{cases} h_t = \varphi(W * x_{t-1} + b) \\ \hat{h}_t = \text{Maxpooling}(h_t) \\ s_t = \sigma(U \cdot h_t + W \cdot s_{t-1} + b) \\ o_t = V \cdot s_t + c \end{cases} \tag{9.8}$$

式（9.8）表示嵌入自循环结构的卷积神经网络，其中 * 为卷积运算，

Maxpooling 为池化操作；h_t和$\hat{h}_t$分别为相应隐藏层卷积、池化后的神经元输出；W 为滤波器；b 为偏置；s_t为自循环输出，即在特定隐藏层引入定向循环结构，强化本层节点对整个网络的相关性。

$$\begin{cases} s_t = \sigma(U \cdot h_t + W \cdot s_{t-i} + b) \\ c_t = \tanh(U \cdot h_t + W \cdot s_{t-i}) \\ o_t = s_t \otimes c_t + V \cdot h_t + c \end{cases} \tag{9.9}$$

式（9.9）表示远程反馈的网络结构，即将网络前段时刻的输出实行"平流移植"，再深度融合特定隐藏层的卷积、池化后定向输出，充分体现序列中时间特性的依赖关系，提升网络的表达能力。其中，tanh 为非线性激励函数，符号$\otimes$表示对应向量中对应元素相乘，经过该运算后，可以决定还有多少信息成分保留在s_t中，然后再作用于本层，从而实现时间序列的长程相关性，显著提升了神经网络的信息传输能力。另外，在循环卷积神经网络中嵌入 SVM 分类模型，通过 ε-不敏感函数的 SVM 进行非线性分类学习，从而提高卷积神经网络的泛化本领，以便增强 CNN 的分类选择能力。

三、融合循环和远程反馈的深度神经网络

本章采用深度融合的机器学习方法实现分类识别和预测目标，首先，利用卷积神经网络获得特征选择的隐藏层表示，同时在关键时间节点和卷积层、池化层引入自循环和远程反馈机制构建具有长短期记忆能力的循环网络，更稳健地捕捉重要时点的典型金融事件集合，强化时间序列中有效间隔和关键延迟的长程相关性，最终将有效关键特征因子输入全连接层，利用 SVM 获得分类预测结果。综上所述，多因子资产选择模型综合 CNN、RNN、SVM 等机器学习方法，自组织嵌入循环和远程反馈结构构成深度融合神经网络，有效捕捉时间序列的动态演进特性，优化网络结构，提高网络质量，其良好非线性分类识别能力，对被动式增强指数量化投资策略的设计具有重要指导意义。基于 CNN-RNN-SVM 的特征提取及分类模型结构如图 9.1 所示。

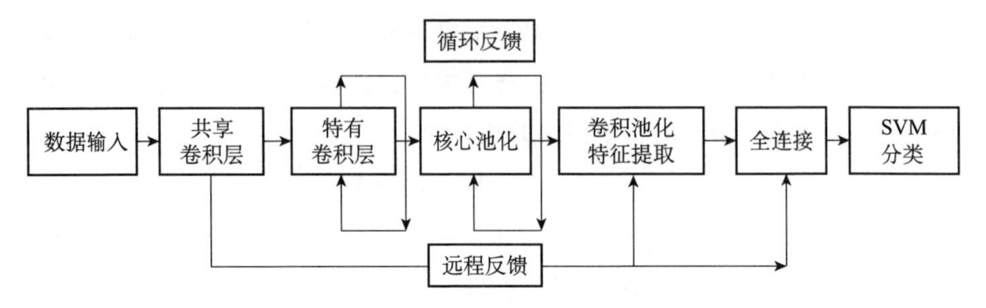

图 9.1　基于 CNN-RNN-SVM 的特征提取及分类模型

第二节　增强型指数的投资组合优化模型

一、连续时间投资组合模型的建立

增强型指数的被动投资策略以跟踪目标指数为主要手段，但不是简单复制指数，主要以跟踪和复制指数主要成分构成股票组合并对其资产配置方式进行优化，力求达到组合收益率与指数收益率之间的正向误差最大化和负向误差最小化的目的，其优势在于分散化投资风险、降低投资成本、追求长期收益。本章在构建增强指数投资策略时，采用周期几何布朗运动来刻画资产价格运动的随机过程，更好地体现经济扩张与紧缩导致资产价格的波动。另外，在跟踪目标指数方面，主要提取指数的特征向量，深入挖掘能够深刻反映指数走势的重要指标。为了更精确地刻画组合走势和目标指数走势的联系和区别，引入 KL 散度衡量两个随机分布之间的相似程度，当两个随机分布相同时，它们的 KL 散度为零，当两个随机分布的差别增大时，它们的 KL 散度也会增大，本章采用 KL 散度描述两个概率分布 $f(\tau)$ 和 $g(\tau)$ 的非对称差异，设 $f(\tau)$ 表示拟构建组合分布，$g(\tau)$ 表示跟踪目标指数分布，则两个分布之间的 KL 散度为 $D_{kl}(f(\tau)\parallel g(\tau))=\int f(\tau)\log\frac{f(\tau)}{g(\tau)}d\tau=E(\log f(\tau))-E(\log g(\tau))$，它能较好地从概率分布的角度刻画组合分布与跟踪指数之间的误差情况。

不失一般性的，资产组合的构建包括风险资产和无风险资产，假设市场上有 $n+1$ 种资产，其中无风险证券的价格满足如下随机过程：

$$\begin{cases} dS_0(t) = r(t)S_0(t)dt, \ t \in [0, T] \\ S_0(0) = s_0 \end{cases} \tag{9.10}$$

其中，$r(t)$ 表示无风险利率，风险资产价格满足均值回复随机过程的周期几何布朗运动：

$$\begin{cases} dS_i(t) = [\alpha_i(t) + A_i \omega_i \cos(\omega_i t + \varphi_i)] S_i(t)dt + \sum_{j=1}^{l} \sigma_{ij} S_i(t) dW^j(t) \\ d\alpha_i(t) = (\beta_i - \gamma_i \alpha_i)dt + \vartheta_i dW \\ S_i(t) = s_i > 0, \ l + m = n, \ i = 1, \cdots, n \end{cases} \tag{9.11}$$

其中，$W(t) = (W^1(t), \cdots, W^l(t))'$ 为 l 维标准维纳过程；$\alpha_i(t)$ 为漂移项，刻画周期几何布朗运动的主要趋势，并且满足均值回复的随机过程；A_i 为周期变动因子；$A_i\omega_i\cos(\omega_i t + \varphi_i)$ 刻画资产价格随经济周期变化的涨落情况；σ_{ij} 为波动率；$dW^j(t)$ 为两两正交的扩散过程。

假设构建投资组合的期初财富为 X_0，不允许卖空，组合中风险资产投资比例为 $u_i(t)$，余额部分可投资无风险资产，则时刻 $t(t \in [0, T])$ 总财富 $X(t)$ 满足的随机过程由如下随机微分方程刻画：

$$\begin{cases} \dfrac{dX(t)}{X(t)} = \left\{ r(t) + \sum_{i=1}^{m} [\alpha_i(t) + A_i\omega_i\cos(\omega_i t + \varphi_i) - r(t)] u_i(t) \right\} dt \\ \qquad\qquad + \sum_{j=1}^{l} \sum_{i=1}^{n} \sigma_{ij} u_i(t) dW^j(t) \\ X_0(t) = x_0 > 0 \end{cases} \tag{9.12}$$

本章主要建立一个在指数跟踪背景下含有卖空约束的增强收益模型，基于最小二乘支持向量机思想，通过优化成分股和有效分散资产的稀疏分散回归方法跟踪目标指数，跟踪目的是最小化组合收益率与参考指数收益率的负向误差。其中，资产分散主要通过最大化资产间的亲疏关系来获得，即$\max(\rho_i(u_i\bar{x}_i - u_j\bar{x}_j)^2)$，$\rho_i$为重要性因子，$u_i$为资产分配比例，$\bar{x}_i$为资产收益的均值。另外，采用随机赋权的方式来减弱资产波动聚集对回归方程的影响。最后，根据结构风险最小化原则，建立稀疏分散回归的指数增强模型，对于给定的数据集合 $T=\{(X_i, y_i), i=1, 2, \cdots, k\}$，构造回归函数：

$$\hat{Y} = U^T\varphi(x) + b \tag{9.13}$$

其中，$\phi(x)$ 为非线性映射函数，U 为权值系数，Y 对应目标指数，样本对应的函数值用$\hat{Y}$来近似，稀疏分散回归的优化问题为：

$$\begin{cases} \min L(u) = \dfrac{1}{2}\|U\|^2 + \gamma_1 \sum\limits_{i=1}^{l} \dfrac{z_i}{Z} \cdot (\min(0, \hat{y}_i - y_i))^2 \\ \qquad + \gamma_2 \|U\|_1 - \sum\limits_{i \neq j} \rho_i(u_i\bar{x}_i - u_j\bar{x}_j)^2 \\ \text{s.t. } \hat{y}_i = U^T\varphi(x_i) + b, i = 1, \cdots, l \\ dz_i = \mu_i dt + \sigma_i dw \end{cases} \tag{9.14}$$

其中，z_i服从随机维纳过程，Z 为随机赋权的归一化因子，μ_i和σ_i分别对应资产收益率的移动均值和其标准差，稀疏项$\|U\|_1$旨在控制投资组合的资产数量，降低追踪组合的规模，减小管理成本和难度，通过增加稀疏控制变量进行优化，最大限度地提高泛化能力。

事实上，金融市场具有高度的不确定性特性，资产价格走势经常会有起起伏伏的涨落走势，其价格波动的概率分布很复杂，甚至很奇怪，无法用解析的方法描述。因此，本章选用已知的简单概率分布如正态分布 $q(\tau)$ 逼近期望样本，通过重要性采样的积分估计方法来计算 KL 散度，即：

$$\begin{aligned} E(\log f(\tau)) &= \int f(\tau)\log f(\tau)d\tau = \int \log f(\tau)\frac{f(\tau)}{q(\tau)}q(\tau)d\tau \\ &\approx \frac{1}{N}\sum_n \frac{f(\tau^n)}{q(\tau^n)}\log f(\tau^n), \ \tau^n \sim q(\tau) \end{aligned} \tag{9.15}$$

定义重要性权重$\omega^n = f(\tau^n)/q(\tau^n)$，即价格的未知概率分布可由已知不同正态分布的“基函数”线性逼近替代，则经重要性采样并积分运算后得到：$E(\log f(\tau)) \approx \sum\limits_{n=1}^{N} \dfrac{\omega^n}{\sum\limits_{m=1}^{N}\omega^m}\log f(\tau^n)$，其值可以通过重要性采样正态分布 $q(\tau)$ 期望样本的均值和方差（μ，σ^2）求得；同样对跟踪目标指数采取类

似计算 $E(\log g(\tau))$ 便可得到 KL 散度，其中，重要性权重可根据样本分布状况设为$\omega^n = e^{\left(-\frac{\|\tau^n-\mu\|^2}{2\sigma^2}\right)}$。此外，为了强化跟踪目标指数的效果，引入反映指数走势动态变化的单位收益风险特征变量 $T(x)=\frac{Var(X)}{(E(x)-FC(X))}$，其中，X 和$\hat{X}$分别表示拟构建组合和跟踪目标指数的资产净值变化情况，FC(X)为摩擦成本，在控制跟踪误差的同时，增强拟构建投资组合的业绩弹性，以便获得对跟踪指数的超额收益，充分体现增强指数投资组合的优越性。

由于本章主要通过负向误差的稀疏分散回归方法研究增强型指数的构建策略，因此，优化目标还要反映被跟踪指数的运动状态，防止大起大落。一方面，用 KL 散度刻画组合和目标指数的跟踪误差将其值控制在容许范围 ε 内；另一方面，在保持跟踪误差最优的基础上，尽可能使组合收益率与指数收益率之间的正向跟踪误差最大，达到指数增强、追求长期收益的目的，即投资者的最优策略是在保持最优跟踪误差的基础上最大化风险调整收益指标或最小化单位收益风险 T(X) 与 $T(\hat{X})$ 之间的差异，也就是求解以下多目标最优化问题：

$$\begin{cases}\min\{L(u)+C_1\cdot(D_{kl}(f\|g)-\varepsilon)+C_2\cdot\|T(x)-T(\hat{X})\|^2\} \\ X(t),\ u_i(t)\text{satisfy}(5) \\ \hat{z}_i l_i\leqslant u_i(t)\leqslant\hat{z}_i h_i,\ l_i,\ h_i\geqslant 0,\ \hat{z}_i\in\{0,1\} \\ \sum_i^N u_i=1, i=1,\cdots,N\end{cases}\tag{9.16}$$

其中，l_i、h_i 为组合资产配置比例的限制，ε 为 KL 散度容许值，稀疏控制变量 $\hat{z}_i=1$，表示该只股票进入追踪组合，否则被排除在外。上述优化问题由于含有随机过程和 0－1 整数约束，拟利用神经网络函数逼近的两阶段优化算法求解相应问题，从而获得增强指数投资问题的最优投资策略。

二、基于函数逼近的不确定优化算法的模型求解

（一）PSO 变异算子的混合智能算法

粒子群优化算法 PSO 是通过模拟鸟群社会的捕食活动等进化行为演化

而来的协同共生搜索算法。其粒子速度、位置的更新公式如下：

$$V' = V \cdot \alpha + c_1 r_1 (Pbest - P) + c_2 r_2 (Gbest - P) \tag{9.17}$$

其中，c_1 和 c_2 为粒子加速度因子，r_1 和 r_2 服从［0，1］的均匀分布，P 和 V 分别表示位置和速度，Pbest 和 Gbest 分别表示粒子群的局部最优和种群的全局最优。本章采用变异算子改进 PSO 优化算法，对粒子位置的更新嵌入变异算子，变异算子采用正态因子随机调整当前位置，变异波动幅度随时间逐渐减小，即：

$$\begin{cases} V^{n+1} = \alpha V^n + c_1 r_1 (Pbest - P^n) + c_2 r_2 (Gbest - P^n) \\ P^{n+1} = N(0, \sigma^n) P^n + V^{n+1} \\ \sigma^n = \sigma^0 e^{-n} \end{cases} \tag{9.18}$$

其中，$N(0, \sigma^n)$ 表示正态分布，σ 反映波动幅度，且随时间衰减，α 是惯性权重，变异算子可以增强个体粒子的局部寻优能力，增进种群整体的探索能力以便进一步提高优化能力。

（二）BP 神经网络的函数逼近算法

上述优化问题属于非典型的最优控制问题，由于目标表达式中存在 KL 散度函数，其函数形式难以通过 Bellman 最优性原理和猜测价值函数的形式获得解的雏形，导致经典方法在解决类似问题时显得有些适应性不足。本章考虑约束条件的随机性和不确定性，利用神经网络强大的函数逼近能力，充分刻画这种不确定性，采用两阶段优化策略，通过 PSO 变异算子算法直接在可行域中搜索最优投资策略获得多目标最优解。首先，利用神经网络对相关参数进行估计，风险资产满足的周期几何布朗运动能够较准确地刻画经济周期、市场波动以及投资者异质信念对资产价格的影响，主要参数$\alpha_i(t)$、A_i、ω_i、φ_i、σ_{ij}的估计直接反映资产价格的长期趋势和短期波动情况，其中$\alpha_i(t)$ 的估计通过该变量满足的均值回复随机过程间接得到。其次，由于该优化问题并非标准随机最优控制问题，其约束条件含有嵌套的复杂随机过程，神经网络良好的逼近能力正好可以解决类似问题。两阶段优化策略如下。

第一阶段，资产价格最优参数估计：对风险资产价格满足的随机过程（4）离散化可得：

$$S_{i+1}(t) = S_i(t)\left\{1 + [\alpha_i(t) + A_i\omega_i\cos(\omega_i t + \varphi_i)]\nabla t + \sum_{j=1}^{l}\sigma_{ij}\varepsilon\sqrt{\nabla t}\right\},\ \varepsilon \sim N(0,1) \tag{9.19}$$

其中，参数$\alpha_i(t)$、A_i、ω_i、φ_i、σ_{ij}与$S_i(t)$表达资产价格的递推关系，可根据蒙特卡罗随机模拟技术训练神经网络逼近该不确定函数；另外，为了获得更优参数的估计值，在训练好的神经网络里嵌入遗传算法，对参数$\alpha_i(t)$、A_i、ω_i、φ_i、σ_{ij}实施遗传、交叉、变异等操作更新其对应染色体，通过最小化适应性函数 $\min\|\nabla S(t)\|^2$ 即$S_i(t)$和实际值的误差平方以及计算每个染色体的适应度，然后采用旋转赌轮的方式选择下一代染色体，经过多次迭代和种群更新，获得最优染色体即为风险资产价格的最优参数估计。

第二阶段，神经网络函数逼近：离散化总资产 $X(t)$ 满足的随机微分方程，令：

$$\begin{cases} U_1(u) = X_t + (r(t) + U_2(u) + U_3(u))X_t\Delta t + U_4(u)X_t\varepsilon\sqrt{\Delta t},\ \varepsilon \backsim N(0,1) \\ U_2(u) = \sum_{i=1}^{m}[A_i\omega_i\cos(\omega_i t + \varphi_i) - r(t)]u_i(t) \\ U_3(u) = \sum_{i=1}^{m}[\alpha_i + (\beta_i - \gamma_i\alpha_i)\Delta t + \vartheta_i\varepsilon\sqrt{\Delta t}]u_i(t),\ \varepsilon \backsim N(0,1) \\ U_4(u) = \sum_{j=1}^{l}\sum_{i=1}^{n}\sigma_{ij}u_i(t) \end{cases} \tag{9.20}$$

步骤一，经过第一阶段优化后，风险资产价格的主要参数式α_i、β_i、γ_i、ϑ_i、A_i、ω_i、φ_i、σ_{ij}等值已经得到，可以根据式（9.20）构造不确定性函数$U: u \to (U_1(u), U_2(u), U_3(u), U_4(u))$，并通过蒙特卡罗随机模拟训练该不确定性函数，其中，u 用向量形式表示组合的资产分配比例并受稀疏变量控制，即通过大规模随机采样产生大量模拟投资策略的训练数据，用非线性映射的方式实现输入到输出的非线性变换。步骤二，根据投资策略模拟生成的大量输入输出数据训练神经网络逼近该不确定函数，不确定函数的目标值直接对应特定投资策略下投资组合总财富的变化。步骤三，大量神经网络的训练，其结果会产生组合财富变化的时序数据$[X_1, X_2, \cdots, X_n]$，将其转换成对数收益率形式可生成相应的特征统计变量，即组合均值、方差和 T(X) 等风险性特征指标；同时根据跟踪目标指数的同期时序数据求得相应的均值、方差、单位收益风险 $T(\hat{X})$ 及负向跟踪误差等特征统计变量，然后根据目标函数要求进行相关计算。步骤四，在训练好的神经网络中嵌入 PSO 变异算子的混合智能算法，通过 PSO 粒子群变换和变异算子的更新策略优化投资组合，以便找到更优解，从而获得合意的投资策略，然后根据风险调整收益的原则调整参数 C 将多目标转化为单目标，通过训练好的神经网络计算目标值。步骤五，更新投资策略重复以上步骤，直到目标值变化达到既定精度或循环完成给定次数，最终得到的最优解即为投资组合的最优投资策略。

第三节　实证研究

一、拟构建组合中投资目标的甄选

（一）特征指标因子选择

本章综合宏观经济、企业微观和金融市场等多方面因素，根据因子分析法深度挖掘行业发展与价格趋势，从盈利、规模、现金流、成长、估值、宏观等方面构建特征因子库，结合实际市场状况选取众多因子构建特征因子样本库，进而根据多因子模型和卷积神经网络选择核心因子，并通过深度学习方法进行特征提取和外推预测，为构建增强型指数投资组合打下坚实基础。特征指标因子及其分类如表 9.1 所示。

表 9.1　特征指标因子及其分类

因子类型	因子名称	因子类型	因子名称
盈利	ROE、ROA、净利润增长率、资本回报率、息税前利润与营业收入比	质量	总资产报酬率、股东权益比率、利息保障倍数、速动比率
现金流	主营业务收现比率、经营活动产生的现金流量净额比营业收入	规模	流通市值、持股集中度、账面市值比、自由流通市值
估值	PE-TTM、PB、EPS、股息率、企业价值倍数、稀释每股收益	技术	开盘价、收盘价、乖离率、换手率、MACD、RSI、KDJ、CCI
成长	每股净资产增长率、净利润增长率、总资产增长率	营运能力	总资产周转率、存货周转率、应付账款周转率

（二）数据准备及指数成分股选择

首先，对因子指标集中的异常数据进行平滑和缺失数据补齐，采取 Z-SCORE 方法归一化因子库，以便消除量纲影响。因子指标按类别相近原则归类，输入输出采用离散变量以如下形式存储$\{x^{(t)}, y^{(t)}\}_{t=1}^{N}$，其中，$x^{(t)} \in R^{n \times m}$为输入，$y^{(t)} \in [+1, -1]$，$y^{(t)}$为输出的分类结果，+1 表示的类别为“好”，-1 表示的类别为“坏”，即对跟踪目标指数中成分股的甄选通过“好”“坏”识别后，将归一化特征因子转化为元胞数组$I_i \in R^{n \times m}$；然后对元胞数组施以窗口大小为 $k1 \times k2$ 滑块的矢量化处理，得到矩阵块$x_{i,1}$，$x_{i,2}$，…，$x_{i,mn} \in R^{k1k2}$，用$x_{i,j}$表示元胞数组I_i中的第 j 个矢量块；接着均值处理矢量块，得到$X_i = [\bar{x}_{i,1}, \bar{x}_{i,2}, \cdots, \bar{x}_{i,mn}]$，重复对全部样本数据实施同样的操作，最后得到$X = [\bar{X}_1, \bar{X}_2, \cdots, \bar{X}_n] \in R^{k1k2 \times Nmn}$，这样便可进行隐藏层卷积运算，以便提取特征向量，并将其结果作为深度学习的下一层输入数据。

其次，由于资产价格的序列不仅依赖于当前输入，同时也依赖前一时刻的资产价格的状态，甚至还受前 30 日、60 日、半年价格均价及历史成交量和日历效应等影响，因此，有必要在卷积神经网络的特定隐藏层节点加入循环和远程反馈回路来深度发掘资产价格的演进模式，即根据市场动量特性，时间上在 3 个月和 6 个月的时间间隔处插入神经网络的远程访问结构，在周时间间隔处插入自循环结构；网络结构上，主要在卷积层和池化层利用长短期记忆的 CNN 模块来快速学习当前市场和获得目标成分股的动态特性。

最后，对归一化的带标签数据预处理后进行训练，通过 CNN 独特的卷积特征或特征映射功能进行一系列特性提取，并在特有卷积层和核心池化层根据时间周期植入循环和远程反馈结构反复强化特征，使得选择后的特征更能深刻代表重要因子特性。最终通过 SVM 分类器获得优选结果。其网络结构为：I1→C2→S3→C4（R4）→S5→C6→S7（R7）→ C8→ S9→ F10（Y10）→@，其中，I 表示输入层，C 表示卷积层，S 表示池化层，F 表示全连接，R 表示自循环反馈，Y 表示远程反馈，@ 表示最后非线性集成输出。

本章选择上证 50 指数中的成分股作为被跟踪目标股票，一般来说，指数平稳比较容易跟踪，暴涨暴跌最能反映跟踪效果。因此，以股灾期间指数波动大的数据为参照依据，即 2006 年 9 月 16 日至 2015 年 8 月 27 日时间段的日数据为训练样本，选取 2015 年 8 月 28 日至 2017 年 11 月 15 日时间段的日数据为测试数据。首先，将特征因子按类别分成 8 ×8 的矩阵块，并根据历史价格序列数据和先验信息对输出数据标签化处理$y^n \in \{0, 1\}$；其次，选择滤波器大小为 8 ×8 ×3，通道数为 3，池化半径为 2，在第 3 卷积层、第 6 池化层植入自循环反馈结构，在第 9 层植入远程反馈结构，按照上述构建的循环深度 CNN 网络依次进行特征提取、卷积、池化、自循环反馈、远程反馈、再卷积、再池化和全连接，最后连接 ε-不敏感函数的支持向量机。

二、连续时间增强型指数投资组合的优化结果

本章通过增强跟踪指数的方式，利用深度学习方法优选目标成分股，然后采用神经网络函数逼近和基于变异算子的 PSO 随机混合智能算法寻找最优投资组合。其中，函数逼近部分的神经网络采用 30-64-30 的网络结构，算法的惯性率为 0.8，动量因子为 0.9，权值变化增加量、减少量及其变化最大值均设为默认值，训练函数采用带动量梯度下降的改进型训练函数 traingdm 对网络进行训练，最大训练步数 10000 步，训练目标为 0.01，学习速率为 0.1；粒子群 PSO 算法采用变异算子进行优化，粒子个数为 100 个，c1、c2 加速因子取值均为 2，r1、r2 设为范围在［0，1］的随机数，最大循环次数为 10000，初始权值为 1.05，位置参数限制为［0，20］，速度限制为［－1，1］；成分股投资比例初值参考跟踪目标指数的市值加权比，债券的投资比例为［0，0.95］；变异算子其参数随时间有衰减特性，初值 σ 设为粒子群 100 次 Pbest 位置波动的平均值；目标间重要程度的调谐参数 C 根据历史夏普比设定，无风险利率取二年期定期存款利率。通过执行 PSO 变异算子混合智能算法，模拟 6000 代，5000 个训练样本，10000 次迭代，最终得到指数增强投资策略如表 9.2 所示，其中 7 只股票被稀疏掉。

表 9.2　　　　连续时间投资组合的资产配置　　　　单位：%

贵州茅台	中国平安	万华化学	中国太保	南方航空	上汽集团
12.5	8.57	7.48	6.14	3.56	4.90
新华保险	伊利股份	山东黄金	招商银行	中国石化	中国建筑
5.45	5.42	4.14	3.93	2.47	3.81
康美药业	中国神华	宝钢股份	工商银行	招商证券	华泰证券
3.69	3.61	3.40	2.55	2.24	2.11
保利地产	中国人寿	华夏幸福	中国联通	中国交建	
3.32	3.24	2.62	2.47	2.37	

另外，从增强型指数构建过程来看，不仅综合考虑单个资产的预期收益和风险，更重视所选资产与目标指数之间的相互关系，即根据深度学习方法甄选目标成分股中那些能使资产组合总体投资收益最大化或风险最小化的优质资产，从而构成收益增强的资产组合，而不是简单地跟踪和模拟目标指数以获得市场平均收益，这种指数增强组合已不再是单个资产投资管理的简单外延，其目标、方法以及组合构建方式等都不同于简单的证券投资分析。为了对增强指数组合总体收益和风险以及市场表现进行分析评价，选择市场的不同风格指数作比较分析，以突出显示连续时间增强指数投资组合与其他策略组合间的差别。表 9.3 从组合性能指标揭示连续时间指数增强策略在 VaR 损失、夏普比率、重大回撤损失、组合收益等方面都优于等权重法和市值加权法等策略组合，其中组合收益与风险经过德尔菲法基于成交量、平均成交金额等因素进行加权调整。实证研究表明，连续时间指数增强组合能够较好地甄选优质成分股并有效跟踪目标指数，表现出更好的风险收益特性，鲁棒性更强，进一步验证增强指数组合策略的优越性。

表 9.3　　　　测试期不同组合的稳健性比较

组合类别	组合收益	夏普比率	重大回撤	超额收益	VaR（95%）
连续时间	2.92	4.45	0.17	1.89	1.86
等权重法	2.71	4.03	0.23	0.98	1.70
市值加权	2.28	3.64	0.18	1.56	1.81

第四节　本章小结

本章采用长短期记忆的卷积神经网络深度挖掘目标成分股的优质资产，通过构建资产价格满足周期几何布朗运动的连续时间投资组合有效跟踪目标指数，利用稀疏分散回归、KL 散度和 PSO 变异算子的随机优化算法得到增强型指数多目标优化问题的最优投资策略，研究发现，连续时间指数增强组合策略具有更好的风险收益性能，稳健性更强，组合策略的优越性更明显。实证结论对被动式资产组合管理和资产配置优化具有重要的指导意义。

本章的创新点在于：其一，在卷积神经网络中引入 SVM、循环和远程反馈机制，构成具有长短期记忆的深度融合神经网络，能够更好地捕捉时间序列特性并实现有效的分类和预测效果，借助神经网络函数逼近方法较好地解决含随机过程约束的不确定优化问题的最优投资策略。其二，目标函数构建引入 KL 散度，从概率分布的角度刻画连续时间组合与目标指数的区别与联系，在保持跟踪误差最小化的基础上，较好地实现被动式指数增强的目的。其三，对于多参数的估计，采用神经网络等人工智能方法能够有效克服参数数量庞大及其分布不符合正态分布等弊端，采用人工智能等非线性预测方法更有利于揭示金融市场非高斯非线性的复杂本质。另外，被动式投资常常与市场发展变化、市场摩擦、是否完备等因素有关，有效市场中资产价格已经充分反映资本市场所有相关和可用信息，不合理价格将很快被市场消除。因此，考虑更合理的摩擦成本和更加有效的增强策略，进一步跟踪目标指数依然需要不懈努力，相关研究仍有待提高。

第十章　总结与展望

一、研究结论

本书在总结高维数据降维以及现代投资组合理论的基础上，深入探索了大数据背景下超高维非线性资产定价、资产配置及组合风险管理等新思路、新方法，综合模糊决策理论、集成预测方法、随机最优控制等技术，对连续的多期投资组合问题、摩擦市场的多阶段动态投资问题以及含金融衍生品的资产配置问题进行分析和研究，为投资者和金融决策机构提供了新的分析手段和模型。主要结论归纳如下。

第一，通过双因子随机过程表征资产价格的长短期运行趋势，选择具有重要影响力的市场指数构建有效市场组合，采用稀疏低秩的多目标回归方法深度挖掘市场特征，并自适应地捕捉市场趋势，最终利用预配权稀疏分散再优化方法获得矩阵回归的最优投资策略。研究发现，高维稀疏低秩策略不仅可以实现全局和局部降维、低秩和稀疏约减的统一，而且可以选择性地降低高维资产数目，更好地捕捉资产的非线性特性，更容易抓住资产间的关联关系。多目标稀疏分散回归策略具有集中配置资源、稀疏分散风险和稳定提高投资组合整体绩效的能力，组合管理成本更低，优越性更明显，对量化投资组合管理、资产配置优化及投资分析具有重要的指导意义。

第二，面对金融市场的大量不确定性因素，如何合理选择有效的定价因子并构建科学的资产定价体系，一直是金融理论研究的核心问题之一。本书利用图嵌入的方法，基于稀疏表示和低秩表示策略，深度挖掘潜含在数据集中的内在结构，构建了能够同时揭示数据局部结构信息和全局结构信息的集成学习策略，以实现不同维度的多源数据融合。从 CAPM 和 APT 理论出发，通过集成预测的方法构建量化多因子资产选择模型，代表性地选择了卷积神经网络、梯度提升决策树、时间序列及支持向量机等模型进行单一预测，并通过稀疏低秩的图近似最小二乘回归集成策略进行优化。实证结果表明，基于集成预测的稀疏低秩策略的资产选择能力更强，超额收益率更高。采用机器学习的非线性预测方法更有利于揭示金融系统的复杂特性。

第三，利用 CNN-RNN-SVM 深度学习方法挖掘目标成分股中的优质资产，通过构建资产价格满足周期几何布朗运动的连续时间投资组合有效跟踪目标指数，采用稀疏分散回归、神经网络逼近、KL 散度和 PSO 变异算子的随机优化算法得到被动式增强型指数的最优投资策略。研究发现，基于深度学习的被动式连续时间指数增强组合策略具有更好的风险收益性能，稳健性更强；长短期记忆的深度融合神经网络，能够更好地捕捉时间序列特性并实现有效的分类和预测效果；借助神经网络函数逼近方法能够较好地解决含随机过程约束的不确定优化问题的最优投资策略。

第四，通过 DLS-CNN-SVM 集成预测方法研究资产价格满足布朗运动的连续时间投资组合优化问题，利用神经网络逼近算法求解熵及其风险最小的优化问题并得到最优投资策略。用实证方法与传统投资组合策略进行对比研究，发现基于深度学习的连续时间组合策略相比其他传统策略风险调整收益性能更优，稳健性更强。采用机器学习的非线性预测方法更有利于揭示金融市场非线性的复杂本质。

第五，从资产价格服从超指数膨胀的随机布朗运动出发，利用定向循环 SVM 的深度神经网络有效识别优质资产，通过梯度下降和卷积神经网络逼近值函数的信赖域混合智能算法构建最优投资组合，获得强化学习下超指数膨胀的连续时间资产配置优化策略。研究发现，基于强化学习的连续时间超指数膨胀模型能够更好地表征资产价格随机运动的非线性特性，投资组合的风险回报更好，鲁棒性更强，组合策略具有明显优势。

纵观本书的研究内容可以看出，最优化方法、计算机技术、运筹学与控制论、计量经济学及统计学的快速发展为大量数据的处理分析和提取提供了理论和技术上强有力的支持。人工智能方法、图形识别技术、生物遗传科学、工程控制方法等在金融经济学中的广泛应用让人们看到了投资组合理论的发展趋势，投资组合理论必然沿着结合最新的科学技术和基于跨学科的综合应用研究方向发展。我们应着力把不同的投资组合理论融会贯通并与中国实际相结合，尤其从我国资本市场新兴加转轨的特点出发，结合我国特殊的政策环境和文化差异、社会背景，运用行为金融学、发展经济学、心理学、进化论等理论，对投资者行为偏差产生的外部原因和内部机理进行科学分析，将金融经济学等专家的专业知识和现代化科学技术及专职理财专家的个人智慧结合起来，发展一个完整的决策支持系统来帮助投资者进行资产配置，构建出适合中国国情的证券投资组合理论体系，为我国证券市场的健康快速发展提供有价值的参考。

二、研究展望

大规模高维数据网络学习模型、非线性集成预测及金融风险管理问题的研究涉及统计学、数据科学与金融经济学等学科的融合与交叉，超高维因果网络的结构学习、大数据驱动下的因果推断及系统动力学作用下因果决策范式的机理与理论、带非凸约束的非光滑高维矩阵回归等问题的研究是基础性、前瞻性、交叉性和创新性的前沿课题，需要新的思想、理论和算法。由此构建的基于因果知识图谱的非线性集成预测、金融资产定价和全面风险管理为投资组合选择模型提供了一个新的视角，扩展了现代投资组合理论。另外，随着世界经济全球一体化进程的加快，各国之间贸易往来频繁，跨国投资、资金交往日益增加，经济发展，特别是金融创新，使得利率市场化成为经济发展的必然。信用风险、通货膨胀、通货紧缩、操作风险等各种市场风险和非市场风险，均会对资产组合管理产生不同程度的影响。由于金融市场联动性加强，许多金融衍生工具的开发加大了市场的波动，使得各种传统资产所面临的风险日益加大。如何综合考虑上述因素，建立更加符合实际情况和适应时代发展的金融经济模型，需要引入更多的数学及计算机技术。因此，进一步研究不同金融市场结构下的投资组合问题是非常必要的。由于金融决策和交易的复杂性、金融市场的易变性，至今对许多问题的解释还难以令人满意，显而易见，建立在有效市场假说之上的投资组合理论很难取得令人满意的结果，这些都有赖于不确定性条件下金融工程及经济学的进一步发展和深化。以下几个研究方向可能会成为未来研究的主流。

第一，基于因果知识图谱的多源异构、多因子的非线性集成预测及全面风险管理是未来研究的重点。基于支持向量机的思想，将因果知识图谱嵌入向量回归机，构建最小二乘因果回归机的稀疏低秩集成预测模型，引入因果结构信息和零范数约束项，可以有效提取特征信息以便将多源数据的预测结果组合在一起，从而获得良好的集成预测效果。

第二，因果发现的非线性资产定价及其组合优化。利用因果知识图谱深度挖掘市场特征，将多因子资产定价与周期几何布朗运动相结合，竞争性地对抗学习，从而逼近资产价格真实分布概型；将市场代表性指数设为动态靶目标，采用稀疏分散优化方法获得因果作用下的最优资产配置组合。

第三，大规模高维稀疏网络的风险识别、防范及管理。通过因果知识图谱、社会复杂网络和图论知识刻画金融资产的网络风险传染及其非线性动力学特性，拟构建无向图的最小生成树模型和有向图的最大流—最小风险网络模型深入研究不确定环境下非线性风险管理策略，从而实现有效防范风险的目的。

第四，构建高维流形学习的增强型拉普拉斯特征映射降维方法。从因果网络结构学习的角度刻画毗邻数据节点的重要性及相依关系，通过网络稀疏优化和压缩感知技术获得最优的拓扑结构，以便重构网络达到充分约简维数的目的。

第五，推动和发展进化金融理论的投资组合选择。金融市场是适者生存优胜劣汰的市场，明智地选择最优化策略，最后会在所有的策略中胜出并控制市场上的财富，通过研究投资策略的博弈状态和相互作用结果及其渐近行为等金融规律，建立金融随机动态的投资组合模型，是一个长期值得努力的研究方向。金融市场的不断演化和螺旋式的进化过程有助于形成有效市场。其研究方式和研究内容仍然处于不断发展的过程之中，亟须进一步加强研究。

参考文献

［1］艾楚涵，姜迪，吴建德．基于主题模型和关联规则的专利文本数据挖掘研究［J］．中北大学学报（自然科学版），2019，40（6）：524－530.

［2］柏林，赵大萍，房勇，等．基于投资者观点的多阶段投资组合选择模型［J］．系统工程理论与实践，2017，37（8）：2024－2032.

［3］薄翠梅，张湜，张广明，等．基于特征样本核主元分析的TE过程快速故障辨识方法［J］．化工学报，2008，59（70）：1783－1789.

［4］贲树军．秩优化问题的多阶段凸松弛法研究［D］．广州：华南理工大学，2014.

［5］毕华，梁洪力，王珏．重采样方法与机器学习［J］．计算机学报，2009，32（5）：862－877.

［6］曹聪．云计算支持下的数据挖掘算法及其应用［D］．广州：广州大学，2012.

［7］曹祺．基于t-SNE算法的双一流大学基金立项关键词降维的可视化建模研究［J］．农业图书情报学报，2020（2）：47－57.

［8］曾琦，李国盛，郭云鹏，等．高维数据降维中SVD与CUR分解对比分析［J］．中原工学院学报，2014，25（6）：80－84.

［9］陈达．基于深度学习的推荐系统研究［D］．北京：北京邮电大学，2014.

［10］陈凤玉．我国ETFs的跟踪误差研究［D］．厦门：厦门大学，2011.

［11］陈伏兵，杨静宇．分块PCA及其在人脸识别中的应用［J］．计算机工程与设计，2007，28（8）：1889－1892.

[12] 陈国华，陈收，房勇，等．带有模糊收益率的投资组合选择模型[J]．系统工程理论与实践，2009，29（7）：8－15.

[13] 陈国华，陈收，汪寿阳．区间数模糊投资组合模型[J]．系统工程，2007，25（8）：32－45.

[14] 陈华平，谷峰，卢冰原，等．自适应多目标遗传算法在柔性工作车间调度中的应用[J]．系统仿真学报，2006（8）：2271－2274，2288.

[15] 陈华友．组合预测方法有效性理论及其应用[M]．北京：科学出版社，2008.

[16] 陈杰，崔雪婷．基于因子模型的指数跟踪及实证分析[J]．运筹学学报，2012，16（1）：106－114.

[17] 陈俊康，陈小虎，王旭平，等．基于特征处理的 MVU 算法在齿轮故障诊断中的应用[J]．振动与冲击，2020（1）：123－130.

[18] 陈荣达，虞欢欢．基于启发式算法的支持向量机选股模型[J]．系统工程，2014，32（2）：40－48.

[19] 陈如清．基于 KPCA-MVU 的噪声非线性过程故障检测方法[J]．仪器仪表学报，2014（12）：2673－2680.

[20] 陈收，杨宽，廖豁．证券市场中股票成交量对投资组合优化的影响[J]．管理科学学报，2002，6（5）：6－10.

[21] 陈收，周奕，邓小铁，等．利率随资本结构变化条件下的组合投资有效边界[J]．管理科学学报，2000，9（3）：75－81.

[22] 陈晓明．海量高维数据下分布式特征选择算法的研究与应用[J]．科技通报，2013（8）：79－81.

[23] 陈艳，王宣承．基于变量选择和遗传网络规划的期货高频交易策略研究[J]．中国管理科学，2015，23（10）：47－56.

[24] 程翼，魏春燕．股票定价理论及其在中国股票市场的应用[J]．中国社会科学院研究生院学报，2005（3）：25－34.

[25] 单燕．数据流降维算法研究[D]．南京：南京邮电大学，2016.

[26] 邓乃杨，田英杰．数据挖掘中的新方法——支持向量机[M]．北京：科学出版社，2005.

[27] 邓晓刚，田学民．基于免疫核主元分析的故障诊断方法[J]．清华

大学学报，2008，48（S2）：1794－1798.

［28］邓长荣，马永开．三因素模型在中国证券市场的实证研究［J］．管理学报，2005（5）：591－696.

［29］董焕．德勤基于和的降维方法［J］．吉林师范大学学报（自然科学版），2011（4）：60－63.

［30］杜杰，王骁，胡良剑．非线性降维技术与可视化应用［J］．东华大学学报（自然科学版），2020（4）：674－680.

［31］范龙振，俞世典．中国股票市场的三因子模型［J］．系统工程学报，2002，17（6）：11－21.

［32］范青武，王普，高学金．一种基于有向交叉的遗传算法［J］．控制与决策，2009：542－546.

［33］冯林，刘胜蓝，张晶，等．高维数据中鲁棒激活函数的极端学习机及线性降维［J］．计算机研究与发展，2014，51（6）：1331－1340.

［34］冯晓荣，瞿国庆．基于深度学习与随机森林的高维数据特征选择［J］．计算机工程与设计，2019，40（9）：2494－2501.

［35］高宏宾，侯杰，李瑞光．基于核主成分分析的数据流降维研究［J］．计算机工程与应用，2013，49（11）：105－109.

［36］高丽．评估几种流行学习降维分类器应用于癌症数据的性能［D］．天津：天津师范大学，2012.

［37］高铁梅．计量经济分析方法与建模［M］．北京：清华大学出版社，2006：126－154.

［38］高阳歌．城乡结合部居民家庭资产组合研究［D］．长沙：中南林业科技大学，2019.

［39］郜园园．基于传统特征提取和深度学习方法相结合的基因表达数据降维研究［D］．西安：西安电子科技大学，2018.

［40］耿润杰．技术分析在中国股票市场的有效性［D］．上海：上海交通大学，2013.

［41］郭范勇，潘和平．基于β系数优化的动态投资组合策略研究［J］．中国管理科学，2019，27（7）：1－10.

［42］郭伟，马超，迪里达尔·库尔班．基于张量的智能电网大数据降维

研究［J］. 信息技术，2020，44（9）：115－120.

［43］郭韵颖. 变分自编码器结合 t 分布随机邻域嵌入降维及聚类分析［D］. 大连：大连理工大学，2019.

［44］韩超，严太华. 基于高维动态藤 Copula 的汇率组合风险分析［J］. 中国管理科学，2017，25（2）：10－20.

［45］韩云飞，蒋同海，马玉鹏，等. 深度神经网络的压缩研究［J/OL］. 计算机应用研究，2018（10）：1－2.

［46］郝晓军，闫京海，樊友谊. 大数据分析过程中的降维方法［J］. 航天电子对抗，2014（4）：58－60.

［47］何颖. 分布式数据流聚类算法研究［D］. 北京：北京交通大学，2015.

［48］侯小丽. 高维数据聚类中的神经网络降维方法研究［D］. 兰州：兰州大学，2015.

［49］胡冰，潘福铮，胡清锋. 遗传算法在股票短期投资决策中的运用［J］. 系统工程理论与实践，2005，2（6）：7－13.

［50］胡昌杰. 基于 Autoencoder 的高维数据降维方法研究［D］. 兰州：兰州大学，2015.

［51］胡春萍，薛宏刚，徐凤敏. 基于时间加权 SVM 的指数优化复制模型与实证分析［J］. 系统工程理论与实践，2014，34（9）：2193－2201.

［52］胡艳，王惠文. 一种海量数据的分析技术——符号数据分析及应用［J］. 北京航空航天大学学报（社会科学版），2004，17（2）：28，40－44.

［53］黄东. 基于流形的降维方法及其在计算机视觉中的应用［D］. 成都：电子科技大学，2009.

［54］黄鸿，李见为，冯海亮. 基于半监督流形学习的人脸识别方法［J］. 计算机科学，2008，35（12）：220－223.

［55］黄华盛，杨阿庆. 基于 PCA 算法的人脸识别［J］. 电子科技，2015，28（8）：98－101.

［56］黄旭阳. 基于改进的遗传算法研究证券组合投资［R］. 中国控制与决策学术年会会议论文，1999（4）：415－420.

［57］吉小东. 多阶段投资组合选择及资产负债管理［D］. 北京：中国

科学院数学与系统科学研究院，2004.

[58] 季伟东，孙小晴，林平，等. 基于非线性降维的自然计算方法［J］. 电子与信息学报，2020，42（8）：1982-1989.

[59] 郑宣耀. 基于相似性二次度量的高维数据聚类算法［J］. 计算机应用，2005（25）：176-177.

[60] 景明利. 高维数据降维算法综述［J］. 西安文理学院学报（自然科学版），2014，17（4）：48-52.

[61] 康伟杰，肖吉阳，杨召，等. 基于模糊推理 PP-DDE 算法的云测试资源匹配研究［J］. 电子测量与仪器学报，2018（12）：118-126.

[62] 孔令臣，陈丙振，修乃华，等. 高维约束矩阵回归问题［J］. 运筹学学报，2017.

[63] 孔令智，高迎彬，李红增. 一种快速的多个主成分并行提取算法［J］. 自动化学报，2017（5）：835-842.

[64] 雷英杰，张善文，李续武，等. Matlab 遗传算法工具箱及应用［M］. 西安：西安电子科技大学出版社，2005：107-151.

[65] 李弼程，邵美珍，黄洁. 模式识别原理与应用［M］. 西安：西安电子科技大学出版社，2008.

[66] 李斌，林彦，唐闻轩. ML-TEA：一套基于机器学习和技术分析的量化投资算法［J］. 系统工程理论与实践，2017，37（5）：1089-1100.

[67] 李蝉娟. 高维数据降维处理关键技术研究［D］. 成都：电子科技大学，2017.

[68] 李浩，毕利，靳彬锋. 改进的粒子群算法在多目标车间调度的应用［J］. 计算机应用与软件，2018，35（3）：49-53，74.

[69] 李俭富. 指数投资组合加权机制选择研究：市值加权、等权还是基本面价值加权［J］. 中国管理科学，2014（S1）：375-381.

[70] 李建军，韦志辉，张正军. 多专家的 PCA 边缘检测模型［J］. 哈尔滨工业大学学报，2012（11）.

[71] 李建林. 一种基于 PCA 的组合特征提取文本分类方法［J］. 计算机应用研究，2013，30（8）：2398-2401.

[72] 李憬. 成长型企业价值评估方法比较分析［J］. 管理科学，2003，

16（5）：27－30.

［73］李磊，朱建宁，侍洪波．基于多尺度动态核主元分析的化工过程故障检测［J］．化工自动化及仪表，2008，35（4）：23－26.

［74］李敏强，张俊峰，寇纪淞．遗传算法在股市投资策略（战略）研究中的应用［J］．系统工程理论与实践，1998，8（3）：19－25.

［75］李心丹．行为金融学理论及中国的证据［M］．上海三联书店，2004.

［76］李欣蕊．高维数据可视化——基于 ISOMAP 算法的平行坐标图构建［D］．太原：山西大学，2019.

［77］李鑫，刘小莉，徐寒飞．权益证券定价方法［M］．上海：复旦大学出版社，2004.

［78］李亚，徐军辉，单斌，等．基于加权 t-SNE 和偏离度的捷联惯组稳定状态评估方法［J］．导弹与航天运载技术，2020（2）：64－71.

［79］李燕燕．基于局部线性嵌入的降维算法研究［D］．大连：辽宁师范大学，2012.

［80］李阳辉，谢明，易阳．基于深度学习的社交网络平台细粒度情感分析［J］．计算机应用研究，2017，34（3）：743－747.

［81］李郁林．高维数据分析中的降维研究［J］．计算机光盘软件与应用，2012（17）：47－48.

［82］李昱．半监督流形学习算法研究和应用［D］．西安：西安电子科技大学，2010：25－56.

［83］李仲飞，汪寿阳．投资组合优化与无套利分析［M］．北京：科学出版社，2001.

［84］李仲飞，汪寿阳．摩擦市场的最优消费—投资组合选择［J］．系统科学与数学，2004，24（3）：406－416.

［85］梁琪，李政，郝项超．中国股票市场国际化研究：基于信息溢出的视角［J］．经济研究，2015（4）：150－164.

［86］梁亚声，徐欣，等．数据挖掘原理、算法与应用［M］．北京：机械工业出版社，2014：1－132.

［87］廖爵，陈收，杨宽．成交量对证券组合投资有效边界影响的实证

分析［J］. 数量经济技术经济研究，2001，7（3）：85－88.

［88］林强，董平，林嘉宇. 基于增量的ISOMAP算法研究［J］. 数学技术与应用，2015（5）：125－127.

［89］林宇，李福兴，陈粘，等. 基于R-vine-copula-CoVaR模型的金融市场风险溢出效应研究［J］. 运筹与管理，2017（9）：152－160.

［90］刘超，吴丹丹，杨考. 一种新的高维数据降维方法［J］. 统计与咨询，2012（4）：16－17.

［91］刘海龙，吴冲锋. 基于最差情况的最优消费和投资策略［J］. 管理科学学报，2001，4（6）：48－54.

［92］刘海云，吕龙. 全球股票市场系统性风险溢出研究——基于CoVaR和社会网络方法的分析［J］. 国际金融研究，2018，374（6）：24－35.

［93］刘建环. 面向高维数据降维与分类的深度模型构建方法研究［D］. 重庆：重庆大学，2016.

［94］刘建明. 高维大数据的局部非线性嵌入降维方法［D］. 吉林：吉林大学，2020.

［95］刘建伟，刘媛，罗雄麟. 半监督学习方法［J］. 计算机学报，2015（8）：1592－1617.

［96］刘靖，赵逢禹. 高维数据降维技术及研究进展［J］. 电子科技，2018，31（3）：36－38，43.

［97］刘立月，黄兆华，刘遵雄. 高维数据分类中的特征降维研究［J］. 江西师范大学学报，2012，36（2）：131－134.

［98］刘丽萍. 高维投资组合风险的估计［J］. 系统科学与数学，2018，38（8）：919－930.

［99］刘庆华，吴昊天. 融合PCA降维的改进深度神经网络工控安全算法［J］. 计算机与数字工程，2019，47（7）：1688－1693.

［100］刘世成. 面向间歇发酵过程的多元统计监测方法研究［D］. 杭州：浙江大学，2008.

［101］刘祥，李高明，马鹏，等. 基于边界点的L-ISOMAP算法研究［J］. 信息技术与信息化，2020（2）：71－74.

［102］刘祥东，范彬，杨易铭，等. 基于M-Copula-SV-t模型的高维组

合风险度量［J］. 中国管理科学，2017，25（2）：1－9.

［103］刘晓冰，焦璇，宁涛. 基于双链量子遗传算法的柔性作业车间调度［J］. 计算机集成制造系统，2015，21（2）：495－502.

［104］刘晓星，段斌，谢福座. 股票市场风险溢出效应研究：基于EVT-Copula-CoVaR 模型的分析［J］. 世界经济，2011（11）：145－159.

［105］刘艳春. 证券投资风险值 VaR 的度量与组合优化研究［D］. 沈阳：东北大学，2005.

［106］刘玉静. 后金融危机时代投资组合分析［D］. 石家庄：河北师范大学，2011.

［107］刘玉敏，梁晓莹，赵哲耘，等. 基于 LLE-SVDD 的高维非线性轮廓数据实时监控方法［J］. 统计与决策，2020（19）：20－24.

［108］刘卓. 高维数据分析中的降维方法研究［D］. 长沙：中国人民解放军国防科学技术大学，2002.

［109］陆建江，徐宝文，等. 基于矩阵降维的典型用户文件发现方法［J］. Journal of Southeast University［东南大学学报（英文版）］，2003，19（3）：27，231－235.

［110］鹿坪，田甜，姚海鑫. 个人投资者情绪、机构投资者情绪与证券市场指数收益——基于 VAR 模型的实证分析［J］. 上海金融，2015（1）：65－70.

［111］吕志超. 基于局部邻域优化的降维算法研究［D］. 大连：辽宁师范大学，2014.

［112］马超，梁循. 基于支持向量机的上市公司午间公告新闻自动阅读与决策支持系统［J］. 中国管理科学，2014（S1）：329－335.

［113］马帅旗. 改进 PCA-LDA 的人脸识别算法研究［J］. 陕西理工大学学报（自然科学版），2019，35（2）：62－66.

［114］马宇. 基于高维空间的非线性降维的局部线性嵌入 LLE 方法［D］. 成都：西南交通大学，2017.

［115］茅椏捷. 高维均值及协方差矩阵自启动统计过程控制图［D］. 上海：上海交通大学，2014.

［116］孟详泽，刘新勇，车海平，等. 基于遗传算法的模糊神经网络

股市建模与预测 [J]. 信息与控制, 1997, 26 (5): 388 - 392.

[117] 倪任远. 可分凸优化的算法设计及其在投资组合中的应用 [D]. 南京: 南京大学, 2019.

[118] 倪苏云, 攀登, 吴冲锋. 基于遗传算法的基金绩效综合评价 [J]. 系统工程, 2003, 21 (2): 1 - 5.

[119] 欧阳红兵, 黄亢, 闫洪举. 基于 LSTM 神经网络的金融时间序列预测 [J]. 中国管理科学, 2020, 28 (4): 27 - 35.

[120] 潘之君. 基于 p-范数逼近的指数跟踪模型和实证研究 [D]. 上海: 复旦大学, 2012.

[121] 潘志远, 毛金龙, 周彬蕊. 高维的相关性建模及其在资产组合中的应用 [J]. 金融研究, 2018, 452 (2): 190 - 206.

[122] 攀登, 吴冲锋. 用遗传算法直接搜索证券组合投资的有效边界 [J]. 系统工程学报, 2002, 17 (4): 364 - 367.

[123] 庞荣. 深度神经网络算法研究及应用 [D]. 成都: 西南交通大学, 2016.

[124] 彭跃辉, 车辚辚. 基于 t-SNE 的 PQD 特征提取可视化仿真分析 [J]. 华北电力大学学报 (自然科学版), 2019 (6): 36 - 40.

[125] 邱建荣. 高维数据的几种非线性降维改进方法研究与应用 [D]. 长沙: 湖南大学, 2019.

[126] 全亚民, 刘大勇, 邹良剑. 非线性边界和等式约束条件下的高维函数优化算法研究 [J]. 科研信息化技术与应用, 2013, 4 (5): 10 - 17.

[127] 任俊, 李志能, 傅一平. 基于 RGB 降维模型和小波的彩色图像边缘检测 [J]. 浙江大学学报 (工学版), 2004, 38 (7): 29, 856 - 859, 892.

[128] 荣喜民, 夏江山. 基于 CVaR 约束的指数组合优化模型及实证分析 [J]. 数理统计与管理, 2007, 26 (4): 621 - 628.

[129] 茹蓓. 基于超网络和投影降维的高维数据流在线分类算法 [J]. 计算机应用与软件, 2020, 37 (10): 278 - 285.

[130] Sumet Mehta. 基于近邻集成保持策略的降维和分类方法研究 [D]. 镇江: 江苏大学, 2019.

[131] 邵全. 模糊机会约束规划下的投资组合模型 [J]. 数理统计与管理, 2007, 26 (3): 23 - 46.

[132] 邵伟, 祝丽萍, 刘福国. 对称阵稀疏主成分分析及其在充分降维问题中的应用 [J]. 山东大学学报 (理学版), 2012 (4): 119 - 123, 129.

[133] 余凯, 贾磊, 陈雨强, 等. 深度学习的昨天、今天和明天 [J]. 计算机研究与发展, 2013 (9).

[134] 沈健, 蒋芸, 张亚男, 等. 基于边缘检测的多类别医学图像分类方法 [J]. 数据采集与处理, 2016, 31 (5): 1028 - 1034.

[135] 沈杰, 杨月全, 王正群, 等. 半监督局部线性嵌入算法在人脸识别中的应用 [J]. 盐城工学院学报 (自然科学版), 2014, 27 (2): 34 - 37.

[136] 施东晖. 中国股市微观行为理论与实证 [M]. 上海远东出版社, 2001.

[137] 石浩. 基于等距特征映射的非线性降维及其应用研究 [D]. 北京: 中国科学技术大学, 2017.

[138] 石陆魁, 郭林林, 房子哲, 等. 基于 Spark 的并行 ISOMAP 算法 [J]. 中国科学技术大学学报, 2019 (10): 842 - 850.

[139] 宋建萍, 石勇涛. 改进的分段主成分分析算法及其在前列腺分割中的应用 [J]. 现代电子技术, 2018, 41 (13): 61 - 64.

[140] 宋鹏, 胡永宏. 基于已实现协方差矩阵的高维金融资产投资组合应用 [J]. 统计与信息论坛, 2017, 32 (8): 63 - 69.

[141] 苏宁. 中国商品期货市场系统性风险度量与跨产品风险传染研究 [D]. 杭州: 浙江大学, 2019.

[142] 孙大为, 张广艳, 郑纬民. 大数据流式计算: 关键技术及系统实例 [J]. 软件学报, 2014 (4): 839 - 862.

[143] 孙国茂. 公司价值理论与股票定价 [M]. 中央财经大学学报, 2002 (4): 43 - 47.

[144] 孙小军. 基于双线性概率主成分分析的聚类算法研究 [D]. 昆明: 云南财经大学, 2018.

[145] 孙晓婷. 基于 LSSVM-ARIMA 的城市短期供水量组合预测模型 [D]. 昆明: 昆明理工大学, 2019.

[146] Timothy Apasiba Abeo. 多媒体数据分析的多视图流形表示研究 [D]. 镇江：江苏大学，2019.

[147] 拓守恒. 一种基于人工蜂群的高维非线性优化算法 [J]. 微电子学与计算机，2012，29 (7)：42－46.

[148] 谭璐. 高维数据的降维理论及应用 [D]. 长沙：国防科技大学，2005.

[149] 汤芳，刘义伦，龙慧. 稀疏自编码深度神经网络及其在滚动轴承故障诊断中的应用 [J/OL]. 机械科学与技术，2017 (1)：1－6.

[150] 唐美燕，谢海斌. 均匀分布的四舍五入数据对参数估计的影响 [J]. 吉林师范大学学报（自然科学版），2013 (1)：108－112.

[151] 田琼，马新华，袁俊杰，等. 基于主成分分析和人工神经网络的近红外光谱大豆产地识别 [J]. 食品工业科技，2021 (5).

[152] 田硕. 基于局部嵌入算法和神经网络的 WLAN 室内定位算法研究 [D]. 哈尔滨：哈尔滨工业大学，2015.

[153] Vapnik V. N. 统计学习理论的本质 [M]. 张学工，译. 北京：清华大学出版社，2000.

[154] 万静，吴凡，何云斌，等. 新的降维标准下的高维数据聚类算法 [J]. 计算机科学与探索，2020，14 (1)：96－107.

[155] 汪炼，王年，沈玲，等. 一种半监督流形学习的人脸识别方法 [J]. 计算机工程与应用，2011，47 (17)：192－195.

[156] 汪寿阳，余乐安，黎建强. TEI@I 方法论及其在外汇汇率预测中的应用 [J]. 管理学报，2007，4 (1)：21.

[157] 王吉吉，顾培亮. 基于学习—竞争模式的启发式算法及其应用 [J]. 华中科技大学学报（自然科学版），2007，35 (5)：38－42.

[158] 王静静. 指数跟踪下的稳健稀疏投资组合模型 [D]. 北京：北京交通大学，2015.

[159] 王冕. 归一化高维数据降维与可视化研究 [D]. 北京：北京邮电大学，2016.

[160] 王平. 考虑下侧风险的资产配置 [D]. 天津：天津大学，2008.

[161] 王硕，唐小我，曾勇. 基于加速遗传算法的组合预测方法研究

[J]. 科研管理, 2002, 23 (3): 118 - 121.

[162] 王松桂, 史建红, 等. 线性模型引论 [M]. 北京: 科学出版社, 2015: 20 - 28.

[163] 王素芬, 彭林元. 智能信息处理方法在股市研究中的应用 [J]. 中央财经大学学报, 2003, 3 (6): 46 - 51.

[164] 王喜鑫. 基于 PCA 的人脸识别算法设计及硬件实现 [D]. 西安: 西安理工大学, 2019.

[165] 王小平, 曹立明. 遗传算法——理论、应用与软件实现 [M]. 西安: 西安交通大学出版社, 2005.

[166] 王真真. 基于核模式的高维数据挖掘算法的研究 [D]. 天津: 天津工业大学, 2014.

[167] 卫敏, 余乐安. 具有最优学习率的 RBF 神经网络及其应用 [J]. 管理科学学报, 2012, 15 (4): 50 - 57.

[168] 文丹艳. 复杂金融数据视角下的中国股票市场交易策略研究 [D]. 长沙: 湖南大学, 2018.

[169] 吴保林, 戚晓利, 王振亚, 等. 基于改进半监督 LTSA 与 BA-SVM 的滚动轴承故障诊断 [J]. 轴承, 2020 (1): 48 - 54.

[170] 吴东洋, 马丽. 多流形 LE 算法在高光谱图像降维和分类上的应用 [J]. 国土资源遥感, 2018 (2): 80 - 86.

[171] 吴枫仲, 徐昕. 基于增量主成份分析的流数据降维算法 [C]. 信号与信息处理技术, 2005: 85 - 87.

[172] 吴晓婷, 闫德勤. 数据降维方法分析与研究 [J]. 计算机应用研究, 2009, 26 (8).

[173] 夏天, 王新晴, 梁升, 等. 带自适应遗传算子的粒子群神经网络及其应用 [J]. 解放军理工大学学报 (自然科学版), 2011, 12 (1): 70 - 74.

[174] 项筱玲, 韦维. 时间最优控制的 Mayer 逼近 [J]. 贵州大学学报, 2003, 4 (20): 111 - 115.

[175] 谢昆明, 罗幼喜. 一种改进的主成分分析特征抽取算法: YJ-MICPCA [J/OL]. 武汉科技大学学报, 2019 (3): 220 - 226 [2019 - 05 - 20].

［176］徐大江．确定最大投资风险极小化的组合证券投资比例的线性规划方法［J］．系统工程，1993，11（6）：27－30.

［177］徐国祥，杨振建．PCA-GA-SVM 模型的构建及应用研究——沪深 300 指数预测精度实证分析［J］．数量经济技术经济研究，2011（2）：135－147.

［178］徐军，丁宇新，王晓龙．使用机器学习方法进行新闻的情感自动分类［J］．中文信息学报，2007，21（6）：95－100.

［179］徐微微．高维数据降维可视化研究及其在生物医学中的应用［D］．武汉：武汉大学，2016.

［180］徐晓光，廖文欣，郑尊信．沪港通背景下行业间波动溢出效应及形成机理［J］．数量经济技术经济研究，2017（3）：112－127.

［181］许义仿．基于 ISOMAP 算法的贝叶斯分类模型及应用［D］．郑州：华北水利水电大学，2019.

［182］许子微，陈秀宏．自步稀疏最优均值主成分分析［J/OL］．智能系统学报，2020：1－8.

［183］薛定宇，陈阳泉．高等应用数学问题的 Matlab 解法［M］．北京：清华大学出版社，2004：17－19.

［184］闫德勤，刘胜蓝，李燕燕．一种基于稀疏嵌入分析的降维方法［J］．自动化学报，2011，37（11）：1306－1312.

［185］闫小彬．大数据增量降维方法的研究与实现［D］．黑龙江：黑龙江大学，2019.

［186］杨宝臣，王立芹，卢宇．遗传算法在指数投资组合中的应用［J］．北京航空航天大学学报（社会科学版），2005，18（4）：9－12.

［187］杨风召．高维数据挖掘技术研究［M］．南京：东南大学出版社，2007.

［188］杨丽娟，李瑛．基于重叠片排列的流形学习算法［J］．测控技术，2014，33（12）：117－120.

［189］杨瑞成，刘坤会．随机跳跃幅度的最优消费与证券选择策略问题［J］．管理科学学报，2005，8（6）：83－87.

［190］杨永光．股票定价理论及在我国的实证研究［J］．统计与决策，

2001, 3 (9): 16 - 27.

[191] 杨志刚, 吴俊敏, 徐恒, 等. 基于虚拟化的多 GPU 深度神经网络训练框架 [J/OL]. 计算机工程, 2017 (2): 1 - 7.

[192] 杨志民, 刘广利. 不确定性支持向量机原理及应用 [M]. 北京: 科学出版社, 2006.

[193] 杨质敏. 高维数据的降维方法研究及其应用 [J]. 长沙大学学报, 2003, 17 (2): 58 - 61.

[194] 尹芳黎, 杨雁莹, 王传栋, 等. 矩阵奇异值分解及其在高维数据处理中的应用 [J]. 数学的实践与认识, 2011, 41 (15): 171 - 177.

[195] 尹飞, 冯大政. 基于 PCA 算法的人脸识别 [J]. 计算机技术与发展, 2008, 18 (10): 31 - 33.

[196] 于慧伶, 霍镜宇, 张怡卓, 等. 基于 PCA 与 t-SNE 特征降维的城市植被 SVM 识别方法 [J]. 实验室研究与探索, 2019 (12): 135 - 140.

[197] 于李. 神经网络模型预测老年 HBV 相关原发性肝癌患者预后研究 [J]. 转化医学杂志, 2020 (5).

[198] 于立勇. 基于随机规划的动态投资组合选择 [D]. 北京: 中国科学院数学与系统科学研究院, 2004.

[199] 于玲, 贾春强. Matlab 遗传算法工具箱函数及应用实例 [J]. 机械工程师, 2004, 11 (6): 27 - 28.

[200] 于志军, 杨善林, 章政, 等. 基于误差校正的灰色神经网络股票收益率预测 [J]. 中国管理科学, 2015, 23 (12): 20 - 26.

[201] 余乐安, 汪寿阳, 黎建强. 外汇汇率与国际原油价格波动与预测—TEI@I 方法论 [M]. 长沙: 湖南大学出版社, 2006.

[202] 张帆. 优化指数基金实证研究: 动态构建增强型指数基金 [D]. 厦门: 厦门大学, 2007.

[203] 张蕾. 大数据分析的无限深度神经网络方法 [J]. 计算机研究与发展, 2016, 53 (1): 68 - 79.

[204] 张蕾. 云计算支持下的数据挖掘算法 [J]. 信息与电脑 (理论版), 2014 (10): 131 - 132.

[205] 张潞瑶, 季伟东, 程昊. 基于 LLE 降维思想的自然计算方法

［J］. 系统仿真学报，2020，32（10）：1943－1955.

［206］张铭. 基于 RVM 的混合气体识别与浓度检测算法研究［D］. 哈尔滨：哈尔滨工业大学，2016.

［207］张娜. 一种基于 PCA 和 LDA 融合的人脸识别算法研究［J］. 电子测量技术，2020（13）：72－75.

［208］张淑英，张世英，崔援民. 考虑交易成本的连续时间证券组合管理［J］. 数量经济技术经济研究，1998，15（7）：24－28.

［209］张舒. 模式识别并行算法与 GPU 高速实现研究［D］. 成都：电子科技大学，2009.

［210］张田昊. 数据降维算法研究及其应用［D］. 上海：上海交通大学，2008.

［211］张伟，周群，孙德宝. 遗传算法求解最佳证券投资组合［J］. 数量经济技术经济研究，2001，10（3）：114－116.

［212］张小涛. 基于损失厌恶的长期资产配置研究［D］. 天津：天津大学，2005.

［213］张筱辰，朱金大，杨冬梅，等. 基于 t－SNE 流行学习与快速聚类算法的光伏逆变器故障预测技术［J］. 中国电力，2020（6）：41－47.

［214］张鑫，郭顺生，江丽. 基于改进 LE 和约束种子 K 均值的半监督故障识别［J］. 振动与冲击，2019（19）：93－99.

［215］张琰. 基于跟踪误差最小化的被动指数投资策略研究［D］. 北京：北京理工大学，2015.

［216］张业先. 基于多组学整合分析的癌症生物标志物识别算法研究［D］. 吉林：吉林大学，2020.

［217］张有望. 金融化背景下农产品现货市场价格风险研究［D］. 武汉：华中农业大学，2019.

［218］赵卫峰. 基于时频分析的特征提取与模式分类方法研究［D］. 重庆：重庆大学，2016.

［219］赵孝礼，赵荣珍. 全局与局部判别信息融合的转子故障数据集降维方法研究［J］. 自动化学报，2017，43（4）：560－567.

［220］赵艳厂，宋俊德. 一个用于高维数据聚类的通用框架模型［C］.

中国计算机学会第 12 届网络与数据通信学术会议，2002：418 –423.

［221］赵钊．高维条件协方差矩阵的非线性压缩估计及其在构建最优投资组合中的应用［J］．中国管理科学，2017，25（8）：46 –57.

［222］赵智通．高维数据集降维优化研究［D］．内蒙古：内蒙古大学，2020.

［223］甄俊涛，刘臣．高维数据多标签分类的食品安全预警研究［J］．计算机技术与发展，2020，30（9）：109 –114.

［224］钟韬，彭勤科．基于社会网络分析的投资组合优选方法［J］．系统工程理论与实践，2015，35（12）：3017 –3024.

［225］周超，陶沙．基于神经网络的图像分类算法［J］．科技与创新，2020（20）.

［226］周琛琛．基于 Matlab 遗传算法工具箱的函数优化问题求解［J］．现代计算机，2006（12）：84 –86.

［227］周明，孙树栋．遗传算法原理及应用［M］．北京：国防工业出版社，1999.

［228］周佩玲，陶小丽，傅忠谦．基于遗传算法的 RBF 网络用于股票短期预测［J］．数据采集与处理，2001，16（2）：249 –252.

［229］周孝华，陈九生．基于 Copula-ASV-EVT-CoVaR 模型的中小板与创业板风险溢出度量研究［J］．系统工程理论与实践，2016，36（3）：559 –568.

［230］周正武，丁同梅，田毅红，等．Matlab 遗传算法优化工具箱（GAOT）的研究与应用［J］．机械研究与应用，2006，6（19）：69 –71.

［231］周忠宝，任甜甜，肖和录，等．基于相对财富效用的多阶段投资组合博弈模型［J］．中国管理科学，2019，27（1）：37 –46.

［232］朱凤梅，张道强．一种基于半监督降维的聚类算法［J］．广西师范大学学报（自然科学版），2008，26（3）：185 –188.

［233］朱书尚，李端，周迅宇，等．论投资组合与金融优化——对理论研究和实践的分析与反思［J］．管理科学学报，2004，7（6）：1 –12.

［234］朱书尚．多阶段投资组合选择及其风险控制［D］．北京：中国科学院数学与系统科学研究院，2003.

［235］诸克军，苏顺华，黎金玲．模糊 C 均值中的最优聚类与最佳聚类数［J］．系统工程理论与实践，2005，3（6）：52－61.

［236］邹东升，佘龙华．改进的主成分分析方法在磁浮系统中的应用［J］．振动、测试与诊断，2009，29（1）：96－100.

［237］邹艳．高维数据降维方法的研究［D］．西安：西安交通大学，2012.

［238］A. Hyvärinen. Survey on independent component analysis［J］. Neural Computing Surveys，1999（2）：94－128.

［239］A. K. Jain，B. Chandrasekaran. Dimensionality and sample size considerations in pattern recognition practice［J］. Handbook of Statistics，1982（2）：835－855.

［240］A. Roy. A classification algorithm for high-dimensional data［J］. Procedia Computer Science，2015（53）：345－355.

［241］Abdi H.，Williams L. J. Principal component analysis［J］. Wiley Interdisciplinary Reviews Computationnal Statistics，2010，2（4）：433－459.

［242］Acemoglu D.，Ozdaglar A. E.，Tahbaz-Salehi A. Systemic risk and stability in financial networks［J］. American Economic Review，2015，105（2）：564－608.

［243］Aion B.，Reuven L.，Roni M. Using expectations to test asset pricing models［J］. Financial Management，2005.

［244］Alam，Saruar and Kwon，Goo-Rak and The Alzheimer's disease neuroimaging initiative：Alzheimer disease classification using KPCA，LDA，and multi-kernel learning SVM［J］. International Journal of Imaging Systems and Technology，2017，27（2）：133－143.

［245］Amenc N.，Goltz F.，Lodh A. Choose Your Betas：Benchmarking alternative equity index strategies［J］. Journal of Portfolio Management，2012，39（1）：88－111.

［246］Angeline P. J. Evolutionary optimization versus particle swarm optimization：Philosophy and performance difference［J］. Computer Science，1994，12（1447）：601－610.

[247] Arnott R. D. , Wanger W. H. The measurement and control of trading costs [J]. Financial Analysis Jouranl, 1990, 46 (6): 73 -80.

[248] Azizyan M. , Sigh A. , Wasserman L. Feature selection for high-dimensional clustering [J]. arXiv: 1406. 2240, 2014.

[249] B. Schölkopf, A. Smola, K. R. Müller. Kernel principal component analysis [C]. Springer Berlin Heidelberg: International Conference on Artificial Neural Networks, 1997: 583 -588.

[250] B. Singh, K. Nidhi, O. P. Vyas. A feature subset selection technique for high dimensional data using symmetric uncertainty [J]. Journal of Data Analysis and Information Processing, 2014, 2 (4): 95.

[251] B. Schölkopf, A. Smola. Learning with Kernels [M]. Cambridge, MA: MIT Press, 2002.

[252] Bai J. , Ng S. Evaluating latent and observed factors in macroeconomics and finance [J]. Journal of Econometrics, 2006, 5 (3): 11 -23.

[253] Basak G. K. , Jagannathan R. , Ma T. Jackknife estimator for tracking error variance of optimal portfolios [J]. Management Science, 2009, 55 (6): 990 -1002.

[254] Basak S. , Shapiro A. Value-at-Risk-Based risk management: Optimal policies and asset prices [J]. The Review of Financial Studies Summer, 2001, 14 (2): 33 -42.

[255] Battoochio P. , Menoncin, Francesco. Optimal pension management in a stochastic framework [J], Insurance: Mathematics and Economics, Elsevier, 2004, 34 (1): 79 -95.

[256] Bauer R. J. Genetic algorithms and investment strategies [M]. New Jersey: John Wiley & Son, Inc. , 1992.

[257] Belhumeur P. N. , Hespanha J. , O. P. , et al. Eigenfaces vs. Fisherfaces: Recognition using class specific linear projection [J]. IEEE Transactions on Pattern Analysis & Machine Intelligence, 1997, 19 (7): 711 -720.

[258] Belkin M. , Niyogi P. Laplacian eigenmaps for dimensionality reduction and data representstion [J]. Neural Computation, 2003, 15 (6): 1373 -1396.

[259] Best M. J., Grauer R. R. On the sensitivity of mean-variance-efficient portfolios to changes in asset means: Some analytical and computational results [J]. Review of Financial Studies, 1991, 4 (2): 315 -342.

[260] Black F., Litterman R. B. Asset allocation: Combining investments' views with market equilibrium [J]. Journal of Fixed Income, 1991, 1 (2): 7 -18.

[261] Black F. Noise [J]. Journal of finance, 1986, 41 (3): 529 -543.

[262] Bogentoft E., Romeijn H. E., Uryasev S. Asset/liability management for pension funds using CVaR constraints [J]. Journal of Risk Finance, 2001 (3): 57 -71.

[263] Boulier J. F., Huang S. J., Gregory T. Optimal management under stochastic interest rates: The case of a protected defined contribution pension fund [J]. Insurance: Mathematics and Economics, 2001, 28 (3): 173 -189.

[264] Bowman N. D., Pietschmann D., Liebold B. The golden (hands) rule: Exploring user experiences with gamepad and natural-user interfaces in popular video games [J]. Journal of Gaming & Virtual Worlds, 2017, 9 (1): 71 -85.

[265] Box G., Jenkins G., Reinsel C. Time series analysis: Forecasting and control [J]. Journal of Time, 2010 (7).

[266] Breedea D. T. An intertemporal asset tracing model with stochastic consumption and investment opportunities [J]. Journal of Financial Economics, 1979, 7 (3): 265 -296.

[267] Britten-Jones M. The sampling error in estimates of mean-variance efficient portfolio weights [J]. Journal of Finance, 2010, 54 (2): 655 -671.

[268] C. Jutten, J. Herault. Space or time adaptive signal processing by neural networks models [C]. Intern. Conf. on Neural Networks for Computing, 1986: 206 -211. http://deeplearning.stanford.edu/wiki/index.php/Independent_Component_Analysis.

[269] C. K. I. Williams. On a connection between kernel PCA and metric multidimensional scaling [J]. Machine Learning, 2002, 46 (1 -3): 11 -19.

[270] Caccioli F., Barucca P., Kobayashi T. Network models of financial systemic risk: A review [J]. Journal of Computational Social Science, 2018, 1

(1): 81 -114.

[271] Campbell J. Y., Viceira L. M. Strategic Asset Allocation: Portfolio choice for long-term investors [M]. Oxford: Oxford University Press, 2002.

[272] Carlsson C., Fuller R. A possiblistic approach to select portfolios with highest utility score [J]. Fuzzy Sets and Systems, 2002, 6 (11): 34 -45.

[273] Carlsson C., Fuller R. On possibilistic mean value and variance of fuzzy numbers [J]. Fuzzy Sets and Systems, 2001 (122): 351 -326.

[274] Castellacci G., Siclari M. J. The practice of Delta-Gamma VaR: Implementing the quadratic portfolio model [J]. European Journal of Operational Research, 2003 (150): 529 -545.

[275] Chacko G., Viceira L. M. Dynamic consumption and portfolio choice with stochastic volatility in incomplete markets [J]. Review of Financial Studies, 2005, 18 (4): 1369 -1402.

[276] Chacko G., Viceira L. M. Dynamic consumption and portfolio choice with stochastic volatility in incomplete markets [D]. Working Paper, Harvard University, 1999.

[277] Chen T., Guestrin C. XGBoost: A scalable tree boosting system [C] // Acm Sigkdd International Conference on Knowledge Discovery & Data Mining. ACM, 2016.

[278] Chenlei Leng, Hansheng Wang. On general adaptive sparse principal component analysis [J]. Journal of Computational and Graphical Statistics, 2009 (1).

[279] Chiu M. C., Li D. Asset and liability management under a continuous-time mean-variance optimization framework [J]. Insurance: Mathematics and Economics, 2006, 39 (3): 330 -355.

[280] Chopra V. K., Ziemba W. T. The effect of errors in means, variances, and covariances on optimal portfolio choice [J]. Journal of Portfolio Management, 1993, 19 (2): 6 -11.

[281] Chow T. M., Hsu J., Kalesnik V., et al. A survey of alternative equity index strategies [J]. Financial Analysts Journal, 2011, 67 (5): 37 -57.

[282] Cover T. M. Universal portfolios [J]. Mathematical Finance, 1991, 1 (6): 1 –29.

[283] Cox J. C., Jr. J. E. I., Ross S. A. A theory of the term structure of interest rates [J]. Econometrica, 1985, 53 (2): 385 –407.

[284] Cox J. C., Ross S. A., Rubinstein M. Option pricing: A simplified approach [J]. Journal of Financial Economics, 1979, 7 (3): 229 –263.

[285] Cox J. C., Huang C. F. Option consumption and portfolio when asset prices follow a diffusion process [J]. Journal of Economic Theory, 1989, 49 (5): 33 –83.

[286] Cox T. F., Cox M. A. A. Multidimensional scaling [M]. London: Chapman and Hall, 1994.

[287] Cvitanic J., Karatzas I. Convex duality in convex portfolio optimization [J]. The Annals of Applied Probability, 1992, 2 (4): 767 –818.

[288] D. Cai, X. He, J. Han. Spectral regression: A unified approach for sparse subspace learning [C]. Data Mining, ICDM 2007. Seventh IEEE International Conference on. IEEE, 2007: 73 –82.

[289] Dantzig G. B., Infanger G. Multi-stage stochastic linear programs for portfolio optimization [J]. Annals of Operations Research, 1993 (45): 59 –76.

[290] Dash M., Liu H. Feature selection for clutering [C] //LNCS 1805: Proceedings of the Pacific-asia Conference on Knowledge Discovery and Data Mining, Kyoto, 2000 (4): 18 –20.

[291] Davis M. H. A., Norman A. R. portfolio selection with transaction costs [J]. Mathematics of Operations Research, 1990, 15 (6): 676 –713.

[292] De Bondt W. F. M. Does the stock market overreact to new information? [J]. Journal of Finance, 1985, 40 (3): 793 –805.

[293] Deelstra G., Grasselli M., Koehl P. F. Optimal investment strategies in a CIR framework [J]. Journal of Applied Probability, 2000, 37 (4): 936 –946.

[294] Deelstra G., Grasselli M., Koehl P. Optimal investment strategies in a CIR framework [J]. Journal of Applied Probability, 2000, 37 (5): 1 –12.

[295] Demiguel V., Garlappi L., Nogales F. J., et al. A Generalized ap-

proach to portfolio optimization: Improving performance by constraining portfolio norms [J]. Management Science, 2009, 55 (5): 798 –812.

[296] Deng X. T. , Li Z. F. , Wang S. Y. A minimax portfolio selection strategy with equilibrium [J]. European Journal of Operational Research, 2005, 166 (1): 278 –292.

[297] Denning P. J. Neural Networks [J]. American Scientist, 1992, 80 (5): 426 –429.

[298] Devroye L. , Gyorfi L. , Lugosi G. A probabilistic theory of pattern recognition [M]. Berlin: Springer, 1994.

[299] Domenico C. , Jaksa C. Optimal consumption choices for a "large" investor [J]. Journal of Economic Dynamics and Control, 1998, 22 (3): 401 –436.

[300] Donobo D. I. High-dimensional data analysis: The curses and blessings of dimensionnality [J]. AMS Math Challenges Lecture, 2000: 1 –32.

[301] Donoho D. L. , Grimex C. Hessian eigenmaps locally linear embedding techniques for highdimensional data [J]. Proceedings of the National Academy of Sciences, 2003 (100): 5591 –5596.

[302] Eberhart R. C. , Shi Y. Particle swarm optimization: Developments, applications and resources [A]//Proc. Congress on Evolutionary Computation 2001. Piscataway, NJ: IEEE Press, 2001: 81 –86.

[303] Fama E. F. Multiperiod consumption-investment decisions: A correction [J]. American Economic Review, 1976, 66 (4): 723 –724.

[304] Fama E. F. Multiperiod consumption-investment decisions [J]. American Economic Review, 1970 (60): 163 –174.

[305] Fama E. F. Efficient capital markets: A review of theory and empirical work [J]. Journal of Finance, 1970, 25 (2): 383 –417.

[306] Fama E. F. , French K. R. Common risk factors in the returns on stocks and bonds [J]. Journal of Financial Economics, 1993, 33 (6): 38 –56.

[307] Fama E. F. , French K. R. Multifactor explanations of assct pricing anomalies [J]. Journal of Finance, 1996, 51 (2): 55 –84.

[308] Fama, Eugene F. , French, Kenneth R. Size, value, and momen-

tum in international stock returns [J]. Journal of Financial Economics, 2012, 105 (3): 457 - 472.

[309] Fan A., Palaniswami M. Stock selection using support vector machines [C] // International Joint Conference on Neural Networks, 2001, 3 (3): 1793 - 1798.

[310] Fan, Mingyu, Gu, Nannan, Qiao, et al. Dimensionality reduction: An interpretation from manifold regularization perspective [J]. Information Sciences, 2014, 277 (8): 694 - 714.

[311] Fanelli G., Dantone M., Gall J., et al. Random forests for real time 3D face analysis [J]. International Journal of Computer Vision, 2013, 101 (3): 437 - 458.

[312] Fang Y., Lai K. K., Wang S. Y. Portfolio rebalancing model with transaction costs based on fuzzy decision theory [J]. European Journal of Operational Research, 2006 (175): 87 - 893.

[313] Fastrich B., Paterlini S., Winker P. Constructing optimal sparse portfolios using regularization methods [J]. Computational Management Science, 2015, 12 (3): 417 - 434.

[314] Faure A., York P., Rowe R. C. Process control and scale-up of pharmaceutical wet granulation processes: A review [J]. European Journal of Pharmaceutics and Biopharmaceutics, 2001, 52 (3): 269 - 277.

[315] Fogarasi N., Levendovszky J. Improved parameter estimation and simple trading algorithm for sparse, mean reverting portfolios [J]. Social Science Electronic Publishing, 2017 (37): 121 - 144.

[316] Franke G., Peterson S., Stapletorn R. C. Intertemporal portfolio behaviour when labor income is uncertain [C]. SIRIF Conference on Dynamic Portfolio Strategies, Edinburgh, 2001, 3 (5): 13 - 28.

[317] Frey B. J., Dueck D. Clustering by passing messages between data points [J]. Science, 2007 (315): 972 - 976.

[318] Friedman J. H., Turkey J. W. A projection pursuit algorithm for exploratory data analysis [J]. IEEE Trans on Computer, 1974: 881 - 890.

[319] G. E. Hinton, S. T. Roweis: Stochastic neighbor embedding. In advances in neural information processing systems [M]. Cambridge, MA: MIT Press, 2002 (15): 833 - 840.

[320] Gao J. W. Stochastic optimal control of DC pension funds [J]. Insurance: Mathematics and Economics, 2008, 42 (3): 1159 - 1164.

[321] Gardner M. W., Dorling S. R. Artificial neural network (multilayer perceptron) —A review of applications in atmospheric sciences [J]. Atmospheric Environment, 1998, 32 (14): 2627 - 2636.

[322] Ge L., Lang J. T., Tang H., et al. Clustering high-dimensional data using PCA-hubbess [J]. Modern Computer, 2017, 18 (11): 54 - 56.

[323] Gencay R. Non-linear prediction of security returns with moving average rules [J]. Journal of Forecasting, 1996, 15 (3): 165 - 174.

[324] Ghamisi P., Benediktsson J. A., Sveinsson J. R. Automatic spectral-spatial classification framework based on attribute profiles and supervised feature extraction [J]. IEEE Transactions on Geoscience & Remote Sensing, 2014, 52 (9): 5771 - 5782.

[325] Goyal G. Practical applications of the stable ROE portfolio: An alternative equity index strategy based on common sense security analysis [J]. Journal of Investing, 2015, 2 (3): 1 - 4.

[326] Grandell J. Aspects of risk theory [M]. New York: Springer-Verlag, 1991.

[327] Grannan E. R., Swindle G. H. Minimizing transaction costs of option hedging strategies [J]. Mathematical Finance, 1996, 6 (3): 341 - 364.

[328] Grasselli M. A stability result for the HARA class with stochastic interest rates [J]. Insurance: Mathematics and Economics, 2003, 33 (3): 611 - 627.

[329] Green R. C., Hollifield B. When will mean - variance efficient portfolios be well diversified? [J]. Journal of Finance, 2012, 47 (5): 1785 - 1809.

[330] Gulten S., Ruszczynski A. Two-stage portfolio optimization with higher-order conditional measures of risk [J]. Annals of Operations Research, 2015, 229 (1): 409 - 427.

[331] H. Hotelling. Analysis of a complex of statistical variables into principal components [J]. Journal of Educational Psychology, 1933, 24 (6): 417.

[332] H. Yoon, C. Shahabi, C. J. Winstein, et al. Progression-preserving dimension reduction for high-dimensional sensor data visualization [J]. ETRI Journal, 2013, 35 (5): 911 -914.

[333] H. Hotelling. Analysis of a complex of statistical variables into principal components [J]. Journal of Educational Psychology, 1933, 24 (6): 417.

[334] Haberman S., Vigna E. Optimal investment strategy for defined contribution pension schemes [J]. Insurance: Mathematics and Economics, 2001, 28 (30): 233 -262.

[335] Hai F. Z., Zheng W., Fei F. N. A new formulation of linear discriminant analysis for robust dimensionality reduction [J]. IEEE Transactions on Knowledge & Data Engineering, 2018: 1.

[336] Hakansson N. H. On optimal myopic portfolio policies with and without serial correlation of yields [J]. Journal of Business, 1971 (44): 324 -334.

[337] Han C., Yan T. H. Risk analysis of foreign exchange portfolios based on high-dimensional dynamic vine copula [J]. Chinese Journal of Management Science, 2017, 25 (2): 10 -20.

[338] Harrison M. J. Ruin problems with compounding assets [J]. Stoch. Proc. Appl., 1977, 5 (3): 67 -79.

[339] Harry M., Harry M. Portfolio selection [J]. Journal of Finance, 1952, 7 (1): 77 -91.

[340] Hautsch N., Schaumburg J., Schienle M. Forecasting systemic impact in financial networks [J]. International Journal of Forecasting, 2014, 30 (3): 781 -794.

[341] He X. F., Niyogi P. Locality preserving projections [J] . Advances in Neural Information Processing Systems, 2005, 45 (1): 186 -197.

[342] Henriques J., Ortega J. P. Construction, management, and performance of sparse markowitz portfolios [J]. Studies in Nonlinear Dynamics & Econometrics, 2014, 18 (4): 383 -402.

[343] Hibiki N. Multiperiod stochastic optimization models for dynamic asset allocation [J]. Journal of Banking & Finance, 2006, 30 (6): 365 –375.

[344] Hnatkovska V. Home bias and high turnover: Dynamic portfolio choice with incomplete markets [J]. Ssrn Electronic Journal, 2008, 80 (1): 113 –128.

[345] Hochreiter S., Schmidhuber J. Long short-term memory [J]. Neural Computation, 1997, 9 (8): 1735 –1780.

[346] Holland J. H. Genetic algorithms [J]. Scientific american, 1992, 33 (4): 44 –50.

[347] Huang G. B., Bai Z., Kasun L. L. C., et al. Local receptive fields based extreme learning machine [J]. IEEE Computational Intelligence Magazine, 2015, 10 (2): 18 –29.

[348] Huang G. B., Zhu Q. Y., Siew C. K. Extreme iearning machine: Theory and applications [J]. Neurocomputing, 2006, 70 (1): 489 –501.

[349] Huang X. X. Fuzzy chance-constrained portfolio selection [J]. Applied Mathematics and Computation, 2006, 177 (2): 500 –507.

[350] Hui Zou, Trevor Hastie, Robert Tibshirani. Sparse principal component analysis [J]. Journal of Computational and Graphical Statistics, 2006 (2).

[351] Hunt K. J., Sbarbaro D., Bikowski R., et al. Neural networks for control systems—A survey [J]. Automatica, 1992, 28 (6): 1083 –1112.

[352] I. Jolliffe. Principal component analysis [M]. New York: Springer-Verlag, 1986.

[353] I. T. Jolliffe. Principal component analysis [M]. New York: Springer-Verlag, 1986.

[354] Iglehart D. Diffusion approximations in collective risk theory [J]. Journal of Applied Probability, 1969, 6 (3): 285 –292.

[355] Inuiguchi M., Tanino T. Portfolio selection under independent possibilistic information [J]. Fuzzy Sets and Systems, 2000, 115 (1): 83 –92.

[356] Izenman A. J. Linear discriminant analysis [J]. Modern Multivariate

Statistical Techniques, Springer, 2013: 237 -280.

[357] J. B. Tenenbaum, V. De Silva, J. C. Langford. A global geometric framework for nonlinear dimensionality reduction [J]. Science, 2000, 290 (5500): 2319 -2323.

[358] J. Ham, D. Lee, S. Mika, et al. A kernel view of the dimensionality reduction of manifolds [J]. In International Conference on Machine Learning, 2004.

[359] J. Tenenbaum. Mapping a manifold of perceptual observations [J]. Advances in Neural Information Processing, 1998 (10): 682 -687.

[360] J. Tenenbaum, V. D. Silva, J. Langford: A global geometric framework for nonlinear dimensionality reduction [J]. Science, 2000, 290 (5500): 2319 -2323.

[361] Jang J. S. R. , Sun C. T. Neuro-fuzzy modeling and control [J]. Proceeding IEEE, 1995, 83 (3): 378 -406.

[362] Jarrow R. A. , Rudd A. Option pricing [M]. Illinois: Irwin, 1983.

[363] Jegadeesh N. , Titman S. Returns to buying winners and selling losers: Implications for stock market efficiency [J]. Journal of Finance, 1993, 48 (1): 65 -91.

[364] Ji Xiaodong. Multistage portfolio selection and the asset/ liability management [D]. Beijing: Chinese Academy of Science, Academy of Mathematics and System Science, 2004.

[365] Jun Y. Forecasting volatility in the new zealand stock market [J]. Journal of Financial Economics, 2002, 12 (3): 66 -78.

[366] K. He, H. Lian, S. Ma. Dimensionality reduction and variable selection in multivariate varying-coefficient models with a large number of covariates [J]. Journal of the American Statistical Association, 2017.

[367] K. Pearson. On lines and planes of closest fit to systems of points in space [J]. The London, Edinburgh and Dublin Philosophical Magazine and Journal of Science, 1901, 6 (2): 559 -572.

[368] K. Weinberger, L. Saul. Learning a kernel matrix for nonlinear dimensionality reduction [C] //In Proceedings of the International Conference on

Machine Learning, 2004: 839 – 846.

[369] K. Weinberger, L. Saul. Unsupervised learning of image manifolds by semidefinite programing [C] //In Proceedings of the IEEE Conference on Computer Vision and Pattern Recognition, 2004: 988 – 995.

[370] K. Q. Weinberger, L. K. Saul. Unsupervised learning of image manifolds by semidefinite programming [J]. International Journal of Computer Vision, 2006, 70 (1): 77 – 90.

[371] Kan R., Zhou G. Optimal portfolio choice with parameter uncertainty [J]. Journal of Financial & Quantitative Analysis, 2007, 42 (3): 621 – 656.

[372] Karatzas I., Lehoczky J. P., Shreve S. E. Optimal portfolio and consumption decisions for "small investor" on a finite horizon [J]. SIAM J. Control and Optimization, 1987, 25 (6): 1557 – 1586.

[373] Kazem A., Sharifi E., Hussain F. K., et al. Support vector regression with chaos-based firefly algorithm for stock market price forecasting [J]. Applied Soft Computing, 2013, 13 (2): 947 – 958.

[374] Kim S. H., Chun H. S. Graded forecasting using an array of bipolar predictions: Application of probabilistic neural networks to a stock market index [J]. International Journal of Forecasting, 1998, 14 (6): 323 – 337.

[375] Kim T. S., Omberg E. Dynamic nonmyopic portfolio behavior [J]. The Review of Financial Studies, 1996, 9 (5): 141 – 161.

[376] Kloner K. F., Sultan J. Time-Varying distributions and dynamic hedging with foreign currency futures [J]. Journal of Financial and Quantitative Analysis, 1993, 28 (3): 535 – 551.

[377] Konno H., Suzuki K. A Mean-variance-skewness optimization model [J]. Journal of the Operations Research Society of Japan, 1995 (38): 173 – 187.

[378] Konno H., Yamazaki H. Mean-absolute deviation portfolio optimization model and its application to tokyo stock market [J]. Management Science, 1991 (37): 519 – 531.

[379] Korn R. Some applications of impluse control in mathematical finance [J]. Mathematical Methods of Operations Research, 1999, 50 (3): 493 – 518.

[380] Korn R., Kraft H. A stochastic control approach to portfolio problems with stochastic interest rates [J]. SIAM Journal of Control and Optimization, 2001, 40 (4): 1250-1269.

[381] Kruskal J. B. Multidimensional scaling by optimizing goodness of fit to a nonmetric hypothesis [J]. Psychometrika, 1964, 29 (1): 1-27.

[382] Krycha K. A., Wagner U. Applications of artificial neural networks in management science: A survey [J]. Journal of Retailing & Consumer Services, 1999, 6 (4): 185-203.

[383] Kumar L., Pandey A., Srivastava S., et al. A hybrid machine learning system for stock market forecasting [J]. Proceedings of World Academy of Science Engineering and Technology, 2008, 20 (2): 315-318.

[384] L. Saul, S. Roweis. Think globally, fit locally: Unsupervised learning of nonlinear manifolds [J]. JMLR, 2003.

[385] L. V. Maaten, G. E. Hinton. Visualizing data using t-SNE [J]. Journal of Machine Learning Research, 2008 (9): 2579-2605.

[386] Lakner P. Utility maximization with partial information [J]. Stochastic Processes and Their Applications, 1995, 56 (2): 247-273.

[387] LeCun Y., Bengio Y., Hinton G. Deep learning [J]. Nature, 2015, 521 (7553): 436-444.

[388] Ledoit O., Wolf M. Improved estimation of the covariance matrix of stock returns with an application to portfolio selection [J]. Journal of Empirical Finance, 2003, 10 (5): 603-621.

[389] Lee S. B. Term structure movements and pricing interest contingent claims [J]. Journal of Finance, 1986, 41 (5): 1011-1029.

[390] Leippold M., Trojani F., Vanini P. A geometric approach to multiperiod mean-variance optimization of assets and liabilities [J]. Journal of Economics Dynamics and Control, 2004, 28 (6): 1079-1113.

[391] Li C. H., Ho H. H., Kuo B. C., et al. A Semi-Supervised feature extraction based on supervised and fuzzy-based linear discriminant analysis for hyperspectral image classification [J]. Applied Mathematics & Information Sci-

ences, 2015, 9 (1L): 81 - 87.

[392] Li C. H. , Kuo B. C. , Lin C. T. LDA-Based clustering algorithm and its application to an unsupervised feature extraction [J]. Fuzzy Systems IEEE Transactions on, 2011, 19 (1): 152 - 163.

[393] Li X. , Jie Z. , Feng J. , et al. Learning with rethinking: Recurrently improving convolutional neural networks through feedback [J]. Pattern Recognition, 2018, 79 (3): 183 - 194.

[394] Li X. , X. Y. Zhou, E. B. Lim. Dynamics mean-variance portfolioselection with no shorting constraints [J]. Control and Optimization, 2002, 40 (5): 1540 - 1555.

[395] Li Y. M. , Gong S. G. , Sherrah J. , et al. Support vector machine based multi-view face detection and recognition [J]. Image and Vision Computing, 2004, 22 (5): 413 - 427.

[396] Liao S. , Jain A. K. , Li S. Z. A fast and accurate unconstrained face detector [J]. IEEE Transactions on Pattern Analysis and Machine Intelligence, 2016, 38 (2): 211 - 233.

[397] Lien D. Stochastic volatility and futures hedging [J]. Advances in Futures and Options Research, 1999, 10 (8): 253 - 265.

[398] Lions P. L. , Sougarnidis P. E. Differential games, optimal control and directional derivatives of viscosity solutions of bellman's and issac's equation [J]. SIAMJ. Comtr Optim, 1985, 3 (23): 566 - 583.

[399] Liu B. Uncertainty theory: An introduction to its axiomatic foundations [M]. Berlin: Springer-verlag, 2004.

[400] Liu L. P. Estimation of high dimensional portfolio risk [J]. Journal of Systems Science and Complexity, 2018, 38 (8): 919 - 930.

[401] Liu R. W. Jumps and dynamic asset allocation [J]. Review of Quantitative Finance and Accounting, 2003, 20 (3): 207 - 243.

[402] Liu X. D. , Fan B. , Yang Y. M. , et al. High-dimensional portfolio risk measurement based on M-Copula-SV-t model [J]. Chinese Journal of Management Science, 2017, 25 (2): 1 - 9.

[403] Liu Y. H., Zhu C. J. Decay rates of planar viscous rarefaction wave for scalar conservation law with degenerate viscosity in n-dimensions [J]. Nonlinear Analysis, TMA, 2009, 70 (3): 1984 - 1999.

[404] Lotlikar R., Kothari R. Fr actional-step dimensionality reduction [J]. IEEE Transactions on Pattern Analysis & Machine Intelligence, 2016, 22 (6): 623 - 627.

[405] Lucas R. Asset prices in an exchange economy [J]. Econometrica, 1978, 46 (3): 1429 - 1445.

[406] M. Belkin, P. Niyogi. Laplacian eigenmaps and spectral techniques for embedding and clustering [C]. NIPS, 2001, 14 (14): 585 - 591.

[407] M. Begum, M. N. Akhtar. Dimensionality reduction and cluster center selection: An efficient scheme for high dimensional dataset clustering [J]. NCICIT, 2013.

[408] M. Belkin, P. Niyogi. Laplacian eigenmaps for dimensionality reduction and data representation [J]. Neural Computation, 2003, 15 (6): 1373 - 1396.

[409] M. Rezghi, A. obulkasim. Noise-free principal component analysis: An efficient dimension reduction technique for high dimensional molecular data [J]. Expert Systems with Applications, 2014, 41 (17): 7797 - 7804.

[410] M. Welling, M. Rosen-Zvi, G. hinton: Advances in neural information processing systems 17 [M]. Cambridge, MA: MIT Press, 2005: 1481 - 1488.

[411] Ma J. J., Wu R. On a barrier strategy for the classical risk process with constant interest force [J]. Chinese Journal of Engineering Mathematics, 2009, 26 (6): 1133 - 1136.

[412] Malkiel B. G., Fama E. F. Efficient capital markets: A review of theory and empirical work [J]. Journal of Finance, 1970, 25 (2): 383 - 417.

[413] Mallat S., Zhang Z. Matching pursuit with time-frequency dictionaries [J]. IEEE Transactions on Signal Processing, 1993, 41 (2): 3397 - 3415.

[414] Markowitz H. Portfolio selection [J]. Journal of Finance, 1952, 7 (1): 77 - 91.

[415] Merton R. C. Lifetime portfolio selection under uncertainty: The continuous-time case [J]. Review of Economics and Statistics, 1969 (51): 247 – 257.

[416] Merton R. C. Option pricing when underlying stock returns are discontinuous [J] Journal of Financial Economics, 1976, 3 (1): 125 – 144.

[417] Michaud, R. O. The markowitz optimization enigma: Is "optimized" optimal? [J]. Financial Analysts Journal, 1989, 45 (1): 31 – 42.

[418] Mika S., Ratsch G., Weston J., et al. Fisher discriminant analysis with kernels [D]. Proceedings of the 1999 IEEE Signal Processing Society Workshop. IEEE, 1999: 41 – 48.

[419] Mossin J. Optimal multiperiod portfolio policies [J]. Journal of Business, 1968 (41): 215 – 229.

[420] Muller K., Mika S., Ratsch G. An introduction to kernel-based learning algorithms [J]. IEEE Transactions on Neural Networks, 2001, 12 (2): 181 – 201.

[421] Mulvey J. M., Correnti S., Lummis J. Total integrative risk management: Insurance elements [R]. Princeton: Princeton University, 1997.

[422] Munk C. Optimal consumption-investment policies with undiversifiable income risk and liquidity constraints [J]. Journal of Economic Dynamics and Control, 2000, 24 (9): 1315 – 1343.

[423] Musmeci N., Battiston S., Caldarelli G., et al. Bootstrapping topological properties and systemic risk of complex networks using the fitness model [J]. Journal of Statistical Physics, 2013, 151 (34): 720 – 734.

[424] Muthuraman K., Kumar S. A computational scheme for optimal investment consumption with proportional transaction costs [J]. Journal of Economic Dynamics & Control, 2007, 31 (4): 1132 – 1159.

[425] Muthuraman K., Kumar S. Multi-dimensional portfolio optimization with proportional transaction costs [J]. Mathematics and Finance, 2006, 16 (2): 301 – 335.

[426] Myers R. J. Estimating time-varying optimal hedge ratios on futures markets [J]. Journal of Futures Markets, 1991, 11 (2): 39 – 53.

[427] Nair B. B., Mohandas V. P., Sakthivel N. R. A decision tree-rough set hybrid system for stock market trend prediction [J]. International Journal of Computer Applications, 2010, 6 (9): 1-6.

[428] Olivier V., Dacorogna M., Chopard B. Using genetic algorithms for robust optimization in financial applications [Z]. Switzerland: Research Institute for Applied Economic, 1995.

[429] Olney M. L. Avoiding default: The role of credit in the consumption collapse of 1930 [J]. Quarterly Journal of Economics, 1999, 114 (1): 319-335.

[430] Ostermark R. Vector forecasting and dynamic portfolio selection: Empirical efficiency of recursive multiperiod strategies [J]. European Journal of Operational Research, 1991 (55): 46-56.

[431] P. N. Belhumeur, J. P. Hespanha, kriegman D. J. Eigenfaces vs. fisherfaces: Recognition using class specific linear projection [J]. IEEE Transactions on Pattern Analysis and Machine Intelligence, 1997, 19 (7): 711-720.

[432] P. Smolensky. Parallel distributed processing: Volume 1: Foundations, D. E. Rumelhart, J. L. McClelland, Eds [M]. Cambridge, MA: MIT Press, 1986: 194-281.

[433] P. Vincent, Y. Bengio, J. -F. Paiement. Learning eigenfunctions of similarity: Linking spectral clustering and kernel pca [R]. Technical Report 1232, Universite de Montreal, 2003.

[434] Pan Z. Y., Mao J. L., Zhou B. R. Modeling high-dimensional correlation and its application to asset allocation [J]. Journal of Financial Research, 2018, 452 (2): 190-206.

[435] Papadamou S., Stephanides G. A new matlab-based toolbox for computer aided dynamic technical trading [J]. Financial Engineering News, 2003, 6 (5): 31-36.

[436] Papi M., Sbaraglia S. Optimal asset-liability management with constraints: A dynamic programming approach [J]. Applied Mathematics and Computation, 2006, 173 (1): 306-349.

[437] Parra M., Terol A. A fuzzy goal programming approach to portfolio selection [J]. European Journal of Operational Research, 2001, 3 (13): 55-68.

[438] Pelikan E., Groot C. D., Wurtz D. Power consumption in west-bohemia: Improved forecasts with decorrelating connectionist networks [J]. Neural Network World, 1992, 2 (6): 701-712.

[439] Perold A. F. Fundamentally flawed indexing [J]. Financial Analysts Journal, 2007, 63 (6): 31-37.

[440] Pikovsky I., Karatzas I. Anticipative portfolio optimization [J]. Advances in Applied Probability, 1996, 28 (4): 1095-1122.

[441] Preman E., Sethi S. Distribution of bankruptcy time in a consumption/portfolio problem [J]. Journal of Economic Dynamics and Control, 1996 (20): 471-477.

[442] Qian, Xin, Chen, Jian-Ping, Xiang, Liang-Jun et al. A novel hybrid KPCA and SVM with PSO model for identifying debris flow hazard degree: A case study in southwest China [J]. Environmental Earth Sciences, 2016, 75 (11): 991.

[443] R. A. Fisher. The use of multiple measurements in taxonomic problems [J]. Annals of Eugenics, 1936, 7 (2): 179-188.

[444] R. E. Bellman. Adaptive control processes: A guided tour [M]. New Jersey: Princeton University Press, 2015.

[445] R. E. Bellman. Dynamic programming and lagrange multipliers [J]. Proceedings of the National Academy of Sciences, 1956, 42 (10): 767-769.

[446] R. N. Shepard. The analysis of proximities: Multidimensional scaling with an unknown distance function [J]. Psychometrika, 1962, 27 (2): 125-140.

[447] R. Rivest T. Cormen, C. Leiserson, C. Stein. Introduction to algorithms [M]. Cambridge, MA: MIT Press, 2001.

[448] R. A. Fisher. The use of multiple measurements in taxonomic problems [J]. Annals of Eugenics, 1936, 7 (2): 179-188.

[449] Rafiq M. Y., Bugmann G., Easterbrook D. J. Neural network design for engineering applications [J]. Computers & Structures, 2001, 79

(17): 1541 - 1552.

[450] Ridder D. D., Kouropteva O., Okun O., et al. Supervised locally linear embedding [C] // Joint International Conference on Artificial Neural Networks & Neural Information Processing, 2003: 333 - 341.

[451] Rockafellar R. T., Uryasev S. Conditional value-at-risk for general loss distributions [J]. Journal of Banking and Finance, 2002 (26): 1443 - 1471.

[452] Rockafellar R. T., Uryasev S. Optimization of conditional value-at-risk [J]. The Journal of Risk, 2000 (2): 21 - 41.

[453] Rode D., Parikh S., Friedman. An evolutionary approach to technical trading and capital market efficiency [Z]. Wharton School, Working Paper, 1995.

[454] Romdhani S., Torr P., Blake A. efficient face detection by a cascaded support-vector machine expansion [J]. Proceeding of the Royal Society of london Series A-Mathematical Physical and Engineering Sciences, 2004, 460 (2051): 3283 - 3297.

[455] Roweis S. T., Ssul L. K. Nonlinear dimensionality reduction by locally linear embedding [J]. Science, 2000, 299 (5500): 2323 - 2326.

[456] Roy A. D. Safety-first and the holding of assets [J]. Econometrics, 1952 (20): 431 - 449.

[457] Rumelhart D., Hinton G., Williams R. Learning internal representations by error propagation, parallel distributed processing [J]. Explorations in the Microstructure of Cognition, 1986 (1): 318 - 363.

[458] S. Mika, B. Schölkopf, A. Smola, et al. Kernel PCA and de-noising in feature spaces [C]. In M. S. Kearns, S. A. Solla, and D. A. Cohn, editors, Proceedings NIPS 11. MIT Press, 1999.

[459] S. T. Roweis, L. K. Saul. Nonlinear dimensionality reduction by locally linear embedding [J]. Science, 2000, 290 (5500): 2323 - 2326.

[460] Samuelson P. Li fetime portfolio selection by dynamic stochastic programming [J]. The Review of Economics and Statistics, 1969, 51 (3): 239 - 246.

[461] Sanjiv R. D., Rangarajan K. An approximation algorithm for optimal

consumption/investment problems [J]. International Journal of Intelligent Systems in Accounting, Finance & Management, 2002, 11 (3): 55-69.

[462] Schbikopf B., Smola A. J., Muller K. R. Nonlinear component analysis as a kernel eigenvalue problem [J]. Neural Computation, 1998, 10 (5): 1299-1319.

[463] Sen S., Yu L. A., Genc T. A stochastic programming approach to power portfolio optimization [J]. Oper. Res., 2006, 54 (1): 55-72.

[464] Seung H. S., Lee D. D. Cognition. The manifold ways of perception [J]. Science, 2000, 290 (5500): 2268-2269.

[465] Sharpe W. F. A linear programming algorithm for mutual fund portfolio selection [J]. Management Science, 1967, 3 (5): 499-510.

[466] Sharpe W. Capital asset prices: A theory of market equilibrium under conditions of risk [J]. Journal of Finance, 1964 (19): 425-442.

[467] Sharpe W. F., Tint L. G. Liabilities-a new approach [J]. Journal of Portfolio Management, 1990, 16 (2): 5-10.

[468] Shi J., Wen H., Zhang Y., et al. Deep recurrent neural network reveals a hierarchy of process memory during dynamic natural vision [J]. Human Brain Mapping, 2018, 39 (2): 2269-2282.

[469] Shi J., Jiang Q., Zhang Q., et al. Sparse kernel entropy component analysis for dimensionality reduction of biomedical data [J]. Conf proc IEEE Eng Med Biol Soc, 2015, 168 (C): 930-940.

[470] Simã O. M., Neto P., Gibaru O. Using data dimensionality reduction for recognition of incomplete dynamic gestures [J]. Pattern Recognition Letters, 2017, 11 (25): 32-38.

[471] Singh P., Singh S., Pandijain G. S. Effective heart disease prediction system using data mining techniques [J]. International Journal of Nanomedicine, 2018, 13 (8): 121-124.

[472] Sohn H. S., Bricker D. L., Tseng T. L. Mean value cross decomposition for two-stage stochastic linear programming with recourse [J]. Open Operational Research Journal, 2011, 3 (1): 30-38.

[473] Song P. , Hu Y. H. High-dimensional financial assets portfolio selection based on realized covariance matrix [J]. Statistics & Information Forum, 2017, 32 (8): 63 - 69.

[474] Sornette D. , Andersen J. V. A nonlinear super-exponential rational model of speculative financial bubbles [J]. International Journal of Modern Physics C, 2002, 13 (2): 171 - 188.

[475] Suleyman B. On the fluctuations in consumption and market returns in the presence of labor and human capital: An equilibrium analysis [J]. Journal of Economic Dynamics and Control, 1999, 23 (7): 1029 - 1064.

[476] Suykens J. A. K. , Lukas L. , Wandewalle J. Sparse approximation using least square support vector machines [C]. In Proceeding of the IEEE International Symposium on Circuits and Systems, 2000 (2): 757 - 760.

[477] T. Cox, M. Cox. Multidimensional scaling [M]. Chapman Hall, Boca raton, 2nd edition, 2001.

[478] B. Frey. Graphical models for machine learning and digital communication [M]. Cambridge, MA: MIT Press, 1998.

[479] T. S. Tian. Dimensionality reduction for classification with high-dimensional data [D]. University of Southern California, 2009.

[480] Tanaka H. , Guo P. , Turksen I. B. Portfolio selection based on fuzzy probabilities and possibility distributions [J]. Fuzzy Sets and Systems, 2000, 111 (3): 387 - 397.

[481] Tasche D. Measuring diversification in an asymptotic multi-factor framework [N]. Deutsche Bundesbank Working Paper, 2005.

[482] Taylor J. W. Forecasting value at risk and expected shortfall using a semiparametric approach based on the asymmetric laplace distribution [J]. Journal of Business & Economic Statistics, 2019, 37 (1): 121 - 133.

[483] Tenenbaum J. B. , De S. V. , Langford J. C. A global geometric framework for nonlinear dimensionality reduction [J]. Science, 2000, 290 (5500): 2319 - 2323.

[484] Topaloglou N. , Vladimirou H. , Zenios S. A. CVaR models with se-

lective hedging for international asset allocation [J]. Journal of Banking and Finance, 2002 (26): 1535 -1561.

[485] Trippi R. R., DeSieno D. Trading equity index futures with a neural network [J]. The Journal of Portfolio Management, 1992, 19 (6): 27 -33.

[486] Tseng F. M., Yu H. C., Tzeng G. H. Combining neural network model with seasonal time series ARIMA model [J]. Technological Forecasting & Social Change, 2002, 69 (1): 71 -87.

[487] Uppal R., Wang T. Portfolio selection with parameter and model uncertainty: A Multi-prior approach [J]. Review of Financial Studies, 2007, 20 (1): 41 -81.

[488] V. Cherkassky, F. Mulier. Learning from data [M]. New York: Wiley, 1998.

[489] V. Kumar, A. Grama, A. Gupta, et al. Introduction to parallel computing [M]. Reading, MA: Addsion Wesley, 2003.

[490] Voort M. V. D., Dougherty M., Watson S. Combining kohonen maps with arima time series models to forecast traffic flow [J]. Transportation Research Part C Emerging Technologies, 1996, 4 (5): 307 -318.

[491] W. S. Torgerson. Multidimensional scaling: I. Theory and method [J]. Psychometrika, 1952, 17 (4): 401 -419.

[492] Wachter J. A. Portfolio and consumption decisions under mean-reverting returns: An exact solution for complete markets [N]. Working Paper, Harvard University, 1998.

[493] Wang S. Y., Yu L. A., Lai K. K. A novel hybrid AI system framework for crude oil price forecasting [J]. Lecture Notes in Artificial Intelligence (LNAI), 2005 (3327): 233 -242.

[494] Wang S. Y., Yu L. A., Lai K. K. Crude oil price forecasting with TEI @ Imethodology [J]. International Journal of Systems Science and Complexity, 2005, 18 (2): 145 -166.

[495] Wang S., Teo K. L. Solving hamilton-jacobi-bellman equations by a modified method of characteristics [J]. Journal of Systems Science, 2005, 36 (3): 153 -163.

[496] Wang S. Y. TEI@ I: A new methodology for studying complex systems [Z]. Tsukuba: The International Workshop on Complexity Science, 2004.

[497] Wang S. Y., Zhu S. S. On fuzzy portfolio selection problem [J]. Fuzzy Optimization and Decision making, 2002, 1 (6): 361 - 377.

[498] Watada J. Fuzzy portfolio selection and its applications to decision making [J]. Tatra Mountains Mathematical Publication, 1997, 13 (6): 219 - 248.

[499] Wedding Ⅱ D. K., Cios K. J. Time series forecasting by combining RBF networks, certainty factors, and the Box-Jenkins model [J]. Neurocomputing, 1996, 10 (2): 149 - 168.

[500] Weng J., Zhang Y., Hwang W. S. Candid covariance-free incremental principal component analysis [J]. IEEE Transactions on Pattern Analysis & Machine Intelligence, 2003, 25 (8): 1034 - 1040.

[501] Willshaw D. J., Buneman O. P., Higgins H. C. L. Non-holographic associative memory [J]. Nature, 1969, 222 (5): 960 - 962.

[502] X. He, P. Niyogi. Locality preserving projections, Advances in Neural Information Processing Systems [M]. Cambridge, MA: MIT Press, 2003: 291 - 299.

[503] X. He. Locality preserving projections [C]. University of Chicago, 2005: 186 - 197.

[504] X. Yin, H. Hilafu. Sequential sufficient dimension reduction for large p, small n problems [J]. Journal of the Royal Statistical Society: Series B (Statistical Methodology), 2015, 77 (4): 879 - 892.

[505] X. He, D. Cai, S. Yan, et al. Neighborhood preserving embedding [D]. Proc. IEEE int'l Conf. Computer Vision, 2005: 1208 - 1213.

[506] Xia J. M. Multi-agent investment in incomplete markets [J]. Finance and Stochastic, 2004, 8 (3): 241 - 259.

[507] Xie S., Li Z., Wang S. Y. Continuous-time portfolio selection with liability: Mean-variance model and stochastic LQ approach [J]. Insurance: Mathematics and Economics, 2008, 42 (3): 943 - 953.

[508] Y. Weiwei. Two-dimensional discriminant locality preserving projections for face recognition [J]. Pattern Recognition Letters, 2015, 30 (15):

1378 - 1383.

[509] Yang J., Frangi, et al. KPCA plus LDA: A complete kernel fisher discriminant framework for feature extraction and recognition [J]. IEEE Transactions on Pattern Analysis and Machine Intelligence, 2005, 27 (2): 230 - 244.

[510] Yu L., Hu L., Tang L. Stock selection with a novel sigmoid-based mixed discrete-continuous differential evolution algorithm [J]. IEEE Transactions on Knowledge and Data Engineering, 2016, 28 (7): 1891 - 1904.

[511] Z. Lai, W. K. Wong, Y. Xu. Approximate orthogonal sparse embedding for dimensionality reduction [J]. IEEE Transactions on Neural Networks and Learning Systems, 2016, 27 (4): 723 - 735.

[512] Z. Zhang, H. Zha. Principal manifolds and nonlinear dimensionality reduction via tangent space alignment [J]. SIAM Journal on Scientific Computing, 2004, 26 (1): 313 - 338.

[513] Z. Hu. Comment on "Facial expression recognition based on two-dimension discriminant locality preserving projections" [Neurocomputing 71 (2008) 1730 - 1734] [J]. Neurocomputing, 2009, 72 (13 - 15): 3399 - 3400.

[514] Zhang G. P. Time series forecasting using a hybrid ARIMA and neural network model [J]. Neurocomputing, 2003, 50 (11): 159 - 175.

[515] Zhang H. J., Cai D., He S. C., et al. Neighborhood preserving embedding [C] // IEEE International Conference on Computer Vision. Beijing: IEEE Computer Society, 2005: 1208 - 1213.

[516] Zhang Y., Guo Q., Wang J. Y. Big data analysis using neural networks [J]. Advanced Engineering Ences, 2017, 49 (1): 9 - 18.

[517] Zhang Z. Y., Zha H. Y. Principal manifolds and nonlinear dimensionality reductionviatangent space alignment [J]. Journal of Shanghai University, 2004, 8 (4): 406 - 424.

[518] Zhao Z. Nonlinear shrinkage estimation of high dimensional conditional covariance matrix and its application in portfolio selection [J]. Chinese Journal of Management Science, 2017, 25 (8): 46 - 57.

[519] Zhou X. Y., Li D. Continuous-time mean-variance portfolio selection: A stochastic LQ framework [J]. Applied Mathematics & Optimization, 2000, 42

(1): 19 -33.

[520] Zhu S. S. , Li D. , Zhou X. X. , et al. Review and research issues on portfolio selection and financial optimization [J]. Journal of Management Sciences in China, 2004, 7 (6): 1 -12.

[521] Zhu Shushang. Multistage portfolio selection and risk control [D]. Beijing: Chinese Academy of Science, Academy of Mathematics and System Science, 2003.